数学分析教本

（中册）

太原理工大学数学学院　编

科 学 出 版 社

北 京

内 容 简 介

　　本书作为数学分析课程的教材,共分上、中、下三册出版. 中册主要介绍一元函数积分学、多元函数微分学及重积分等基本内容.

　　本书注重概念引入的自然性与理论推证的严密性. 既注意内容的连贯和完整,也顾及教学安排上的机动和便利. 表述上力求准确、简明,深入浅出. 习题配备难易适当且题型多样.

　　本书适合理工科大学本科数学类各专业及其他相关专业的教学使用,也可供相关人员参考.

图书在版编目(CIP)数据

数学分析教本. 中册/太原理工大学数学学院编.—北京:科学出版社, 2016.1

　ISBN 978-7-03-046639-6

　Ⅰ.①数⋯　Ⅱ.①太⋯　Ⅲ.①数学分析-高等学校-教材　Ⅳ.①O17

中国版本图书馆 CIP 数据核字(2015)第 300823 号

责任编辑:王　静 / 责任校对:张凤琴
责任印制:徐晓晨 / 封面设计:陈　敬

科 学 出 版 社 出版
北京东黄城根北街 16 号
邮政编码: 100717
http://www.sciencep.com

北京虎彩文化传播有限公司 印刷
科学出版社发行　各地新华书店经销
*

2016 年 1 月第 一 版　开本:720×1000 1/16
2019 年 7 月第四次印刷　印张:15 1/4
字数:307 000

定价:39.00 元
(如有印装质量问题,我社负责调换)

前　　言

　　数学分析是数学类各专业最重要的一门数学基础课程.其主要内容是实数域上数列及函数的极限理论、无穷级数与一元及多元函数的微积分学.我们本着便于教、利于学的教学原则,根据多年的教学实践与体会,顺应当今数学教材的改革主流与趋势编写了此书.

　　在内容安排上,鉴于目前国内绝大部分学校数学分析课程都安排三个学期讲授,因此,本书分上、中、下三册编写,分别对应三个学期使用.同时,考虑到学生所学其他课程对本课程知识的需要,我们先介绍数列的极限理论与一元及多元函数的微积分学主体内容(上、中册),而将曲线与曲面积分、无穷级数、广义积分与含参变量积分等内容安排在下册.在习题配备方面,从学生学习的实际情况出发,按照本课程的基本要求,从数量与质量两个角度把握,合理地配备了本书的习题.并且力求题型多样,培养学生从不同角度思考问题,同时特别注重对学生举反例的训练.

　　本书主要特色在于章节的合理安排与内容的自然表述.在定积分部分,较为详细地论述了定积分的可积性.对于二重、三重积分,乃至一般的多重积分,均着重讲述其积分方法,但相应的内容与叙述的方式都完全与定积分类同.我们不厌其烦地重复,而不作统一处理,目的是希望学生能牢固地掌握积分的思想与具体的运算步骤.在多元函数微分学部分,引入了导数概念,使其内容能够与一元函数的相应部分完全对应起来.关于隐函数定理的介绍,采用了先给出隐函数的求导方法,再给出定理证明的两步走办法.根据我们的教学实践,以上的种种做法都有利于学生克服多元函数微积分学烦琐与复杂的困难,使之感觉到这部分内容仅是一元函数微积分学的一个自然过渡与推广而已,实现了教材"便于教、利于学"的初衷.

　　本书能够顺利完成,得益于太原理工大学数学学院领导的远见卓识,以及对教学的积极鼓励、支持.

　　本书在编写过程中参考了国内外许多教材及教学参考书,诚挚感谢前辈的教学理念、思想、观点、手法及提供的大量素材.

　　本书由太原理工大学数学学院数学分析教学团队成员刘进生、张玲玲、卢准炜、秦效英、滕凯民、郭祖记、温志涛等教师集体讨论,并由刘进生、张玲玲、卢准炜三位教授执笔完成.由刘进生主编.

　　鉴于编者水平有限,书中不当之处恳请读者批评指正.

编　者

2015 年 10 月

目　　录

第9章 不定积分

正如加法有其逆运算减法、乘法有其逆运算除法一样,求导数或者求微分也有其逆运算,即求原函数或者求不定积分.本章主要内容为不定积分的概念与性质、求不定积分的两大基本方法,即换元积分法与分部积分法.同时也给出一些特殊函数不定积分的计算方法.它们是整个积分学计算的基础.

9.1 不定积分的概念

9.1.1 原函数

定义 9.1.1 设函数 $f(x)$ 在区间 I 上有定义.若存在可导函数 $F(x)$,使得
$$F'(x) = f(x), \quad \forall x \in I,$$
则称 $F(x)$ 为 $f(x)$ 在区间 I 上的一个原函数.

例如,因为 $\left(\dfrac{1}{3}x^3\right)' = x^2$,所以 $\dfrac{1}{3}x^3$ 是 x^2 在 $(-\infty, +\infty)$ 内的一个原函数;因为 $(\sin x)' = \cos x$,所以 $\sin x$ 是 $\cos x$ 在 $(-\infty, +\infty)$ 内的一个原函数.需要提醒读者注意的是原函数除满足可导条件外,它的定义域必须是一个区间.

如果 $F(x)$ 是 $f(x)$ 的一个原函数,那么对于任何常数 C,因为
$$(F(x) + C)' = F'(x) + C' = f(x),$$
所以 $F(x) + C$ 也是 $f(x)$ 的原函数.此外,如果两个函数 $F(x)$ 和 $G(x)$ 均为函数 $f(x)$ 的原函数,那么 $F(x) - G(x)$ 必是某个常数,这是因为
$$(F(x) - G(x))' = F'(x) - G'(x) = f(x) - f(x) = 0.$$
由此得到如下定理.

定理 9.1.1 若 $F(x)$ 是 $f(x)$ 在区间 I 上的一个原函数,则

(1) $F(x) + C$ 也是 $f(x)$ 在区间 I 上的原函数,其中 C 为任意常数;

(2) $f(x)$ 在区间 I 上的任意两个原函数之间,只能相差某个常数.

定理 9.1.1 表明,如果用某种方法找到了函数 $f(x)$ 的一个原函数 $F(x)$,那么当 C 取遍所有的常数时,$F(x) + C$ 就表示了 $f(x)$ 的一切原函数.

下面给出 $f(x)$ 原函数的几何意义.设 $f(x)$ 为闭区间 $[a,b]$ 上的连续函数,且 $f(x) \geqslant 0$.显然,当 $x \in [a,b]$ 时,区间 $[a,x]$ 上由函数 $f(t)$ 确定的曲边梯形 AMND(图 9-1)的面积是 x 的函数,记为 $P(x)$.同时记 $f(t)$ 在 $[x, x+\Delta x]$ 上的最

小值、最大值分别为 m 及 M,那么 $m\Delta x \leqslant \Delta P(x) \leqslant M\Delta x$,于是 $m \leqslant \dfrac{\Delta P(x)}{\Delta x} \leqslant M$,注意到当 $\Delta x \to 0$ 时,m 及 M 均趋于 $f(x)$,所以得到 $P'(x) = f(x)$. 即在一定的条件下,由区间 $[a,x]$ 及其上的函数 $f(t)$ 所构成的变动面积 $P(x)$ 就是 $f(x)$ 在 $[a,b]$ 上的一个原函数.

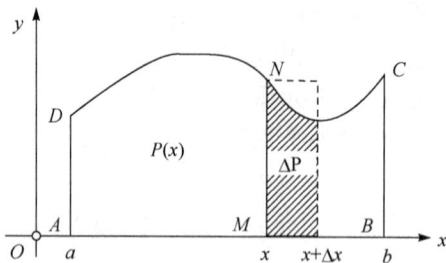

图 9-1

同时,这一结论也提示我们,连续函数应该存在原函数. 我们先将结论写在下面,其证明将在第 10 章给出.

定理 9.1.2　如果 $f(x)$ 在区间 I 上连续,则 $f(x)$ 在 I 上存在原函数.

另一方面,根据例 7.2.5,任何一个函数的导函数无第一类间断点,所以当 $f(x)$ 在区间 I 存在第一类间断点时,$f(x)$ 在 I 上没有原函数.

定义 9.1.2　如果 $F(x)$ 是函数 $f(x)$ 的一个原函数,那么 $f(x)$ 的原函数族 $F(x)+C$ 称为 $f(x)$ 的不定积分,记作

$$\int f(x)\mathrm{d}x = F(x) + C,$$

其中符号 $\int$ 称为积分号,读作"积分",并称 x 为积分变量,$f(x)$ 为被积函数,$f(x)\mathrm{d}x$ 为被积表达式,任意常数 C 为积分常数.

根据定义 9.1.2,上述例子就可表为

$$\int x^2 \mathrm{d}x = \frac{1}{3}x^3 + C;$$

$$\int \cos x \mathrm{d}x = \sin x + C.$$

定义 9.1.2 也告诉我们

$$\int f(x)\mathrm{d}x = F(x) + C \Leftrightarrow F'(x) = f(x), \tag{9.1.1}$$

即 $\int f(x)\mathrm{d}x = F(x) + C$ 只不过是 $F'(x) = f(x)$ 的另一种表现形式. 然而,数学就是这样,形式的变化往往孕育着新内容、新分支及新领域的产生,甚至可能给数学

本身带来无穷的变化.这是数学的特点,请读者感悟.

9.1.2 不定积分的几何意义

若 $F(x)$ 是 $f(x)$ 的一个原函数,则称 $y=F(x)$ 的图像为 $f(x)$ 的一条积分曲线.将 $y=F(x)$ 的图像沿着 y 轴方向任意平移,就得到一切 $y=F(x)+C$ 的图像,其中 C 是任意常数.因对每一个固定的常数 C, $F(x)+C$ 均为 $f(x)$ 的原函数,故 $y=F(x)+C$ 的图像都是 $f(x)$ 的积分曲线.注意到不定积分 $\int f(x)\mathrm{d}x=F(x)+C$ 表示 $f(x)$ 的所有原函数,从而 $f(x)$ 的不定积分在几何上表示 $f(x)$ 的所有积分曲线组成的曲线族(即所谓 $f(x)$ 积分曲线族).易见,积分曲线共同的特点是在横坐标相同点处的切线相互平行(图 9-2).

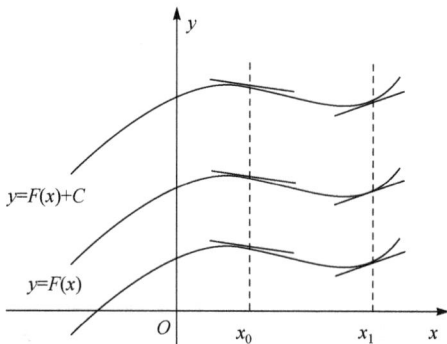

图 9-2

例 9.1.1 已知曲线 $y=f(x)$ 过点 $(2,3)$,且其上任一点处的切线斜率等于该点横坐标的两倍,求此曲线的方程.

解 由导数的几何意义与已知条件得到

$$f'(x)=2x,$$

即 $f(x)$ 是 $2x$ 的一个原函数.因为

$$\int 2x\mathrm{d}x=x^2+C,$$

故必有某个常数 C,使得

$$f(x)=x^2+C,$$

又该曲线过点 $(2,3)$,故 $3=4+C$,即 $C=-1$,于是所求曲线方程为 $y=x^2-1$. □

9.1.3 基本积分表

利用式(9.1.1),每一个微分公式都对应着一个积分公式.为读者应用方便,将一些常用的基本积分公式列在下面:

(1) $\int k\mathrm{d}x = kx + C$ (k 为给定的常数),特别地,$\int 0\mathrm{d}x = C$,$\int 1\mathrm{d}x = \int \mathrm{d}x = x + C$;

(2) $\int x^{\mu}\mathrm{d}x = \dfrac{x^{\mu+1}}{\mu+1} + C$ ($\mu \neq -1$);

(3) $\int \dfrac{1}{x}\mathrm{d}x = \ln|x| + C$;

(4) $\int a^{x}\mathrm{d}x = \dfrac{a^{x}}{\ln a} + C$ ($a > 0$,且 $a \neq 1$);

(5) $\int \mathrm{e}^{x}\mathrm{d}x = \mathrm{e}^{x} + C$;

(6) $\int \dfrac{1}{1+x^{2}}\mathrm{d}x = \arctan x + C = -\operatorname{arccot} x + C$;

(7) $\int \dfrac{1}{\sqrt{1-x^{2}}}\mathrm{d}x = \arcsin x + C = -\arccos x + C$;

(8) $\int \sin x\mathrm{d}x = -\cos x + C$;

(9) $\int \cos x\mathrm{d}x = \sin x + C$;

(10) $\int \sec^{2}x\mathrm{d}x = \tan x + C$;

(11) $\int \csc^{2}x\mathrm{d}x = -\cot x + C$;

(12) $\int \sec x\tan x\mathrm{d}x = \sec x + C$;

(13) $\int \csc x\cot x\mathrm{d}x = -\csc x + C$;

(14) $\int \operatorname{sh}x\mathrm{d}x = \operatorname{ch}x + C$;

(15) $\int \operatorname{ch}x\mathrm{d}x = \operatorname{sh}x + C$;

(16) $\int \dfrac{1}{\operatorname{sh}^{2}x}\mathrm{d}x = -\operatorname{cth}x + C$;

(17) $\int \dfrac{1}{\operatorname{ch}^{2}x}\mathrm{d}x = \operatorname{th}x + C$.

上面公式的正确性都能够通过求导运算来验证,在这里只对公式(3)进行验证,其他留作读者练习.

当 $x>0$ 时,$|x|=x$,所以

$$(\ln|x|)' = (\ln x)' = \dfrac{1}{x};$$

而当 $x<0$ 时, $|x|=-x$,所以

$$(\ln|x|)'=(\ln(-x))'=\frac{(-x)'}{-x}=\frac{1}{x}.$$

即当 $x\neq 0$ 时, $(\ln|x|)'=\frac{1}{x}$,因此 $\int\frac{1}{x}dx=\ln|x|+C$. 应该注意的是,公式(3)严格来说只是一种形式,因为 $\frac{1}{x}$ 的定义域不是一个区间,它不符合原函数的定义.

公式(1)到(17)是积分运算的基础,必须牢记,其他一些复杂的积分运算最后都会转换成这类形式积分.

注 9.1.1 公式(2)有几个特殊情形,它们经常使用,如

$$\int dx=x+C, \quad \int\frac{1}{x^2}dx=-\frac{1}{x}+C, \quad \int\frac{1}{\sqrt{x}}dx=2\sqrt{x}+C$$

等,读者应熟记.

例 9.1.2 求下列不定积分:

(1) $\int\frac{1}{x^4}dx$; (2) $\int x^5\sqrt{x}dx$; (3) $\int 2^x e^{-2x}dx$.

解 (1) $\int\frac{1}{x^4}dx=\int x^{-4}dx=\frac{x^{-4+1}}{-4+1}+C=-\frac{1}{3x^3}+C.$

(2) $\int x^5\sqrt{x}dx=\int x^{\frac{11}{2}}dx=\frac{x^{\frac{11}{2}+1}}{\frac{11}{2}+1}+C=\frac{2}{13}x^{\frac{13}{2}}+C=\frac{2}{13}x^6\sqrt{x}+C.$

(3) $\int 2^x e^{-2x}dx=\int(2e^{-2})^x dx=\frac{(2e^{-2})^x}{\ln(2e^{-2})}+C=\frac{2^x e^{-2x}}{\ln 2-2}+C.$ □

9.2 不定积分的性质

性质 9.2.1 下列结论成立

$$\frac{d}{dx}\int f(x)dx=f(x); \tag{9.2.1}$$

$$\int\frac{d}{dx}F(x)dx=F(x)+C. \tag{9.2.2}$$

证明 设 $F(x)$ 是 $f(x)$ 的一个原函数,则 $\int f(x)dx=F(x)+C$. 从而

$$\frac{d}{dx}\int f(x)dx=\frac{d}{dx}[F(x)+C]=\frac{d}{dx}F(x)=f(x),$$

所以式(9.2.1)正确. 而由不定积分的定义知式(9.2.2)成立. □

式(9.2.1)说明 $\mathrm{d}\displaystyle\int f(x)\mathrm{d}x = f(x)\mathrm{d}x$. 即先积分,后微分,结论为被积分表达式,也即积分号 $\displaystyle\int$ 与微分号 d 抵消掉了. 又在 $\displaystyle\int F'(x)\mathrm{d}x$ 中,如果将 $\mathrm{d}x$ 理解为自变量的微分,被积表达式 $F'(x)\mathrm{d}x$ 则为 $F(x)$ 的微分 $\mathrm{d}F(x)$,那么 $\displaystyle\int F'(x)\mathrm{d}x = \displaystyle\int \mathrm{d}F(x) = F(x) + C$,这与式(9.2.2)一致. 因此,在不定积分的记号 $\displaystyle\int f(x)\mathrm{d}x$ 中,可以将 d 视为微分记号. 这样式(9.2.2)就可以写成 $\displaystyle\int \mathrm{d}F(x) = F(x) + C$. 这说明先微分,后积分,在相差常数的意义下,微分号 d 与积分号 $\displaystyle\int$ 抵消掉了. 因而,我们说不定积分与微分两者是互为逆运算的. 下文中读者将会看到在记号 $\displaystyle\int f(x)\mathrm{d}x$ 中将 d 视为微分记号会给积分的计算带来很大的方便. 这也是不定积分 $\displaystyle\int f(x)\mathrm{d}x$ 记号复杂的缘故.

例 9.2.1 已知 $\displaystyle\int f(x)\mathrm{d}x = 2^x + x + C$,求 $f(x)$.

解 $f(x) = \dfrac{\mathrm{d}}{\mathrm{d}x}\displaystyle\int f(x)\mathrm{d}x = \dfrac{\mathrm{d}}{\mathrm{d}x}(2^x + x + C) = 2^x\ln 2 + 1$. □

性质 9.2.2 如果 k 为非零常数,则 $\displaystyle\int kf(x)\mathrm{d}x = k\displaystyle\int f(x)\mathrm{d}x$.

证明 如果 $F'(x) = f(x)$,则 $\displaystyle\int f(x)\mathrm{d}x = F(x) + C$,于是

$$k\int f(x)\mathrm{d}x = k[F(x) + C] = kF(x) + C_1.$$

由于 k 为非零常数,所以 $C_1 = kC$ 也是任意常数,且 $[kF(x)]' = kF'(x) = kf(x)$,即 $kF(x)$ 是 $kf(x)$ 的一个原函数. 因此

$$\int kf(x)\mathrm{d}x = kF(x) + C_1,$$

从而结论成立. □

性质 9.2.3 $\displaystyle\int [f_1(x) + f_2(x)]\mathrm{d}x = \displaystyle\int f_1(x)\mathrm{d}x + \displaystyle\int f_2(x)\mathrm{d}x$.

证明 如果 $F_1'(x) = f_1(x)$,$F_2'(x) = f_2(x)$,则有

$$\int f_1(x)\mathrm{d}x + \int f_2(x)\mathrm{d}x = F_1(x) + C_1 + F_2(x) + C_2 = F_1(x) + F_2(x) + C,$$

(9.2.3)

其中 $C = C_1 + C_2$ 也是任意常数. 而

$$[F_1(x) + F_2(x)]' = F_1'(x) + F_2'(x) = f_1(x) + f_2(x),$$

即 $F_1(x) + F_2(x)$ 是 $f_1(x) + f_2(x)$ 的一个原函数. 因此,

$$\int [f_1(x) + f_2(x)] dx = F_1(x) + F_2(x) + C. \tag{9.2.4}$$

于是,由式(9.2.3)及(9.2.4)知结论成立. □

性质 9.2.2 和性质 9.2.3 统称为不定积分的线性性,合并为

$$\int [k_1 f_1(x) + k_2 f_2(x)] dx = k_1 \int f_1(x) dx + k_2 \int f_2(x) dx, \tag{9.2.5}$$

其中 k_1, k_2 是不全为零的常数. 容易证明式(9.2.5)对有限个函数的情形也是成立的,即

$$\int \left(\sum_{i=1}^{n} k_i f_i(x) \right) dx = \sum_{i=1}^{n} k_i \int f_i(x) dx, \tag{9.2.6}$$

其中 $k_1, k_2, \cdots, k_n$ 是不全为零的常数.

例 9.2.2 求不定积分 $\displaystyle\int \frac{(\sqrt{x}+1)^2}{x} dx$.

解

$$\int \frac{(\sqrt{x}+1)^2}{x} dx = \int \frac{x + 2\sqrt{x} + 1}{x} dx = \int dx + 2\int x^{-\frac{1}{2}} dx + \int \frac{1}{x} dx$$

$$= x + 2 \cdot \frac{1}{-\frac{1}{2}+1} x^{-\frac{1}{2}+1} + \ln|x| + C$$

$$= x + 4\sqrt{x} + \ln|x| + C. \quad \square$$

在求不定积分的过程中,经常需要适当应用代数及三角的知识对被积函数进行恒等变形,从而用不定积分的线性性质将所求的不定积分化为基本积分表中已有的形式.

例 9.2.3 求不定积分 $\displaystyle\int \frac{2x^2+1}{x^2(x^2+1)} dx$.

解 将分子 $2x^2+1$ 写成 $(x^2+1)+x^2$,把一个分式拆成两个分式的和,得到

$$\int \frac{2x^2+1}{x^2(x^2+1)} dx = \int \frac{(x^2+1)+x^2}{x^2(x^2+1)} dx$$

$$= \int \frac{1}{x^2} dx + \int \frac{1}{x^2+1} dx = -\frac{1}{x} + \arctan x + C. \quad \square$$

例 9.2.4 求不定积分 $\displaystyle\int \frac{x^4}{x^2+1} dx$.

解 将分子减 1 再加 1,变形后积分得到

$$\int \frac{x^4}{x^2+1} dx = \int \frac{x^4-1+1}{x^2+1} dx = \int \frac{(x^2+1)(x^2-1)}{x^2+1} dx + \int \frac{1}{x^2+1} dx$$

$$= \int (x^2-1) dx + \arctan x = \frac{1}{3}x^3 - x + \arctan x + C. \quad \square$$

例 9.2.5　求不定积分 $\displaystyle\int \tan^2 x \mathrm{d}x$.

解　$\displaystyle\int \tan^2 x \mathrm{d}x = \int (\sec^2 x - 1)\mathrm{d}x = \int \sec^2 x \mathrm{d}x - \int \mathrm{d}x = \tan x - x + C.$　□

例 9.2.6　求不定积分 $\displaystyle\int \sin \frac{x}{2}\left(\cos \frac{x}{2} + \sin \frac{x}{2}\right)\mathrm{d}x$.

解　$\displaystyle\int \sin \frac{x}{2}\left(\cos \frac{x}{2} + \sin \frac{x}{2}\right)\mathrm{d}x = \int \left(\frac{1}{2}\sin x + \frac{1 - \cos x}{2}\right)\mathrm{d}x$

$$= \frac{1}{2}\int \sin x \mathrm{d}x + \frac{1}{2}\int \mathrm{d}x - \frac{1}{2}\int \cos x \mathrm{d}x$$

$$= \frac{1}{2}(-\cos x + x - \sin x) + C.　□$$

例 9.2.7　求不定积分 $\displaystyle\int \frac{1}{\sin^2 x \cos^2 x}\mathrm{d}x$.

解　$\displaystyle\int \frac{1}{\sin^2 x \cos^2 x}\mathrm{d}x = \int \frac{\sin^2 x + \cos^2 x}{\sin^2 x \cos^2 x}\mathrm{d}x$

$$= \int \frac{1}{\cos^2 x}\mathrm{d}x + \int \frac{1}{\sin^2 x}\mathrm{d}x = \tan x - \cot x + C.　□$$

9.3　不定积分的换元积分法

9.2 节主要利用基本积分表和不定积分的线性性质直接计算一些函数的不定积分. 但是能够直接积分的不定积分是非常有限的. 本节介绍一种求不定积分的基本方法——换元积分法. 换元积分法的基本做法是对被积表达式进行变量代换(即换元),使换元后的积分容易算出. 其理论依据是复合函数的求导法则. 根据换元方式的不同,通常将换元积分法分为第一类换元法和第二类换元法.

9.3.1　第一类换元法

定理 9.3.1　设 $f(u)$ 具有原函数 $F(u)$, $u = \varphi(x)$ 可导,则

$$\int f[\varphi(x)]\varphi'(x)\mathrm{d}x = \int f[\varphi(x)]\mathrm{d}\varphi(x) = F[\varphi(x)] + C. \qquad (9.3.1)$$

证明　因为 $f(u)$ 具有原函数 $F(u)$,所以 $F'(u) = f(u)$,而 $u = \varphi(x)$ 可导,所以由复合函数的求导法则可得

$$[F(\varphi(x))]' = F'[\varphi(x)]\varphi'(x) = f[\varphi(x)]\varphi'(x),$$

从而式(9.3.1)成立.　□

式(9.3.1)说明如果已知 $\displaystyle\int f(u)\mathrm{d}u = F(u) + C$,那么在计算不定积分

$\int f[\varphi(x)]\varphi'(x)\mathrm{d}x=\int f[\varphi(x)]\mathrm{d}\varphi(x)$ 时,可以作变量代换 $u=\varphi(x)$,于是

$$\int f[\varphi(x)]\varphi'(x)\mathrm{d}x=\int f[\varphi(x)]\mathrm{d}\varphi(x)=\int f(u)\mathrm{d}u=F(u)+C,$$

然后再将 $u=\varphi(x)$ 代回,就得到所要求的不定积分 $\int f[\varphi(x)]\varphi'(x)\mathrm{d}x=F(\varphi(x))$ $+C.$

例 9.3.1 求不定积分 $\int (3+2x)^6\mathrm{d}x.$

解 由于 $\int u^6\mathrm{d}u=\dfrac{1}{7}u^7+C$,而若令 $u=\varphi(x)=3+2x$,那么 $\varphi'(x)=2$,于是由式(9.3.1)得到

$$\int (3+2x)^6\mathrm{d}x=\int [\varphi(x)]^6\mathrm{d}x=\frac{1}{2}\int [\varphi(x)]^6\varphi'(x)\mathrm{d}x$$

$$=\frac{1}{2}\int u^6\mathrm{d}u=\frac{1}{2}\cdot\frac{1}{7}u^7+\frac{1}{2}C_1=\frac{1}{14}(3+2x)^7+C. \qquad \square$$

当对式(9.3.1)熟练掌握后,就可以简化上述书写过程,即不必引入新变量 u. 例如,例 9.3.1 可以写成

$$\int (3+2x)^6\mathrm{d}x=\frac{1}{2}\int (3+2x)^6\mathrm{d}(3+2x)$$

$$=\frac{1}{2}\cdot\frac{1}{7}(3+2x)^7+C=\frac{1}{14}(3+2x)^7+C.$$

所以通常第一类换元法式(9.3.1)也称为凑微分法,意思即为将所求的不定积分 $\int g(x)\mathrm{d}x$ 凑成 $\int f[\varphi(x)]\varphi'(x)\mathrm{d}x$ 的形式(关键步骤),并且 $\int f(u)\mathrm{d}u=F(u)+C$ 已知,从而问题得到解决.

例 9.3.2 求不定积分 $\int \dfrac{\ln x+1}{x}\mathrm{d}x.$

解 $\int \dfrac{\ln x+1}{x}\mathrm{d}x=\int (\ln x+1)\mathrm{d}(\ln x+1)=\dfrac{1}{2}(\ln x+1)^2+C.$ $\qquad \square$

例 9.3.3 求不定积分 $\int \sin x\cos x\mathrm{d}x.$

解 方法一 $\int \sin x\cos x\mathrm{d}x=\int \sin x\mathrm{d}\sin x=\dfrac{1}{2}\sin^2 x+C.$

方法二 $\int \sin x\cos x\mathrm{d}x=-\int \cos x\mathrm{d}\cos x=-\dfrac{1}{2}\cos^2 x+C.$

方法三 $\int \sin x\cos x\mathrm{d}x=\dfrac{1}{2}\int \sin 2x\mathrm{d}x=\dfrac{1}{4}\int \sin 2x\mathrm{d}(2x)=-\dfrac{1}{4}\cos 2x+C.$

$\qquad \square$

利用三角公式,容易验证$\dfrac{1}{2}\sin^2 x, -\dfrac{1}{2}\cos^2 x$ 及 $-\dfrac{1}{4}\cos 2x$ 这三个函数之间确实只相差常数.

例 9.3.4 求下列不定积分:

(1) $\displaystyle\int \dfrac{dx}{a^2+x^2}$ $(a\neq 0)$; (2) $\displaystyle\int \dfrac{dx}{\sqrt{a^2-x^2}}$ $(a>0)$; (3) $\displaystyle\int \dfrac{dx}{x^2-a^2}$ $(a\neq 0)$.

解 (1) $\displaystyle\int \dfrac{dx}{a^2+x^2} = \int \dfrac{1}{a^2}\cdot \dfrac{1}{1+\left(\dfrac{x}{a}\right)^2}dx = \dfrac{1}{a}\int \dfrac{1}{1+\left(\dfrac{x}{a}\right)^2}d\left(\dfrac{x}{a}\right)$

$$= \dfrac{1}{a}\arctan\dfrac{x}{a}+C.$$

(2) $\displaystyle\int \dfrac{dx}{\sqrt{a^2-x^2}} = \int \dfrac{1}{a}\cdot \dfrac{1}{\sqrt{1-\left(\dfrac{x}{a}\right)^2}}dx = \int \dfrac{1}{\sqrt{1-\left(\dfrac{x}{a}\right)^2}}d\left(\dfrac{x}{a}\right) = \arcsin\dfrac{x}{a}+C.$

(3) 由于 $\dfrac{1}{x^2-a^2} = \dfrac{1}{2a}\left(\dfrac{1}{x-a}-\dfrac{1}{x+a}\right)$,所以

$$\int \dfrac{dx}{x^2-a^2} = \int \dfrac{1}{2a}\cdot\left(\dfrac{1}{x-a}-\dfrac{1}{x+a}\right)dx = \dfrac{1}{2a}\int \dfrac{1}{x-a}dx - \dfrac{1}{2a}\int \dfrac{1}{x+a}dx$$

$$= \dfrac{1}{2a}\int \dfrac{1}{x-a}d(x-a) - \dfrac{1}{2a}\int \dfrac{1}{x+a}d(x+a) = \dfrac{1}{2a}\ln|x-a| - \dfrac{1}{2a}\ln|x+a|+C$$

$$= \dfrac{1}{2a}\ln\left|\dfrac{x-a}{x+a}\right|+C. \qquad\qquad \square$$

例 9.3.5 求下列不定积分:

(1) $\displaystyle\int \tan x\, dx$;(2) $\displaystyle\int \cot x\, dx$;(3) $\displaystyle\int \csc x\, dx$;(4) $\displaystyle\int \sec x\, dx$.

解 (1) $\displaystyle\int \tan x\, dx = \int \dfrac{\sin x}{\cos x}dx = -\int \dfrac{d\cos x}{\cos x} = -\ln|\cos x|+C.$

(2) $\displaystyle\int \cot x\, dx = \int \dfrac{\cos x}{\sin x}dx = \int \dfrac{d\sin x}{\sin x} = \ln|\sin x|+C.$

(3) $\displaystyle\int \csc x\, dx = \int \dfrac{dx}{\sin x} = \int \dfrac{dx}{2\sin\dfrac{x}{2}\cos\dfrac{x}{2}} = \int \dfrac{dx}{2\tan\dfrac{x}{2}\cos^2\dfrac{x}{2}} = \int \dfrac{1}{\tan\dfrac{x}{2}}d\tan\dfrac{x}{2}$

$$= \ln\left|\tan\dfrac{x}{2}\right|+C.$$

因为

$$\tan\frac{x}{2}=\frac{\sin\dfrac{x}{2}}{\cos\dfrac{x}{2}}=\frac{2\sin^2\dfrac{x}{2}}{\sin x}=\frac{1-\cos x}{\sin x}=\csc x-\cot x,$$

所以上述不定积分又可表为

$$\int\csc x\mathrm{d}x=\ln|\csc x-\cot x|+C.$$

$$(4)\int\sec x\mathrm{d}x=\int\frac{\mathrm{d}\left(x+\dfrac{\pi}{2}\right)}{\sin\left(x+\dfrac{\pi}{2}\right)}=\ln\left|\csc\left(x+\frac{\pi}{2}\right)-\cot\left(x+\frac{\pi}{2}\right)\right|+C$$

$$=\ln|\sec x+\tan x|+C. \qquad\Box$$

例 9.3.6 求下列不定积分：

$$(1)\int\sin^2 x\mathrm{d}x; \quad (2)\int\cos3x\cos2x\mathrm{d}x.$$

解 $(1)\displaystyle\int\sin^2 x\mathrm{d}x=\int\frac{1-\cos2x}{2}\mathrm{d}x=\frac{1}{2}\int\mathrm{d}x-\frac{1}{4}\int\cos2x\mathrm{d}(2x)$

$$=\frac{x}{2}-\frac{\sin2x}{4}+C.$$

(2) 利用三角函数的积化和差公式

$$\cos A\cos B=\frac{1}{2}[\cos(A-B)+\cos(A+B)],$$

得

$$\cos3x\cos2x=\frac{1}{2}(\cos x+\cos5x),$$

于是

$$\int\cos3x\cos2x\mathrm{d}x=\frac{1}{2}\int(\cos x+\cos5x)\mathrm{d}x$$

$$=\frac{1}{2}\left[\int\cos x\mathrm{d}x+\frac{1}{5}\int\cos5x\mathrm{d}(5x)\right]$$

$$=\frac{1}{2}\sin x+\frac{1}{10}\sin5x+C. \qquad\Box$$

例 9.3.7 求不定积分 $\displaystyle\int\frac{x\mathrm{d}x}{\sqrt{a^2-x^2}}(a>0).$

解 $\displaystyle\int\frac{x\mathrm{d}x}{\sqrt{a^2-x^2}}=-\int\frac{\mathrm{d}(a^2-x^2)}{2\sqrt{a^2-x^2}}=-\sqrt{a^2-x^2}+C. \qquad\Box$

例 9.3.8　求不定积分 $\displaystyle\int \frac{\mathrm{d}x}{2x^2 + 2x + 1}$.

解　$\displaystyle\int \frac{\mathrm{d}x}{2x^2 + 2x + 1} = \frac{1}{2}\int \frac{1}{\left(x + \dfrac{1}{2}\right)^2 + \left(\dfrac{1}{2}\right)^2}\mathrm{d}\left(x + \frac{1}{2}\right)$

$$= \frac{1}{2 \cdot \dfrac{1}{2}}\arctan \frac{x + \dfrac{1}{2}}{\dfrac{1}{2}} + C = \arctan(2x + 1) + C. \qquad \square$$

通过上述例子，可以看到第一类换元法在求不定积分中的重要作用. 但如何适当地选择变量代换 $u = \varphi(x)$ 进行"凑"微分却没有一般路径可循，需要一定的技巧. 因此要掌握第一类换元法，除要熟悉一些典型的例子外，还需要多做练习，只有这样才能更好地理解此种换元法对于求解不定积分的作用，并且熟练地掌握它. 为方便读者学习，将一些常用的凑微分公式列在下面：

(1) $\displaystyle\int f(ax + b)\mathrm{d}x = \frac{1}{a}\int f(ax + b)\mathrm{d}(ax + b), a \neq 0$;

(2) $\displaystyle\int f(x^{a+1})x^a\mathrm{d}x = \frac{1}{a + 1}\int f(x^{a+1})\mathrm{d}x^{a+1}, a \neq -1$, 特别地,

$$\int \frac{f(\sqrt{x})}{\sqrt{x}}\mathrm{d}x = 2\int f(\sqrt{x})\mathrm{d}\sqrt{x}, \quad \int f\left(\frac{1}{x}\right)\frac{1}{x^2}\mathrm{d}x = -\int f\left(\frac{1}{x}\right)\mathrm{d}\frac{1}{x};$$

(3) $\displaystyle\int f(\ln|x|)\frac{1}{x}\mathrm{d}x = \int f(\ln|x|)\mathrm{d}\ln|x|$;

(4) $\displaystyle\int f(a^x)a^x\mathrm{d}x = \frac{1}{\ln a}\int f(a^x)\mathrm{d}a^x$, 特别地, $\displaystyle\int f(\mathrm{e}^x)\mathrm{e}^x\mathrm{d}x = \int f(\mathrm{e}^x)\mathrm{d}\mathrm{e}^x$;

(5) $\displaystyle\int f(\cos x)\sin x\mathrm{d}x = -\int f(\cos x)\mathrm{d}\cos x$;

(6) $\displaystyle\int f(\sin x)\cos x\mathrm{d}x = \int f(\sin x)\mathrm{d}\sin x$;

(7) $\displaystyle\int f(\tan x)\sec^2 x\mathrm{d}x = \int f(\tan x)\mathrm{d}\tan x$;

(8) $\displaystyle\int f(\cot x)\csc^2 x\mathrm{d}x = -\int f(\cot x)\mathrm{d}\cot x$;

(9) $\displaystyle\int f(\arcsin x)\frac{1}{\sqrt{1 - x^2}}\mathrm{d}x = \int f(\arcsin x)\mathrm{d}\arcsin x$;

(10) $\displaystyle\int f(\arccos x)\frac{1}{\sqrt{1 - x^2}}\mathrm{d}x = -\int f(\arccos x)\mathrm{d}\arccos x$;

(11) $\int f(\arctan x) \dfrac{1}{1+x^2} \mathrm{d}x = \int f(\arctan x) \mathrm{d}\arctan x;$

(12) $\int f(\operatorname{arccot} x) \dfrac{1}{1+x^2} \mathrm{d}x = -\int f(\operatorname{arccot} x) \mathrm{d}\operatorname{arccot} x.$

9.3.2 第二类换元法

在第一类换元积分公式中,把被积函数中的一部分连同 $\mathrm{d}x$ 凑成一个函数 $u = \varphi(x)$ 的微分,而剩余的部分是 $\varphi(x)$ 的函数,从而大大简化了被积表达式,使原函数比较容易求得. 受到这一启发,也可以引入一个适当的变量(或函数)来简化所求积分,其理论依据是复合函数求导公式与反函数求导公式.

定理 9.3.2 设 $x = \psi(t)$ 是可导函数,并且 $\psi'(t) \neq 0$. 又设 $f[\psi(t)]\psi'(t)$ 具有原函数 $\Phi(t)$,则

$$\int f(x)\mathrm{d}x = \Phi(\psi^{-1}(x)) + C, \tag{9.3.2}$$

其中 $t = \psi^{-1}(x)$ 是 $x = \psi(t)$ 的反函数.

证明 由假设条件知

$$\int f[\psi(t)]\psi'(t)\mathrm{d}t = \Phi(t) + C.$$

所以

$$\frac{\mathrm{d}\Phi(t)}{\mathrm{d}t} = f[\psi(t)]\psi'(t).$$

由于 $\psi'(t) \neq 0$,所以 $x = \psi(t)$ 严格单调,从而具有反函数 $t = \psi^{-1}(x)$,利用复合函数和反函数的求导公式,得

$$\frac{\mathrm{d}}{\mathrm{d}x}\Phi[\psi^{-1}(x)] = \frac{\mathrm{d}\Phi(t)}{\mathrm{d}t} \cdot \frac{\mathrm{d}t}{\mathrm{d}x} = f[\psi(t)]\psi'(t) \cdot \frac{1}{\psi'(t)} = f[\psi(t)] = f(x).$$

因此,$\Phi[\psi^{-1}(x)]$ 是 $f(x)$ 的一个原函数,即

$$\int f(x)\mathrm{d}x = \Phi(\psi^{-1}(x)) + C. \qquad \square$$

式(9.3.2)的具体应用是这样的:在计算不定积分 $\int f(x)\mathrm{d}x$ 时,可以作变量代换 $x = \psi(t)$,从而 $\int f(x)\mathrm{d}x = \int f[\psi(t)]\psi'(t)\mathrm{d}t$,如果能够得到 $\int f[\psi(t)]\psi'(t)\mathrm{d}t = \Phi(t) + C$,那么 $\int f(x)\mathrm{d}x = \Phi(\psi^{-1}(x)) + C$,因此这种方法也称为换元法. 简单记为

$$\int f(x)\mathrm{d}x \xrightarrow{x = \psi(t)} \int f[\psi(t)]\psi'(t)\mathrm{d}t = \Phi(t) + C \xrightarrow{t = \psi^{-1}(x)} \Phi(\psi^{-1}(x)) + C.$$

$$\tag{9.3.3}$$

利用第二类换元积分法求不定积分的关键在于选择适当的变量代换 $x = \psi(t)$,选择的标准是函数 $\psi(t)$ 必须可导并且 $\psi'(t) \neq 0$,同时还要保证不定积分 $\int f[\psi(t)]\psi'(t)\mathrm{d}t$ 能够求出.

例 9.3.9　求不定积分 $\int \sqrt{a^2 - x^2}\,\mathrm{d}x\ (a > 0)$.

解　被积函数含有 $\sqrt{a^2 - x^2}$,不便于积分,为此可作代换 $x = a\sin t$ $\left(-\dfrac{\pi}{2} < t < \dfrac{\pi}{2}\right)$ 去掉根号. 此时

$$\sqrt{a^2 - x^2} = a\cos t,\quad \mathrm{d}x = a\cos t\,\mathrm{d}t.$$

于是 $\displaystyle\int \sqrt{a^2 - x^2}\,\mathrm{d}x = a^2 \int \cos^2 t\,\mathrm{d}t = \frac{1}{2}a^2 \int (1 + \cos 2t)\,\mathrm{d}t$

$$= \frac{1}{2}a^2 \left(t + \frac{1}{2}\sin 2t\right) + C = \frac{a^2}{2}t + \frac{a^2}{4}\sin 2t + C.$$

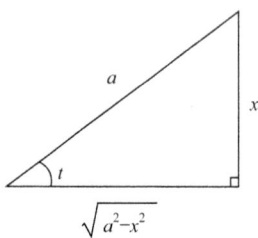

为了简化计算结果,避免三角函数、反三角函数混合出现,将 $\sin 2t$ 写成 $2\sin t\cos t$,参看图 9-3,由于 $-\dfrac{\pi}{2} < t < \dfrac{\pi}{2}$,故

$$t = \arcsin \frac{x}{a},\quad \sin t = \frac{x}{a},\quad \cos t = \sqrt{1 - \sin^2 t} = \frac{\sqrt{a^2 - x^2}}{a}.$$

图 9-3

所以

$$\int \sqrt{a^2 - x^2}\,\mathrm{d}x = \frac{a^2}{2}\arcsin \frac{x}{a} + \frac{x}{2}\sqrt{a^2 - x^2} + C. \qquad \square$$

例 9.3.10　求不定积分 $\displaystyle\int \frac{\mathrm{d}x}{\sqrt{a^2 + x^2}}\ (a > 0)$.

解　利用三角代换 $x = a\tan t\left(-\dfrac{\pi}{2} < t < \dfrac{\pi}{2}\right)$ 去掉根式 $\sqrt{a^2 + x^2}$. 此时

$$\sqrt{a^2 + x^2} = \sqrt{a^2 + a^2\tan^2 t} = a\sec t,\quad \mathrm{d}x = a\sec^2 t\,\mathrm{d}t.$$

于是

$$\int \frac{\mathrm{d}x}{\sqrt{a^2 + x^2}} = \int \frac{1}{a\sec t}a\sec^2 t\,\mathrm{d}t = \int \sec t\,\mathrm{d}t$$

$$= \ln|\sec t + \tan t| + C_1.$$

由图 9-4 可知 $\tan t = \dfrac{x}{a}$，$\sec t = \dfrac{\sqrt{a^2 + x^2}}{a}$，所以

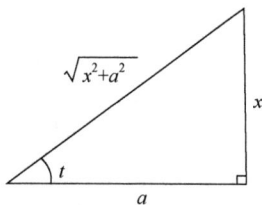

$$\int \frac{\mathrm{d}x}{\sqrt{a^2 + x^2}} = \ln\left| \frac{\sqrt{a^2 + x^2}}{a} + \frac{x}{a} \right| + C_1$$

$$= \ln(x + \sqrt{x^2 + a^2}) + C,$$

其中 $C = C_1 - \ln a$. □

图 9-4

例 9.3.11 求不定积分 $\displaystyle\int \frac{\mathrm{d}x}{\sqrt{x^2 - a^2}}$ $(a > 0, x > a)$.

解 利用三角代换 $x = a\sec t\left(0 < t < \dfrac{\pi}{2}\right)$ 去掉根式 $\sqrt{x^2 - a^2}$. 此时

$$\frac{1}{\sqrt{x^2 - a^2}} = \frac{1}{\sqrt{a^2 \sec^2 t - a^2}} = \frac{1}{a\sqrt{\sec^2 t - 1}} = \frac{1}{a\sqrt{\tan^2 t}} = \frac{1}{a\tan t},$$

$$\mathrm{d}x = a\sec t\tan t\mathrm{d}t.$$

所以

$$\int \frac{\mathrm{d}x}{\sqrt{x^2 - a^2}} = \int \frac{1}{a\tan t}a\sec t\tan t\mathrm{d}t = \int \sec t\mathrm{d}t = \ln|\sec t + \tan t| + C_1.$$

由图 9-5 可知 $\tan t = \dfrac{\sqrt{x^2 - a^2}}{a}$，$\sec t = \dfrac{x}{a}$，所以

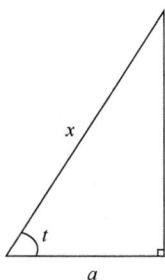

$$\int \frac{\mathrm{d}x}{\sqrt{x^2 - a^2}} = \ln\left| \frac{\sqrt{x^2 - a^2}}{a} + \frac{x}{a} \right| + C_1$$

$$= \ln|x + \sqrt{x^2 - a^2}| + C,$$

其中 $C = C_1 - \ln a$. □

图 9-5

一般地，当被积函数含有根式：$\sqrt{a^2 - x^2}$，$\sqrt{x^2 + a^2}$，$\sqrt{x^2 - a^2}$ 时，可利用三角函数恒等式换元消除被积函数中的根号，使被积表达式简化，即

(1) 当被积函数含有 $\sqrt{a^2 - x^2}$ 时，可令 $x = a\sin t$；

(2) 当被积函数含有 $\sqrt{x^2 + a^2}$ 时，可令 $x = a\tan t$；

(3) 当被积函数含有 $\sqrt{x^2 - a^2}$ 时，可令 $x = a\sec t$.

当被积函数含有 $\sqrt{x^2 \pm a^2}$ 时，还可以利用双曲函数公式 $\mathrm{ch}^2 t - \mathrm{sh}^2 t = 1$ 来去掉根号. 例如，在例 9.3.10 中，设 $x = a\mathrm{sh}t$，则有 $\mathrm{d}x = a\mathrm{ch}t\mathrm{d}t$，代入原积分得到

$$\int \frac{\mathrm{d}x}{\sqrt{x^2+a^2}} = \int \frac{a\,\mathrm{ch}t\,\mathrm{d}t}{\sqrt{a^2\,\mathrm{sh}^2 t + a^2}}$$

$$= \int \frac{a\,\mathrm{ch}t\,\mathrm{d}t}{a\,\mathrm{ch}t} = \int \mathrm{d}t = t + C_1 = \mathrm{arcsh}\frac{x}{a} + C_1$$

$$= \ln\left[\frac{x}{a} + \sqrt{\left(\frac{x}{a}\right)^2 + 1}\right] + C_1 = \ln(x + \sqrt{x^2+a^2}) + C,$$

其中 $C = C_1 - \ln a$.

在本节的例题中，有几个积分是以后经常会遇到的，所以它们通常被当作公式使用. 顺延前面的基本积分公式，将有关结论一并列在下面：

(18) $\displaystyle\int \tan x\,\mathrm{d}x = -\ln|\cos x| + C$;

(19) $\displaystyle\int \cot x\,\mathrm{d}x = \ln|\sin x| + C$;

(20) $\displaystyle\int \sec x\,\mathrm{d}x = \ln|\sec x + \tan x| + C$;

(21) $\displaystyle\int \csc x\,\mathrm{d}x = \ln|\csc x - \cot x| + C$;

(22) $\displaystyle\int \sqrt{a^2-x^2}\,\mathrm{d}x = \frac{a^2}{2}\arcsin\frac{x}{a} + \frac{x}{2}\sqrt{a^2-x^2} + C \ (a > 0)$;

(23) $\displaystyle\int \sqrt{x^2 \pm a^2}\,\mathrm{d}x = \frac{x}{2}\sqrt{x^2 \pm a^2} \pm \frac{a^2}{2}\ln(x + \sqrt{x^2 \pm a^2}) + C$;

(24) $\displaystyle\int \frac{1}{a^2+x^2}\,\mathrm{d}x = \frac{1}{a}\arctan\frac{x}{a} + C \ (a \neq 0)$;

(25) $\displaystyle\int \frac{1}{a^2-x^2}\,\mathrm{d}x = \frac{1}{2a}\ln\left|\frac{x+a}{x-a}\right| + C \ (a \neq 0)$;

(26) $\displaystyle\int \frac{1}{\sqrt{a^2-x^2}}\,\mathrm{d}x = \arcsin\frac{x}{a} + C \ (a > 0)$;

(27) $\displaystyle\int \frac{1}{\sqrt{x^2 \pm a^2}}\,\mathrm{d}x = \ln\left|x + \sqrt{x^2 \pm a^2}\right| + C \ (a \neq 0)$.

例 9.3.12　求下列不定积分

(1) $\displaystyle\int \frac{1}{\sqrt{1-2x-x^2}}\,\mathrm{d}x$;　　(2) $\displaystyle\int \frac{x\,\mathrm{d}x}{\sqrt{x^4-2x^2-1}}$.

解　(1) 利用公式(26)，便得

$$\int \frac{1}{\sqrt{1-2x-x^2}}\,\mathrm{d}x = \int \frac{\mathrm{d}(x+1)}{\sqrt{2-(x+1)^2}} = \arcsin\frac{x+1}{\sqrt{2}} + C.$$

(2) 利用公式(27)，便得

$$\int \frac{x\mathrm{d}x}{\sqrt{x^4-2x^2-1}} = \int \frac{x\mathrm{d}x}{\sqrt{(x^2-1)^2-2}} = \frac{1}{2}\int \frac{\mathrm{d}(x^2-1)}{\sqrt{(x^2-1)^2-(\sqrt{2})^2}}$$

$$= \frac{1}{2}\ln\left| x^2-1+\sqrt{(x^2-1)^2-(\sqrt{2})^2} \right| +C$$

$$= \frac{1}{2}\ln\left| x^2-1+\sqrt{x^4-2x^2-1} \right| +C. \qquad \square$$

例 9.3.13 求不定积分 $\displaystyle\int \frac{\sqrt{1-x^2}}{x^4}\mathrm{d}x$.

解　方法一　令 $x=\cos t$,则

$$\int \frac{\sqrt{1-x^2}}{x^4}\mathrm{d}x = \int \frac{-\sin^2 t}{\cos^4 t}\mathrm{d}t = -\int \tan^2 t \cdot \frac{1}{\cos^2 t}\mathrm{d}t$$

$$= -\int \tan^2 t\,\mathrm{d}\tan t = -\frac{1}{3}\tan^3 t +C = -\frac{(1-x^2)^{\frac{3}{2}}}{3x^3}+C.$$

方法二　令 $x=\dfrac{1}{t}$,则

$$\int \frac{\sqrt{1-x^2}}{x^4}\mathrm{d}x = \int t^4 \sqrt{1-\frac{1}{t^2}}\left(-\frac{1}{t^2}\right)\mathrm{d}t = -\int |t|\sqrt{t^2-1}\,\mathrm{d}t,$$

所以,当 $x>0$ 时,得到

$$\int \frac{\sqrt{1-x^2}}{x^4}\mathrm{d}x = -\frac{1}{2}\int \sqrt{t^2-1}\,\mathrm{d}(t^2-1) = -\frac{1}{3}(t^2-1)^{\frac{3}{2}}+C$$

$$= -\frac{(1-x^2)^{\frac{3}{2}}}{3x^3}+C.$$

而当 $x<0$ 时,显然也能得到这一结果. $\qquad \square$

例 9.3.13 中方法二使用的变量代换 $x=\dfrac{1}{t}$,通常称为倒代换,实际中也经常使用.

例 9.3.14 求不定积分 $\displaystyle\int \frac{\mathrm{d}x}{\sqrt{1+\mathrm{e}^x}}$.

解　令 $\sqrt{1+\mathrm{e}^x}=t$,则 $x=\ln(t^2-1)$, $\mathrm{d}x=\dfrac{2t}{t^2-1}\mathrm{d}t$,于是

$$\int \frac{\mathrm{d}x}{\sqrt{1+\mathrm{e}^x}} = \int \frac{1}{t}\cdot\frac{2t}{t^2-1}\mathrm{d}t = 2\int \frac{\mathrm{d}t}{t^2-1} = \ln\left|\frac{t-1}{t+1}\right|+C$$

$$= \ln\frac{\sqrt{1+\mathrm{e}^x}-1}{\sqrt{1+\mathrm{e}^x}+1}+C. \qquad \square$$

例 9.3.14 的出发点是将被积函数中较为复杂的部分看作一个新的变量,这也是在第二类换元法中经常使用的方法.

9.4　不定积分的分部积分法

利用两个函数乘积的求导公式,能够得到求不定积分的另一种常用方法,通常称之为分部积分法.

定理 9.4.1　设 $u=u(x)$,$v=v(x)$ 都是连续可导函数,则

$$\int uv' \mathrm{d}x = uv - \int u'v \mathrm{d}x. \tag{9.4.1}$$

证明　由函数乘积的导数公式,有

$$(uv)' = u'v + uv',$$

从而

$$uv' = (uv)' - u'v.$$

对上式两边同时求不定积分,即得

$$\int uv' \mathrm{d}x = uv - \int u'v \mathrm{d}x. \qquad \square$$

分部积分的作用是将积分 $\int uv' \mathrm{d}x$ 转化为积分 $\int u'v \mathrm{d}x$,如果 $\int u'v \mathrm{d}x$ 能够求出,或者 $\int u'v \mathrm{d}x$ 比 $\int uv' \mathrm{d}x$ 简单,则达到了我们的目的.

注意到 $v'\mathrm{d}x = \mathrm{d}v$,$u'\mathrm{d}x = \mathrm{d}u$,式(9.4.1)常写为形式简洁、便于记忆的形式,即

$$\int u\mathrm{d}v = uv - \int v\mathrm{d}u. \tag{9.4.2}$$

同时,当 $xf'(x)$ 连续时,应用式(9.4.2)就得到

$$\int f(x)\mathrm{d}x = xf(x) - \int xf'(x)\mathrm{d}x.$$

例 9.4.1　求不定积分 $\int x\mathrm{e}^x \mathrm{d}x$.

解　注意到 $\mathrm{e}^x \mathrm{d}x = \mathrm{d}\mathrm{e}^x$,所以 $\int x\mathrm{e}^x \mathrm{d}x = \int x\mathrm{d}\mathrm{e}^x$,于是,取 $u=x$,$v=\mathrm{e}^x$,由公式(9.4.2)就得到

$$\int x\mathrm{e}^x \mathrm{d}x = \int x\mathrm{d}\mathrm{e}^x = x\mathrm{e}^x - \int \mathrm{e}^x \mathrm{d}x = x\mathrm{e}^x - \mathrm{e}^x + C. \qquad \square$$

上例中因为 $x\mathrm{d}x = \mathrm{d}\left(\dfrac{x^2}{2}\right)$,所以也可以取 $u=\mathrm{e}^x$,$v=\dfrac{x^2}{2}$,于是仍由公式(9.4.2)得到

$$\int x e^x \mathrm{d}x = \frac{1}{2} x^2 e^x - \int \frac{1}{2} x^2 e^x \mathrm{d}x.$$

易见等式右端的积分比原积分还复杂,所以这样用分部积分是行不通的. 因此,在分部积分中,恰当地选择 u,v 非常重要,应该注意两点:

(1) $\mathrm{d}v$ 要容易求得;

(2) $\int v \mathrm{d}u$ 应该比 $\int u \mathrm{d}v$ 容易积分.

例 9.4.2 求不定积分 $\int x^3 \ln x \mathrm{d}x$.

解 设 $u = \ln x, \mathrm{d}v = x^3 \mathrm{d}x = \mathrm{d}\left(\frac{1}{4} x^4\right)$,代入公式得到

$$\int x^3 \ln x \mathrm{d}x = \int \ln x \mathrm{d}\left(\frac{1}{4} x^4\right) = \frac{1}{4} x^4 \ln x - \int \frac{1}{4} x^4 \mathrm{d}\ln x$$

$$= \frac{1}{4} x^4 \ln x - \frac{1}{4} \int x^3 \mathrm{d}x = \frac{1}{4} x^4 \ln x - \frac{1}{16} x^4 + C. \qquad \square$$

当对分部积分公式比较熟练时,可以不必再把 u 和 $\mathrm{d}v$ 写出来了.

例 9.4.3 求下列不定积分:

(1) $\int \arcsin x \mathrm{d}x$;(2) $\int x \arctan x \mathrm{d}x$;(3) $\int \arcsin^2 x \mathrm{d}x$.

解 (1) $\int \arcsin x \mathrm{d}x = x \arcsin x - \int x \mathrm{d}\arcsin x = x \arcsin x - \int \frac{x}{\sqrt{1-x^2}} \mathrm{d}x$

$$= x \arcsin x + \frac{1}{2} \int \frac{1}{\sqrt{1-x^2}} \mathrm{d}(1-x^2)$$

$$= x \arcsin x + \sqrt{1-x^2} + C.$$

(2) $\int x \arctan x \mathrm{d}x = \frac{1}{2} \int \arctan x \mathrm{d}x^2$

$$= \frac{x^2}{2} \arctan x - \frac{1}{2} \int x^2 \mathrm{d}\arctan x = \frac{x^2}{2} \arctan x - \frac{1}{2} \int \frac{x^2}{1+x^2} \mathrm{d}x$$

$$= \frac{x^2}{2} \arctan x - \frac{1}{2} \int \left(1 - \frac{1}{1+x^2}\right) \mathrm{d}x$$

$$= \frac{x^2}{2} \arctan x - \frac{x}{2} + \frac{1}{2} \arctan x + C.$$

(3) $\int \arcsin^2 x \mathrm{d}x = x \arcsin^2 x - \int x \mathrm{d}\arcsin^2 x = x \arcsin^2 x - 2 \int \frac{x \arcsin x}{\sqrt{1-x^2}} \mathrm{d}x$

$$= x \arcsin^2 x + 2 \int \arcsin x \mathrm{d}\sqrt{1-x^2}$$

$$= x \arcsin^2 x + 2\sqrt{1-x^2}\arcsin x - 2\int \sqrt{1-x^2}\,\mathrm{darcsin}x$$

$$= x \arcsin^2 x + 2\sqrt{1-x^2}\arcsin x - 2\int \mathrm{d}x$$

$$= x \arcsin^2 x + 2\sqrt{1-x^2}\arcsin x - 2x + C.$$ □

例 9.4.4　求不定积分 $\int \mathrm{e}^{2x}\cos x\,\mathrm{d}x$.

解　**方法一**　$\displaystyle\int \mathrm{e}^{2x}\cos x\,\mathrm{d}x = \int \mathrm{e}^{2x}\mathrm{d}\sin x = \mathrm{e}^{2x}\sin x - 2\int \sin x\,\mathrm{e}^{2x}\,\mathrm{d}x$

$$= \mathrm{e}^{2x}\sin x + 2\int \mathrm{e}^{2x}\mathrm{d}\cos x$$

$$= \mathrm{e}^{2x}\sin x + 2\mathrm{e}^{2x}\cos x - 4\int \mathrm{e}^{2x}\cos x\,\mathrm{d}x,$$

移项,合并同类项 $\int \mathrm{e}^{2x}\cos x\,\mathrm{d}x$, 便得

$$\int \mathrm{e}^{2x}\cos x\,\mathrm{d}x = \frac{1}{5}\mathrm{e}^{2x}(\sin x + 2\cos x) + C.$$

方法二　$\displaystyle\int \mathrm{e}^{2x}\cos x\,\mathrm{d}x = \frac{1}{2}\int \cos x\,\mathrm{d}\mathrm{e}^{2x}$

$$= \frac{1}{2}\mathrm{e}^{2x}\cos x + \frac{1}{2}\int \mathrm{e}^{2x}\sin x\,\mathrm{d}x$$

$$= \frac{1}{2}\mathrm{e}^{2x}\cos x + \frac{1}{4}\int \sin x\,\mathrm{d}\mathrm{e}^{2x}$$

$$= \frac{1}{2}\mathrm{e}^{2x}\cos x + \frac{1}{4}\mathrm{e}^{2x}\sin x - \frac{1}{4}\int \mathrm{e}^{2x}\cos x\,\mathrm{d}x,$$

移项,合并同类项 $\int \mathrm{e}^{2x}\cos x\,\mathrm{d}x$, 便得

$$\int \mathrm{e}^{2x}\cos x\,\mathrm{d}x = \frac{1}{5}\mathrm{e}^{2x}(\sin x + 2\cos x) + C.$$ □

例 9.4.5　求不定积分 $\int \sec^3 x\,\mathrm{d}x$.

解　$\displaystyle\int \sec^3 x\,\mathrm{d}x = \int \sec x\,\mathrm{d}\tan x = \sec x\tan x - \int \sec x\,\tan^2 x\,\mathrm{d}x$

$$= \sec x\tan x - \int \sec x(\sec^2 x - 1)\,\mathrm{d}x$$

$$= \sec x\tan x - \int \sec^3 x\,\mathrm{d}x + \int \sec x\,\mathrm{d}x$$

$$= \sec x\tan x + \ln|\sec x + \tan x| - \int \sec^3 x\,\mathrm{d}x,$$

将上式右端积分 $\int \sec^3 x \mathrm{d}x$ 移到等式左端合并，即可解得

$$\int \sec^3 x \mathrm{d}x = \frac{1}{2}(\sec x \tan x + \ln|\sec x + \tan x|) + C.$$ □

总结以上例题，一般可得下列做法：

（1）当被积函数为指数函数或者正（余）弦函数与 x^n（n 为正整数）的乘积时，可以将 x^n 作为 u，其余部分作为 $\mathrm{d}v$，即对下列积分

$$\int x^n \mathrm{e}^{ax} \mathrm{d}x, \quad \int x^n \sin ax \mathrm{d}x, \quad \int x^n \cos ax \mathrm{d}x$$

（a 为常数）均可设 $u = x^n$，其余部分为 $\mathrm{d}v$.

（2）当被积函数为对数函数或者反三角函数与 x^n（n 为正整数）的乘积时，可以令 $x^n \mathrm{d}x = \mathrm{d}v$，其余部分作为 u，如积分

$$\int x^n \ln x \mathrm{d}x, \quad \int x^n \arcsin x \mathrm{d}x, \quad \int x^n \arccos x \mathrm{d}x, \quad \int x^n \arctan x \mathrm{d}x.$$

等.

利用分部积分法，还可以给出一些不定积分的递推公式，举例如下.

例 9.4.6 给出不定积分 $I_n = \int \dfrac{\mathrm{d}u}{(u^2 + a^2)^n}$ 的递推公式，其中常数 $a \neq 0, n \in \mathbb{N}$.

解 当 $n=1$ 时，$I_1 = \int \dfrac{\mathrm{d}u}{u^2 + a^2} = \dfrac{1}{a} \arctan \dfrac{u}{a} + C.$ 当 $n>1$ 时，

$$\begin{aligned}
I_n &= \frac{1}{a^2} \int \frac{u^2 + a^2 - u^2}{(u^2 + a^2)^n} \mathrm{d}u \\
&= \frac{1}{a^2} \int \frac{\mathrm{d}u}{(u^2 + a^2)^{n-1}} - \frac{1}{a^2} \int \frac{u^2}{(u^2 + a^2)^n} \mathrm{d}u \\
&= \frac{1}{a^2} I_{n-1} - \frac{1}{2a^2} \int \frac{u \mathrm{d}(u^2 + a^2)}{(u^2 + a^2)^n} \\
&= \frac{1}{a^2} I_{n-1} - \frac{1}{2a^2} \left[\frac{1}{1-n} \int u \mathrm{d}(u^2 + a^2)^{1-n} \right] \\
&= \frac{1}{a^2} I_{n-1} - \frac{1}{2a^2(1-n)} \left[u(u^2 + a^2)^{1-n} - \int \frac{\mathrm{d}u}{(u^2 + a^2)^{n-1}} \right] \\
&= \frac{1}{a^2} I_{n-1} - \frac{1}{2a^2(1-n)} \left[\frac{u}{(u^2 + a^2)^{n-1}} - I_{n-1} \right] \\
&= \frac{1}{2a^2(n-1)} \frac{u}{(u^2 + a^2)^{n-1}} + \frac{2n-3}{2a^2(n-1)} I_{n-1}.
\end{aligned}$$ □

假设 $u = u(x), v = v(x)$ 都具有 $n+1$ 阶连续导数，重复利用分部积分公式，可以得到式（9.4.1）的推广形式

$$\int u v^{(n+1)} \, \mathrm{d}x = u v^{(n)} - u' v^{(n-1)} + u'' v^{(n-2)} - \cdots + (-1)^n u^{(n)} v + (-1)^{n+1} \int u^{(n+1)} v \, \mathrm{d}x.$$

$$(9.4.3)$$

例 9.4.7 求不定积分 $\int x^5 \mathrm{e}^x \mathrm{d}x$.

解 令 $u = x^5, v = \mathrm{e}^x$, 注意到 $u^{(6)} = 0$, 所以由公式 (9.4.3) 得到

$$\int x^5 \mathrm{e}^x \mathrm{d}x = x^5 \mathrm{e}^x - 5x^4 \mathrm{e}^x + 20x^3 \mathrm{e}^x - 60x^2 \mathrm{e}^x + 120x \mathrm{e}^x - 120 \mathrm{e}^x + C$$

$$= (x^5 - 5x^4 + 20x^3 - 60x^2 + 120x - 120) \mathrm{e}^x + C. \qquad \square$$

另外, 一些看起来应该用换元法积分的题目, 也有可能用分部积分法求解. 例如, 在例 9.3.9 中, 利用换元法得到

$$\int \sqrt{a^2 - x^2} \, \mathrm{d}x = \frac{a^2}{2} \arcsin \frac{x}{a} + \frac{x}{2} \sqrt{a^2 - x^2} + C.$$

事实上, 利用分部积分法也能得到这一结论, 求解如下:

$$\int \sqrt{a^2 - x^2} \, \mathrm{d}x = x \sqrt{a^2 - x^2} - \int x \mathrm{d} \sqrt{a^2 - x^2} = x \sqrt{a^2 - x^2} + \int \frac{x^2}{\sqrt{a^2 - x^2}} \mathrm{d}x$$

$$= x \sqrt{a^2 - x^2} - \int \frac{a^2 - x^2 - a^2}{\sqrt{a^2 - x^2}} \mathrm{d}x = x \sqrt{a^2 - x^2} - \int \sqrt{a^2 - x^2} \, \mathrm{d}x + \int \frac{a^2}{\sqrt{a^2 - x^2}} \mathrm{d}x$$

$$= x \sqrt{a^2 - x^2} - \int \sqrt{a^2 - x^2} \, \mathrm{d}x + a^2 \arcsin \frac{x}{a},$$

移项并合并同类项得到

$$\int \sqrt{a^2 - x^2} \, \mathrm{d}x = \frac{a^2}{2} \arcsin \frac{x}{a} + \frac{x}{2} \sqrt{a^2 - x^2} + C.$$

将分部积分法与换元积分法结合, 也是求不定积分经常使用的方法.

例 9.4.8 求不定积分 $\int \cos \sqrt{x} \, \mathrm{d}x$.

解 令 $\sqrt{x} = t$, 即 $x = t^2, \mathrm{d}x = 2t \mathrm{d}t$, 于是

$$\int \cos \sqrt{x} \, \mathrm{d}x = 2 \int t \cos t \mathrm{d}t = 2 \int t \mathrm{d} \sin t$$

$$= 2 \left(t \sin t - \int \sin t \mathrm{d}t \right) = 2t \sin t + 2 \cos t + C$$

$$= 2 \sqrt{x} \sin \sqrt{x} + 2 \cos \sqrt{x} + C. \qquad \square$$

例 9.4.9 求不定积分 $\int \frac{x \arctan x}{\sqrt{1 + x^2}} \mathrm{d}x$.

解 **方法一** $\int \frac{x \arctan x}{\sqrt{1 + x^2}} \mathrm{d}x = \frac{1}{2} \int \frac{\arctan x}{\sqrt{1 + x^2}} \mathrm{d}(1 + x^2)$

$$= \int \arctan x \mathrm{d} \sqrt{1+x^2}$$

$$= \sqrt{1+x^2} \arctan x - \int \sqrt{1+x^2} \cdot \frac{1}{1+x^2} \mathrm{d}x$$

$$= \sqrt{1+x^2} \arctan x - \int \frac{\mathrm{d}x}{\sqrt{1+x^2}}$$

$$= \sqrt{1+x^2} \arctan x - \ln(x + \sqrt{1+x^2}) + C.$$

方法二 设 $x = \tan t$, $-\dfrac{\pi}{2} < t < \dfrac{\pi}{2}$, 则 $\arctan x = t$, $\sqrt{1+x^2} = \sec t$, $\mathrm{d}x = \sec^2 t \mathrm{d}t$, 于是

$$\int \frac{x \arctan x}{\sqrt{1+x^2}} \mathrm{d}x = \int \frac{t \tan t}{\sec t} \sec^2 t \mathrm{d}t = \int t \sec t \tan t \mathrm{d}t$$

$$= \int t \mathrm{d} \sec t = t \sec t - \int \sec t \mathrm{d}t$$

$$= t \sec t - \ln|\sec t + \tan t| + C$$

$$= \sqrt{1+x^2} \arctan x - \ln(x + \sqrt{1+x^2}) + C. \qquad \square$$

9.5 有理函数的积分

在 9.3 节和 9.4 节中, 介绍了两种求不定积分的常用方法, 即不定积分的换元积分法和分部积分法, 那里我们关注的是积分方法. 本节将着眼点转到被积函数本身上来. 因为有些函数具有自身的特性或者规律, 充分利用它们, 也是求不定积分的一条路子. 例如, 有理函数就是如此. 同时, 还应该提醒读者注意的是, 虽然根据定理 9.1.2, 在区间上连续的函数, 一定存在原函数, 但其原函数却不一定是初等函数, 通俗地讲, 就是无论用什么方法, 对有些函数而言, 尽管 $\int f(x) \mathrm{d}x$ 存在, 但我们却"积不出来", 即 $\int f(x) \mathrm{d}x$ 不能用初等函数表示. 例如,

$$\int \mathrm{e}^{-x^2} \mathrm{d}x, \quad \int \sin x^2 \mathrm{d}x, \quad \int \cos x^2 \mathrm{d}x, \quad \int \frac{\sin x}{x} \mathrm{d}x, \quad \int \frac{\cos x}{x} \mathrm{d}x, \quad \int \frac{1}{\ln x} \mathrm{d}x$$

等. 又如所谓的第一、二、三类椭圆积分

$$\int \frac{1}{\sqrt{1-k^2 \sin^2 \varphi}} \mathrm{d}\varphi, \quad \int \sqrt{1-k^2 \sin^2 \varphi} \mathrm{d}\varphi, \quad \int \frac{1}{(1+h \sin^2 \varphi) \sqrt{1-k^2 \sin^2 \varphi}} \mathrm{d}\varphi$$

等, 其中 h, k 都是常数, 并且 $0 < k < 1$.

9.5.1 有理函数的不定积分

分子、分母都是多项式的函数称为有理函数或有理分式, 它的一般形式为

$$R(x)=\frac{P(x)}{Q(x)}=\frac{\alpha_0 x^n+\alpha_1 x^{n-1}+\cdots+\alpha_{n-1}x+\alpha_n}{\beta_0 x^m+\beta_1 x^{m-1}+\cdots+\beta_{m-1}x+\beta_m}.$$

其中 n,m 为非负整数, $\alpha_0,\alpha_1,\cdots,\alpha_n$ 与 $\beta_0,\beta_1,\cdots,\beta_m$ 都是常数, 且 $\alpha_0\neq0,\beta_0\neq0$. 当 $m\geqslant n$ 时, 称为真分式; 当 $m<n$ 时, 称为假分式. 显然, 假分式总可以利用多项式除法化为多项式与真分式之和, 例如,

$$\frac{x^3+x+2}{x^2+1}=x+\frac{2}{x^2+1}.$$

由于多项式的积分可以算出, 所以下面主要讨论真分式的积分问题. 为讨论方便, 总假定所讨论的真分式的分子与分母没有公因式 (否则可先约分化简). 下面先看一个简单的例子.

例 9.5.1 求不定积分 $\displaystyle\int\frac{x+3}{x^2-5x+6}dx$.

解
$$\begin{aligned}\int\frac{x+3}{x^2-5x+6}dx&=\int\left(\frac{-5}{x-2}+\frac{6}{x-3}\right)dx\\&=-5\int\frac{1}{x-2}dx+6\int\frac{1}{x-3}dx\\&=-5\ln|x-2|+6\ln|x-3|+C.\end{aligned}$$

上例中的关键就是把 $\dfrac{x+3}{x^2-5x+6}$ 分解成部分分式之和, 即

$$\frac{x+3}{x^2-5x+6}=\frac{-5}{x-2}+\frac{6}{x-3}.$$

由此可以想到, 对真分式的积分, 其方法是先将该分式分解为若干个不能再分解的简单分式之和, 再进行分项积分. 这种方法称为部分分式法. 因而此类积分归结为求那些部分分式的不定积分. 为此, 先将如何分解部分分式的步骤简述如下.

1. 分解因式

对分母 $Q(x)=\beta_0 x^m+\beta_1 x^{m-1}+\cdots+\beta_{m-1}x+\beta_m$, 在实数范围内作因式分解, 设为

$$Q(x)=(x-a_1)^{\lambda_1}\cdots(x-a_s)^{\lambda_s}(x^2+p_1x+q_1)^{\mu_1}\cdots(x^2+p_tx+q_t)^{\mu_t},$$

其中 $\beta_0=1,\lambda_i,\mu_j(i=1,2,\cdots,s;j=1,2,\cdots,t)$ 均为自然数或零, 而且

$$\sum_{i=1}^s\lambda_i+2\sum_{j=1}^t\mu_j=m;\quad p_j^2-4q_j<0,\quad j=1,2,\cdots,t.$$

2. 写出全部的部分分式

根据分母的各个因式分别写出与之相应的部分分式, 利用代数学的知识可以证明, 对于每个形如 $(x-a)^k$ 的因式, 它所对应的部分分式之和是

$$\frac{A_1}{x-a}+\frac{A_2}{(x-a)^2}+\cdots+\frac{A_k}{(x-a)^k};$$

对每个形如 $(x^2+px+q)^k$ 的因式，它所对应的部分分式之和是

$$\frac{B_1 x+C_1}{x^2+px+q}+\frac{B_2 x+C_2}{(x^2+px+q)^2}+\cdots+\frac{B_k x+C_k}{(x^2+px+q)^k},$$

其中系数 A_i, B_i, C_i 待定.

3. 确定系数

一般方法是将所有部分分式通分相加，所得分式的分母即为原分母 $Q(x)$，而其分子亦应与原分子 $P(x)$ 恒等. 于是，按同幂项系数必定相等，得到一组关于待定系数的线性方程，这组方程的解就是需要确定的系数. 特殊地，也可以通过某些 x 的值，列方程(组)求出.

例 9.5.2 将下列真分式分解为部分分式的和：

(1) $R(x)=\dfrac{x+2}{x^2-5x+6}$;　　(2) $R(x)=\dfrac{1}{x^3-2x^2+x}$.

解 (1) 因为 $x^2-5x+6=(x-2)(x-3)$，所以 $R(x)=\dfrac{A}{x-2}+\dfrac{B}{x-3}$，其中常数 A,B 待定.

因为

$$R(x)=\frac{A}{x-2}+\frac{B}{x-3}=\frac{A(x-3)+B(x-2)}{(x-2)(x-3)}=\frac{x+2}{x^2-5x+6},$$

所以

$$A(x-3)+B(x-2)=x+2.$$

方法一 因为 $A(x-3)+B(x-2)=x+2$ 就是 $(A+B)x+(-3A-2B)=x+2$，比较等式两边 x 同次幂的系数，得到

$$\begin{cases} A+B=1, \\ -3A-2B=2, \end{cases}$$

由此解得 $A=-4, B=5$.

方法二 因为 $A(x-3)+B(x-2)=x+2$，令 $x=2$ 得到 $A=-4$，再令 $x=3$ 得到 $B=5$. 所以

$$R(x)=\frac{x+2}{x^2-5x+6}=\frac{-4}{x-2}+\frac{5}{x-3}.$$

(2) 因为 $x^3-2x^2+x=x(x-1)^2$，所以 $R(x)=\dfrac{A}{x}+\dfrac{B}{x-1}+\dfrac{C}{(x-1)^2}$，其中常数 A,B,C 待定. 因此

$$\frac{1}{x\ (x-1)^2}=\frac{A}{x}+\frac{B}{x-1}+\frac{C}{(x-1)^2}.$$

两边同乘以 $x\ (x-1)^2$，有

$$1=A\ (x-1)^2+Bx(x-1)+Cx.$$

整理，得

$$1=(A+B)x^2+(C-2A-B)x+A.$$

因为上式为恒等式，故等式两端同次幂的系数对应相等. 于是

$$\begin{cases}A+B=0,\\ C-2A-B=0,\\ A=1.\end{cases}$$

解此方程组，得

$$A=1,\quad B=-1,\quad C=1.$$

或者，因为 $1=A\ (x-1)^2+Bx(x-1)+Cx$，令 $x=0$ 得到 $A=1$，令 $x=1$ 得到 $C=1$，所以 $1=(x-1)^2+Bx(x-1)+x$，再令 $x=2$ 得到 $B=-1$.

　　所以

$$\frac{1}{x\ (x-1)^2}=\frac{1}{x}-\frac{1}{x-1}+\frac{1}{(x-1)^2}. \qquad\qquad \square$$

　　既然任何有理函数都可以分解成形如 $\dfrac{A}{(x-a)^n}$ 及 $\dfrac{Bx+C}{(x^2+px+q)^n}$ 的分式之和，

所以，对有理函数的积分，就转化为这两种分式函数的积分. 显然 $\dfrac{A}{(x-a)^n}$ 的积分

可以求出. 因此，只需讨论对 $\dfrac{Bx+C}{(x^2+px+q)^n}$ 的积分：

　　由于 $x^2+px+q=\left(x+\dfrac{p}{2}\right)^2+q-\dfrac{p^2}{4}$，设 $u=x+\dfrac{p}{2}$，那么

$$x^2+px+q=u^2+a^2,\quad Bx+C=Bu+b,$$

其中 $a^2=q-\dfrac{p^2}{4}>0,b=C-\dfrac{Bp}{2}$ 都是常数，则有

$$\int\frac{Bx+C}{(x^2+px+q)^n}\mathrm{d}x=B\int\frac{u\mathrm{d}u}{(u^2+a^2)^n}+b\int\frac{\mathrm{d}u}{(u^2+a^2)^n},$$

显然

$$\int\frac{u\mathrm{d}u}{(u^2+a^2)^n}=\frac{1}{2}\int\frac{\mathrm{d}(u^2+a^2)}{(u^2+a^2)^n}=\begin{cases}\dfrac{1}{2}\ln(u^2+a^2)+C, & n=1,\\[3mm] \dfrac{1}{2(1-n)\ (u^2+a^2)^{n-1}}+C, & n>1.\end{cases}$$

而对于 $I_n = \int \dfrac{\mathrm{d}u}{(u^2 + a^2)^n}$，由例 9.4.6 知

当 $n=1$ 时，$I_1 = \int \dfrac{\mathrm{d}u}{u^2 + a^2} = \dfrac{1}{a} \arctan \dfrac{u}{a} + C.$

当 $n>1$ 时，$I_n = \dfrac{1}{2a^2(n-1)} \dfrac{u}{(u^2+a^2)^{n-1}} + \dfrac{2n-3}{2a^2(n-1)} I_{n-1}.$

由此递推公式，对给定的 n，可求出积分 I_n. 进一步，我们得到结论：一切有理函数都存在原函数，而且它们的原函数都是初等函数.

9.5.2 三角函数有理式的不定积分

三角函数有理式是指由三角函数及常数经过有限次的四则运算所构成的函数. 由于全部三角函数都可以用 $\sin x$ 和 $\cos x$ 的有理式表示，所以三角函数的有理式也就是由 $\sin x$ 和 $\cos x$ 构成的有理式，记作 $R(\sin x, \cos x)$. 积分 $\int R(\sin x, \cos x)\mathrm{d}x$ 就可以经过所谓的万能代换 $u = \tan \dfrac{x}{2}$，化成有理函数积分. 事实上

$$\sin x = 2\sin \frac{x}{2} \cos \frac{x}{2} = \frac{2\tan \dfrac{x}{2}}{\sec^2 \dfrac{x}{2}} = \frac{2\tan \dfrac{x}{2}}{1+\tan^2 \dfrac{x}{2}} = \frac{2u}{1+u^2},$$

$$\cos x = \cos^2 \frac{x}{2} - \sin^2 \frac{x}{2} = \frac{1-\tan^2 \dfrac{x}{2}}{\sec^2 \dfrac{x}{2}} = \frac{1-\tan^2 \dfrac{x}{2}}{1+\tan^2 \dfrac{x}{2}} = \frac{1-u^2}{1+u^2},$$

$$\mathrm{d}x = \mathrm{d}(2\arctan u) = \frac{2}{1+u^2}\mathrm{d}u,$$

从而

$$\int R(\sin x, \cos x)\mathrm{d}x = \int R\left(\frac{2u}{1+u^2}, \frac{1-u^2}{1+u^2}\right) \frac{2}{1+u^2}\mathrm{d}u.$$

这样，三角函数有理式的积分就转化为有理分式的积分了.

同理，对于双曲有理式 $R(\mathrm{sh}x, \mathrm{ch}x)$，也有相应的结果.

例 9.5.3 求不定积分 $\displaystyle\int \frac{1+\sin x}{1+\cos x}\mathrm{d}x.$

解 令 $u = \tan \dfrac{x}{2}$，则有

$$\int \frac{1+\sin x}{1+\cos x}\mathrm{d}x = \int \frac{\left(1+\dfrac{2u}{1+u^2}\right)\dfrac{2\mathrm{d}u}{1+u^2}}{1+\dfrac{1-u^2}{1+u^2}}$$

$$= \int \left(1+\frac{2u}{1+u^2}\right)\mathrm{d}u = u + \ln(1+u^2) + C$$

$$= \tan \frac{x}{2} - 2\ln\left|\cos \frac{x}{2}\right| + C. \qquad \square$$

当然,对于 $\int R(\sin x,\cos x)\mathrm{d}x$,也可以充分利用三角公式考虑一些特殊方法.

例 9.5.4　求不定积分 $\displaystyle\int \frac{\sin x - \cos x}{\sin x + 2\cos x}\mathrm{d}x$.

解　设 $\sin x - \cos x = a(\sin x + 2\cos x) + b(\sin x + 2\cos x)'$,即

$$\sin x - \cos x = (a-2b)\sin x + (2a+b)\cos x.$$

由于上式为恒等式,于是

$$\begin{cases} a - 2b = 1, \\ 2a + b = -1, \end{cases}$$

解得 $a = -\dfrac{1}{5}, b = -\dfrac{3}{5}$. 所以

$$\int \frac{\sin x - \cos x}{\sin x + 2\cos x}\mathrm{d}x = \int\left[-\frac{1}{5} - \frac{3}{5}\left(\frac{\cos x - 2\sin x}{\sin x + 2\cos x}\right)\right]\mathrm{d}x$$

$$= -\frac{1}{5}x - \frac{3}{5}\int \frac{\mathrm{d}(\sin x + 2\cos x)}{\sin x + 2\cos x}$$

$$= -\frac{1}{5}x - \frac{3}{5}\ln|\sin x + 2\cos x| + C. \qquad \square$$

9.5.3　简单无理式的不定积分

无理函数的积分常常比较困难,例如,$\int \sqrt{2x^3 + 1}\,\mathrm{d}x$ 这样的积分就不存在初等函数形式的原函数. 对于 $R\left(x, \sqrt[n]{\dfrac{ax+b}{cx+d}}\right)$ $(ad - bc \neq 0)$ 这种无理函数的积分,其中 $R(x,u)$ 表示 x,u 两个变量的有理式,若设 $u = \sqrt[n]{\dfrac{ax+b}{cx+d}}$,则

$$x = \varphi(u) = \frac{b - du^n}{cu^n - a}, \quad \mathrm{d}x = \varphi'(u)\mathrm{d}u = \frac{n(ad-bc)u^{n-1}}{(cu^n - a)^2}\mathrm{d}u,$$

可得

$$\int R\left[x,\sqrt[n]{\frac{ax+b}{cx+d}}\right]dx = \int R[\varphi(u),u]\varphi'(u)du,$$

这样就化成了对变量 u 的有理函数积分,再利用有理函数的积分方法即可. 而对于 $R(x,\sqrt{ax^2+bx+c})$,只要对 ax^2+bx+c 配方就可以了.

例 9.5.5　求不定积分 $\displaystyle\int \frac{1}{\sqrt[3]{(x+1)^2\,(x-1)^4}}dx$.

解　由于 $\dfrac{1}{\sqrt[3]{(x+1)^2\,(x-1)^4}}=\sqrt[3]{\dfrac{x+1}{x-1}}\cdot\dfrac{1}{(x+1)(x-1)}$,令 $u=\sqrt[3]{\dfrac{x+1}{x-1}}$,有

$$x=\frac{u^3+1}{u^3-1},\quad dx=-\frac{6u^2}{(u^3-1)^2}du,$$

代入原积分得

$$\int \frac{1}{\sqrt[3]{(x+1)^2\,(x-1)^4}}dx = -\int u\,\frac{1}{\dfrac{2u^3}{u^3-1}\cdot\dfrac{2}{u^3-1}}\cdot\frac{6u^2}{(u^3-1)^2}du$$

$$=-\int \frac{3}{2}du = -\frac{3}{2}u+C = -\frac{3}{2}\sqrt[3]{\frac{x+1}{x-1}}+C.$$

$\square$

例 9.5.6　求不定积分 $\displaystyle\int \frac{dx}{\sqrt{x}\,(1+\sqrt[3]{x})}$.

解　为了将无理函数有理化,令 $x=t^6$,则 $dx=6t^5dt$,于是

$$\int \frac{dx}{\sqrt{x}\,(1+\sqrt[3]{x})} = \int \frac{6t^5\,dt}{t^3(1+t^2)} = 6\int \frac{t^2}{1+t^2}dt$$

$$=6\int\left(1-\frac{1}{1+t^2}\right)dt = 6(t-\arctan t)+C$$

$$=6(\sqrt[6]{x}-\arctan\sqrt[6]{x})+C.$$

$\square$

习　题　9

一、判断题(正确打√并给出证明,错误打×并给出反例)

1. 若函数 $f(x)$ 有原函数,则其个数一定为无穷多.　　　　　　　　　　　　　(　　)

2. 非连续函数一定无原函数.　　　　　　　　　　　　　　　　　　　　　　(　　)

3. 没有原函数的函数是存在的.　　　　　　　　　　　　　　　　　　　　　(　　)

4. 初等函数的原函数不一定是初等函数.　　　　　　　　　　　　　　　　　(　　)

5. 若 $\displaystyle\int f(x)dx=F_1(x)+C$ 和 $\displaystyle\int f(x)dx=F_2(x)+C$,其中 C 为任意常数,则 $F_1(x)=$

$F_2(x)$.   (   )

二、填空题（将正确答案填在题中横线之上）

1. 设 $f(x)$ 是可导函数，则 $\mathrm{d}\int f(x)\mathrm{d}x =$ _____ ；$\int \mathrm{d}f(x) =$ _____ .

2. 若 $f(x)$ 的导函数是 $\sin x$，则 $f(x)$ 的所有原函数为 _____ .

3. 如果 $n \in \mathbf{N}$，则 $\int \dfrac{\sin 2nx}{\sin x}\mathrm{d}x =$ _____ .

4. 已知 $f(x)$ 的一个原函数为 $\dfrac{\sin x}{1+\sin x}$，则 $\int f(x)f'(x)\mathrm{d}x =$ _____ .

5. $\int |x|\,\mathrm{d}x =$ _____ .

三、单项选择题（将正确答案的字母填入括号内）

1. 已知 $f'(3x) = \mathrm{e}^x$，则 $f(x) = ($ $)$.

(A) $3\mathrm{e}^{3x}+C$;   (B) $\dfrac{1}{3}\mathrm{e}^{3x}+C$;   (C) $3\mathrm{e}^{\frac{1}{3}x}+C$;   (D) $\dfrac{1}{3}\mathrm{e}^{\frac{1}{3}x}+C$.

2. 已知 $f'(x)+xf'(-x)=x$，那么 $f(x)=($ $)$.

(A) $x-\arctan x+\dfrac{1}{2}\ln(1+x^2)+C$;   (B) $x+\arctan x+\dfrac{1}{2}\ln(1+x^2)+C$;

(C) $x+\arctan x-\dfrac{1}{2}\ln(1+x^2)+C$;   (D) $x-\arctan x-\dfrac{1}{2}\ln(1+x^2)+C$.

3. 设 $\int f'(x^3)\mathrm{d}x = x^4-x+C$，则 $f(x)=($ $)$.

(A) $4x^3-1$;   (B) x^4-x+C;   (C) $2x^2-x+C$;   (D) $4x-1$.

4. 若 $\int f(x)\mathrm{d}x = x^2+C$，则 $\int xf(1-x^2)\mathrm{d}x = ($ $)$.

(A) $2(1-x^2)^2+C$;   (B) $-2(1-x^2)^2+C$;

(C) $\dfrac{1}{2}(1-x^2)^2+C$;   (D) $-\dfrac{1}{2}(1-x^2)^2+C$.

5. $\dfrac{\mathrm{d}}{\mathrm{d}x}\int f(2x+3)\mathrm{d}x = ($ $)$.

(A) $\dfrac{1}{2}f(2x+3)$;   (B) $2f(2x+3)$;

(C) $f(2x+3)$;   (D) $\dfrac{3}{2}f(2x+3)$.

四、计算题

A. 利用积分的线性性与基本积分表求下列不定积分：

1. $\displaystyle\int \dfrac{1+x+x^2}{x(1+x^2)}\mathrm{d}x$.

2. $\displaystyle\int (2^x+3^x)^2\mathrm{d}x$.

3. $\int \dfrac{\cos 2x}{\sin^2 x} \mathrm{d}x$.

4. $\int \left(1 - \dfrac{1}{x^2}\right) \sqrt{x\sqrt{x}}\, \mathrm{d}x$.

5. $\int (1+x)^{100} \mathrm{d}x$.

6. $\int \dfrac{\mathrm{e}^{3x}+1}{\mathrm{e}^x+1} \mathrm{d}x$.

7. $\int \dfrac{\sqrt{x^4 + x^{-4} + 2}}{x^3} \mathrm{d}x$.

8. $\int \left(\sqrt{\dfrac{1+x}{1-x}} + \sqrt{\dfrac{1-x}{1+x}}\right) \mathrm{d}x$.

9. $\int (1-x)(1-2x)(1-3x) \mathrm{d}x$.

10. $\int \sqrt{1 - \sin 2x}\, \mathrm{d}x$.

B. 利用凑微分法求下列不定积分:

11. $\int \dfrac{1}{\sqrt{x}} \sin \sqrt{x}\, \mathrm{d}x$.

12. $\int \left(1 - \dfrac{1}{x^2}\right) \mathrm{e}^{x + \frac{1}{x}} \mathrm{d}x$.

13. $\int \dfrac{x \tan \sqrt{1+x^2}}{\sqrt{1+x^2}} \mathrm{d}x$.

14. $\int \dfrac{1}{\cos^2 x \sqrt{1 - \tan^2 x}} \mathrm{d}x$.

15. $\int \dfrac{\arcsin \sqrt{x}}{\sqrt{x(1-x)}} \mathrm{d}x$.

16. $\int \dfrac{10^{\arcsin x}}{\sqrt{1-x^2}} \mathrm{d}x$.

17. $\int \dfrac{\cot x}{\ln \sin x} \mathrm{d}x$.

18. $\int \dfrac{1+x^2}{1+x^4} \mathrm{d}x$.

19. $\int x^3 \sqrt[3]{1+x^2}\, \mathrm{d}x$.

20. $\int \tan^4 x\, \mathrm{d}x$.

21. $\int \dfrac{1+x^4}{1+x^6} \mathrm{d}x$.

22. $\displaystyle\int \frac{1}{x(a+x^n)}\mathrm{d}x$,其中常数 $a \in \mathbb{R}, n \in \mathbb{N}$.

23. $\displaystyle\int \frac{1}{\sqrt{x}(1+x)}\mathrm{d}x$.

24. $\displaystyle\int \frac{x}{\sqrt{1+x^2}+\sqrt{(1+x^2)^3}}\mathrm{d}x$.

25. $\displaystyle\int \frac{1}{1+\mathrm{e}^x}\mathrm{d}x$.

26. $\displaystyle\int \frac{1}{1-x^2}\ln\frac{1+x}{1-x}\mathrm{d}x$.

27. $\displaystyle\int \frac{1}{(1+x^2)^{\frac{3}{2}}}\mathrm{d}x$.

28. $\displaystyle\int \frac{1}{x\ln x\ln\ln x}\mathrm{d}x$.

29. $\displaystyle\int \frac{\cos x}{\sqrt{2+\cos 2x}}\mathrm{d}x$.

30. $\displaystyle\int x\sqrt{2-5x}\mathrm{d}x$.

31. $\displaystyle\int x^x(1+\ln x)\mathrm{d}x$.

32. $\displaystyle\int (x-1)\mathrm{e}^{x^2-2x+2}\mathrm{d}x$.

33. $\displaystyle\int \sin 5x\cos x\mathrm{d}x$.

34. $\displaystyle\int \frac{\cos 2x}{1+\sin x\cos x}\mathrm{d}x$.

35. $\displaystyle\int \frac{\arctan\dfrac{1}{x}}{1+x^2}\mathrm{d}x$.

C. 利用换元法求下列不定积分:

36. $\displaystyle\int \sqrt{\mathrm{e}^x-1}\mathrm{d}x$.

37. $\displaystyle\int \frac{x^2}{\sqrt{2-x}}\mathrm{d}x$.

38. $\displaystyle\int \frac{x^3}{1+\sqrt[3]{1+x^4}}\mathrm{d}x$.

39. $\displaystyle\int \frac{1}{\sqrt{x}+\sqrt[3]{x}}\mathrm{d}x$.

40. $\displaystyle\int \sqrt{a^2+x^2}\mathrm{d}x, a>0$.

41. $\int \dfrac{1}{x(1+x^4)}\mathrm{d}x.$

42. $\int \sqrt{\dfrac{a+x}{a-x}}\mathrm{d}x, a>0.$

43. $\int \dfrac{1}{1+\sqrt{x}}\mathrm{d}x.$

44. $\int \dfrac{1-\ln x}{(x-\ln x)^2}\mathrm{d}x.$

45. $\int \dfrac{1}{1+\tan x}\mathrm{d}x.$

46. $\int \dfrac{1}{(1+x^2)^2}\mathrm{d}x.$

47. $\int \dfrac{1}{x(1+x)^2}\mathrm{d}x.$

48. $\int x(1-x)^n\mathrm{d}x, n\in \mathbf{N}.$

49. $\int \dfrac{1+x}{x(1+x\mathrm{e}^x)}\mathrm{d}x.$

50. $\int \dfrac{1}{x\sqrt{1+x^2}}\mathrm{d}x.$

51. $\int x\sqrt{\dfrac{x}{2a-x}}\mathrm{d}x, a>0.$

52. $\int \dfrac{x+2}{\sqrt{x^2-4x+3}}\mathrm{d}x.$

53. $\int \dfrac{1}{\sqrt{(1-x^2)^3}}\mathrm{d}x.$

D. 利用分部积分法求下列不定积分：

54. $\int x\sin x\mathrm{d}x.$

55. $\int \dfrac{x\mathrm{e}^x}{(x+1)^2}\mathrm{d}x.$

56. $\int x\arctan x\mathrm{d}x.$

57. $\int x(1+x^2)\arctan x\mathrm{d}x.$

58. $\int \dfrac{\ln\ln x}{x}\mathrm{d}x.$

59. $\int \mathrm{e}^{ax}\sin bx\,\mathrm{d}x.$

60. $\int \ln^2 x\mathrm{d}x.$

61. $\int x\mathrm{sh}x\mathrm{d}x.$

62. $\int \arctan\sqrt{x}\mathrm{d}x.$

63. $\displaystyle\int \frac{x\ln(x+\sqrt{1+x^2})}{\sqrt{1+x^2}}\mathrm{d}x.$

64. $\int \sin(\ln x)\mathrm{d}x.$

65. $\displaystyle\int \frac{x^2}{(x\sin x+\cos x)^2}\mathrm{d}x.$

66. $\int \sin x\ln\tan x\mathrm{d}x.$

67. $\displaystyle\int \frac{x}{\sqrt{2+4x}}\mathrm{d}x.$

68. $\displaystyle\int \frac{x^2}{(1+x^2)^2}\mathrm{d}x.$

69. $\displaystyle\int \frac{x^4}{(1-x^2)^3}\mathrm{d}x.$

70. $\int x^2\mathrm{e}^x\sin x\mathrm{d}x.$

E. 求不定积分综合练习:

71. $\displaystyle\int \frac{\ln x}{x}\frac{1}{\sqrt{1+\ln x}}\mathrm{d}x.$

72. $\int \ln(x+\sqrt{1+x^2})\mathrm{d}x.$

73. $\int x^3\mathrm{e}^{-x^2}\mathrm{d}x.$

74. $\displaystyle\int \sqrt{\frac{1-x}{1+x}}\cdot\frac{\mathrm{d}x}{x}.$

75. $\int \sqrt{x^2-a^2}\mathrm{d}x, a>0.$

76. $\displaystyle\int \left(\ln\ln x+\frac{1}{\ln x}\right)\mathrm{d}x.$

77. $\displaystyle\int x\ln\frac{1+x}{1-x}\mathrm{d}x.$

78. $\displaystyle\int \frac{x\mathrm{e}^{\arctan x}}{(1+x^2)^{\frac{3}{2}}}\mathrm{d}x.$

79. $\displaystyle\int \frac{1+\sin x}{1+\cos x}\mathrm{e}^x\mathrm{d}x.$

80. $\displaystyle\int \frac{\sin x}{\sin^3 x+\cos^3 x}\mathrm{d}x.$

81. $\displaystyle\int \frac{1}{a+b\tan x}\mathrm{d}x$,其中常数 $a,b\neq 0$.

82. $\displaystyle\int \frac{x}{x^3-3x+2}\mathrm{d}x$.

83. $\displaystyle\int \frac{\cos x\,\sin^3 x}{1+\cos^2 x}\mathrm{d}x$.

84. $\displaystyle\int \frac{\cos 2x}{\sin x+\cos x}\mathrm{d}x$.

85. $\displaystyle\int \frac{(2\ln x+3)^3}{x}\mathrm{d}x$.

86. $\displaystyle\int \cos ax\cos bx\,\mathrm{d}x$,其中常数 $a\neq b$.

87. $\displaystyle\int \frac{\sin x\cos x}{\sin x+\cos x}\mathrm{d}x$.

88. $\displaystyle\int \frac{2x^3+3x}{x^4+x^2+1}\mathrm{d}x$.

89. $\displaystyle\int \frac{1}{(2+\cos x)\sin x}\mathrm{d}x$.

90. $\displaystyle\int \frac{1}{\sqrt{1+\sin x}}\mathrm{d}x$.

91. $\displaystyle\int \frac{\arcsin x}{x^2}\mathrm{d}x$.

92. $\displaystyle\int \frac{\arctan \mathrm{e}^x}{\mathrm{e}^x}\mathrm{d}x$.

93. $\displaystyle\int \frac{1}{\mathrm{sh}x+2\mathrm{ch}x}\mathrm{d}x$.

94. $\displaystyle\int \sqrt{\frac{x}{1-x\sqrt{x}}}\mathrm{d}x$.

95. $\displaystyle\int x\ln(4+x^4)\mathrm{d}x$.

96. $\displaystyle\int \frac{1}{\sin x\,\sqrt{1+\cos x}}\mathrm{d}x$.

97. $\displaystyle\int \sqrt{x}\,\ln^2 x\,\mathrm{d}x$.

98. $\displaystyle\int \sqrt{\frac{\mathrm{e}^x-1}{\mathrm{e}^x+1}}\mathrm{d}x$.

99. $\displaystyle\int \frac{ax^2+b}{x^2+1}\arctan x\,\mathrm{d}x$.

100. $\displaystyle\int \frac{\ln(1+x^2)}{x^3}\mathrm{d}x$.

五、证明题

1. 已知 $f(x) = \dfrac{1}{x} e^x$, 证明 $\displaystyle\int x f''(x) \mathrm{d}x = \left(1 - \dfrac{2}{x}\right) e^x + C$.

2. 设 $f'(e^x) = x$, 证明 $\displaystyle\int x^2 f(x) \mathrm{d}x = \dfrac{1}{4} x^4 \ln x - \dfrac{5}{16} x^4 + \dfrac{C_1}{3} x^3 + C_2$.

3. 已知 $f(x)$ 的原函数 $F(x) > 0$, $F(0) = \sqrt{\dfrac{\pi}{2}}$, $f(x) F(x) = \dfrac{1}{e^x + e^{-x}}$, 证明

$$f(x) = \dfrac{1}{(e^x + e^{-x}) \sqrt{2 \arctan e^x}}.$$

4. 设 $f'(x) \neq 0$, $f^{-1}(x)$ 为其反函数, $\displaystyle\int f(x) \mathrm{d}x = F(x) + C$, 证明

$$\int f^{-1}(x) \mathrm{d}x = x f^{-1}(x) - F(f^{-1}(x)) + C.$$

5. 证明 $\displaystyle\int \max(1, x^2, x^3) \mathrm{d}x = \begin{cases} \dfrac{1}{4} x^4 + \dfrac{3}{4} + C, & x > 1, \\[2mm] x + C, & |x| \leqslant 1, \\[2mm] \dfrac{1}{3} x^3 - \dfrac{2}{3} + C, & x < -1. \end{cases}$

6. 若 $P_n(x)$ 为 n 次多项式, 证明

$$\int \dfrac{P_n(x)}{(x-a)^{n+1}} \mathrm{d}x = -\sum_{k=0}^{n-1} \dfrac{P_n^{(k)}(a)}{k!(n-k)(x-a)^{n-k}} + \dfrac{P_n^{(n)}(a)}{n!} \ln(x-a) + C.$$

7. 设 $n \in \mathbf{N}$ 且 $n \geqslant 3$, 记 $I_n = \displaystyle\int \sin^n x \mathrm{d}x$, $K_n = \displaystyle\int \cos^n x \mathrm{d}x$, 证明

$$I_n = -\dfrac{\cos x \sin^{n-1} x}{n} + \dfrac{n-1}{n} I_{n-2}, \quad K_n = \dfrac{\sin x \cos^{n-1} x}{n} + \dfrac{n-1}{n} K_{n-2}.$$

8. 已知 $f(x)$ 具有连续的二阶导数, 并且 $f(x) > 0$, $f'(x) > 0$, 证明

$$\int [\ln f(x) + \ln f'(x)][f'^2(x) + f(x) f''(x)] \mathrm{d}x = f(x) f'(x) \ln f(x) f'(x) - f(x) f'(x) + C.$$

9. 已知 $y = y(x)$ 是由方程 $y^2(x-y) = x^2$ 确定的隐函数, 证明 $\displaystyle\int \dfrac{1}{y^2} \mathrm{d}x = \dfrac{3y}{x} - 2\ln\left|\dfrac{y}{x}\right| + C$.

10. 已知可导函数 $f(x) \neq 1$, $f(0) = 0$, 并且当 $x \in \mathbf{R}$ 时, $2[f(x) - 1] = f'(x)$, 证明 $f(x) = 1 - e^{2x}$.

第 10 章　定　积　分

不定积分与定积分是积分学中两类最基本的运算. 不定积分可以看成是导数的逆运算; 而定积分则是某种特殊和式的极限, 它的概念源于大量的实际问题. 虽然不定积分与定积分从定义形式上看相差甚远, 但二者的关系却十分密切. 本章的主要内容是定积分的概念与性质、定积分的存在性与计算方法.

10.1　定积分的概念

首先, 通过两个实际问题引出定积分的概念.

实例一　曲边梯形的面积

设 $f(x)$ 为闭区间 $[a,b]$ 上的连续函数, 且 $f(x) \geqslant 0$. 由曲线 $y = f(x)$, 直线 $x = a, x = b$, 以及 x 轴所围成的平面图形(图 10-1), 称为曲边梯形, 记为 $A(f,a,b)$, 问题是定义或者计算曲边梯形 $A(f,a,b)$ 的面积 A.

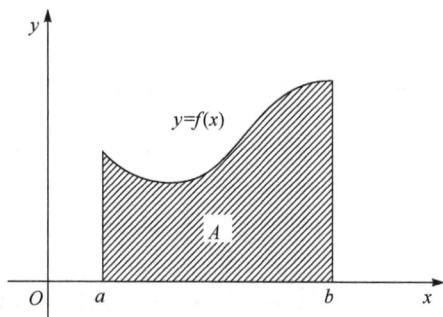

图 10-1

我们的做法如下.

1. 分割

在 $[a,b]$ 内任意插入 $n-1$ 个分点, 记为 $a = x_0 < x_1 < \cdots < x_{n-1} < x_n = b$, 它们把 $[a,b]$ 分成 n 个小区间 $[x_0,x_1], [x_1,x_2], \cdots, [x_{n-1},x_n]$, 作直线 $x = x_i$, 它与 $y = f(x)$ 相交. 于是得到 n 个小曲边梯形 $A(f,x_{i-1},x_i), i = 1,2,\cdots,n$.

2. 局部近似

对于每个小曲边梯形 $A(f,x_{i-1},x_i)$,在小区间 $[x_{i-1},x_i]$ 上任取一点 ξ_i,并记 $\Delta x_i = x_i - x_{i-1}$,用以 $f(\xi_i)$ 为高、Δx_i 为底的矩形面积 $f(\xi_i)\Delta x_i$ 近似小曲边梯形 $A(f,x_{i-1},x_i)$ 的面积 A_i(图 10-2),即

$$A_i \approx f(\xi_i)\Delta x_i, \quad i=1,2,\cdots,n.$$

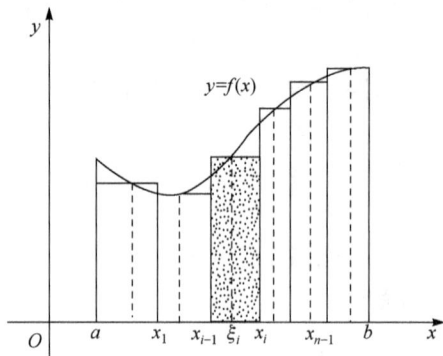

图 10-2

3. 求和

注意到面积具有可加性,所以曲边梯形 $A(f,a,b)$ 的面积

$$A = A_1 + A_2 + \cdots + A_n = \sum_{i=1}^{n} A_i \approx \sum_{i=1}^{n} f(\xi_i)\Delta x_i.$$

4. 取极限

由于 $f(x)$ 为 $[a,b]$ 上的连续函数,所以 $f(x)$ 在 $[a,b]$ 上一致连续,故当 Δx_i 充分小时 $f(x)$ 在小区间 $[x_{i-1},x_i]$ 上的变化不大,因此,Δx_i 越小,$f(\xi_i)\Delta x_i$ 就越接近 A_i,所以,若记 $\lambda = \max_{1\leqslant i\leqslant n}\{\Delta x_i\}$,那么当 $\lambda \to 0$ 时,如果 $\sum_{i=1}^{n} f(\xi_i)\Delta x_i$ 有极限,则此极限就应该是曲边梯形 $A(f,a,b)$ 的面积 A,即

$$A = \lim_{\lambda \to 0}\sum_{i=1}^{n} f(\xi_i)\Delta x_i.$$

实例二 变速直线运动的路程

已知某物体 M 作变速直线运动,其速度 $v=v(t)\geqslant 0$,t 属于时间间隔 $[T_1,T_2]$,并且 $v(t)$ 在此区间上连续. 问题是定义或者计算在此时间间隔内物体 M 所经过的路程 S.

仍然采用上述计算曲边梯形面积的方法：

1. 分割

在$[T_1, T_2]$内任意插入 $n-1$ 个分点，记为 $T_1 = t_0 < t_1 < t_2 < \cdots < t_{n-1} < t_n = T_2$，它们把区间$[T_1, T_2]$分割成 n 个小区间$[t_0, t_1]$，$[t_1, t_2]$，$\cdots$，$[t_{n-1}, t_n]$，相应地，路程 S 被分割成 n 个小时间间隔所经过的路程的 $S_1, S_2, \cdots, S_n$.

2. 局部近似

在每个小时间间隔$[t_{i-1}, t_i]$上任取一时刻 τ_i，并记 $\Delta t_i = t_i - t_{i-1}$，用匀速运动的路程 $v(\tau_i)\Delta t_i$ 近似变速运动的路程 S_i，即

$$S_i \approx v(\tau_i)\Delta t_i, \quad i = 1, 2, \cdots, n.$$

3. 求和

注意到路程具有可加性，所以

$$S = S_1 + S_2 + \cdots + S_n = \sum_{i=1}^{n} S_i \approx \sum_{i=1}^{n} v(\tau_i)\Delta t_i.$$

4. 取极限

由于 $v(t)$ 为$[T_1, T_2]$上的连续函数，所以 Δt_i 越小，$v(\tau_i)\Delta t_i$ 就越接近 S_i，因此，若记 $\lambda = \max\limits_{1 \leqslant i \leqslant n}\{\Delta t_i\}$，那么当 $\lambda \to 0$ 时，如果 $\sum\limits_{i=1}^{n} v(\tau_i)\Delta t_i$ 有极限，则此极限就应该为物体 M 所经过的路程 S，即

$$S = \lim_{\lambda \to 0} \sum_{i=1}^{n} v(\tau_i)\Delta t_i.$$

通过实例一和实例二，可以看出，尽管这些实际问题的背景不同，但解决它们的思想方法及计算过程完全一致，概括来说就是对一个闭区间及其上定义的一个函数进行"分割、作乘积、求和、取极限"这四个步骤. 这就是定积分概念的由来.

定义 10.1.1 设函数 $f(x)$ 在闭区间$[a, b]$上有定义. 在$[a, b]$内任意插入 $n-1$个分点 $a = x_0 < x_1 < \cdots < x_{n-1} < x_n = b$，将区间$[a, b]$分成 n 个小区间

$$[x_0, x_1], [x_1, x_2], \cdots, [x_{n-1}, x_n],$$

并在每个小区间$[x_{i-1}, x_i]$上任取一点 ξ_i，记 $\Delta x_i = x_i - x_{i-1}$，$i = 1, 2, \cdots, n$，$\lambda = \max\limits_{1 \leqslant i \leqslant n}\{\Delta x_i\}$，如果极限 $\lim\limits_{\lambda \to 0} \sum\limits_{i=1}^{n} f(\xi_i)\Delta x_i$ 存在，并且其极限值与$[a, b]$的分法及各点 ξ_i 的取法无关，则称 $f(x)$ 在$[a, b]$上是可积（黎曼(Riemann)可积）的，并称此极限值为 $f(x)$ 在$[a, b]$上的定积分（黎曼积分），记为 $\int_a^b f(x)\mathrm{d}x$，即

$$\int_a^b f(x)\mathrm{d}x = \lim_{\lambda \to 0} \sum_{i=1}^n f(\xi_i)\Delta x_i, \qquad (10.1.1)$$

其中 $\int$ 称为积分号，a，b 分别称为积分的下限和上限，$[a,b]$ 称为积分区间，x 称为积分变量，$f(x)$ 称为被积函数，$f(x)\mathrm{d}x$ 称为被积表达式，$\sum_{i=1}^n f(\xi_i)\Delta x_i$ 称为积分和（黎曼和）.

按照定义 10.1.1，前述两例中，曲边梯形 $A(f,a,b)$ 的面积 $A = \int_a^b f(x)\mathrm{d}x$；物体在时间间隔 $[T_1,T_2]$ 内作直线运动所经过的路程 $S = \int_{T_1}^{T_2} v(t)\mathrm{d}t.$

又按照定义 10.1.1，如果要证明 $f(x)$ 在 $[a,b]$ 上可积，就必须证明对任意的分割、任意的取点，$\lim_{\lambda \to 0} \sum_{i=1}^n f(\xi_i)\Delta x_i$ 是同一个常数；而一旦知道 $f(x)$ 在 $[a,b]$ 上可积，就可用具体的分割、特殊的取点来计算 $\lim_{\lambda \to 0} \sum_{i=1}^n f(\xi_i)\Delta x_i.$ 然而，$f(x)$ 在 $[a,b]$ 上的可积性，或者说定积分 $\int_a^b f(x)\mathrm{d}x$ 的存在性，或者说极限 $\lim_{\lambda \to 0} \sum_{i=1}^n f(\xi_i)\Delta x_i$ 的存在性的论证是一件非常复杂、不易的事情，我们先将基本结论罗列在下面，证明（除去结论 D，它超出了本课程的范围）将在 10.2 节给出.

可积函数类　以下四类函数均在 $[a,b]$ 上可积：

A. $[a,b]$ 上的连续函数；

B. $[a,b]$ 上的单调函数；

C. $[a,b]$ 上只有有限个间断点的有界函数；

D. $[a,b]$ 上不连续点集的勒贝格（Lebesgue）测度为零的有界函数.

例 10.1.1　计算定积分 $\int_0^1 x^2 \mathrm{d}x.$

解　因为 $f(x) = x^2$ 在 $[0,1]$ 上连续，而由可积函数类 A 知连续函数是可积的，所以 $\int_0^1 x^2 \mathrm{d}x$ 存在，因此积分与区间 $[0,1]$ 的分法及点的取法无关. 为便于计算，把区间 $[0,1]$ n 等分，分点为 $x_i = \dfrac{i}{n}$，并在每个小区间 $[x_{i-1},x_i] = \left[\dfrac{i-1}{n},\dfrac{i}{n}\right]$ 上取点 $\xi_i = \dfrac{i}{n}$，显然 $\left[\dfrac{i-1}{n},\dfrac{i}{n}\right]$ 的长度 $\Delta x_i = \dfrac{1}{n}$，$i = 1,2,\cdots,n.$ 于是积分和

$$\sum_{i=1}^n f(\xi_i)\Delta x_i = \sum_{i=1}^n \xi_i{}^2 \Delta x_i = \sum_{i=1}^n \left(\frac{i}{n}\right)^2 \cdot \frac{1}{n} = \frac{1}{n^3}\sum_{i=1}^n i^2 = \frac{(n+1)(2n+1)}{6n^2}.$$

而 $\lambda = \max\limits_{1 \leqslant i \leqslant n}\{\Delta x_i\} = \dfrac{1}{n} \to 0$ 当且仅当 $n \to \infty$，所以

$$\int_0^1 x^2 \mathrm{d}x = \lim_{\lambda \to 0} \sum_{i=1}^n f(\xi_i) \Delta x_i = \lim_{n \to \infty} \frac{(n+1)(2n+1)}{6n^2} = \frac{1}{3}. \qquad \square$$

从例 10.1.1 中,读者可以看到,即使采用具体的分割、特殊的取点,要利用定义计算定积分也是非常不易的,例 10.1.1 的结论得益于求和公式 $\sum_{i=1}^n i^2 = \frac{1}{6}n(n+1)(2n+1)$. 然而,当 $\int_a^b f(x)\mathrm{d}x$ 存在,并且 $f(x)$ 在 $[a,b]$ 上存在原函数时,则有下面非常简洁、漂亮而优美的结论.

定理 10.1.1 如果定积分 $\int_a^b f(x)\mathrm{d}x$ 存在,并且 $F(x)$ 是 $f(x)$ 在 $[a,b]$ 上的一个原函数,那么

$$\int_a^b f(x)\mathrm{d}x = F(b) - F(a). \qquad (10.1.2)$$

证明 对 $[a,b]$ 的任意一个分割 $a = x_0 < x_1 < \cdots < x_{n-1} < x_n = b$,由于在 $[x_{i-1}, x_i]$ 上,$F'(x) = f(x)$,由拉格朗日微分中值定理,存在 $\eta_i \in (x_{i-1}, x_i)$,使得

$$F(x_i) - F(x_{i-1}) = F'(\eta_i)(x_i - x_{i-1}) = f(\eta_i)\Delta x_i.$$

由于定积分 $\int_a^b f(x)\mathrm{d}x$ 存在,我们就可以取 $\xi_i = \eta_i$,从而

$$\sum_{i=1}^n f(\xi_i)\Delta x_i = \sum_{i=1}^n [F(x_i) - F(x_{i-1})] = F(b) - F(a),$$

因此,式(10.1.2)成立. $\qquad \square$

对于例 10.1.1 中的定积分 $\int_0^1 x^2 \mathrm{d}x$,由可积函数类 A 知 $\int_0^1 x^2 \mathrm{d}x$ 存在,而 $f(x) = x^2$ 在 $[0,1]$ 上的一个原函数为 $F(x) = \frac{1}{3}x^3$,所以由公式(10.1.2)知 $\int_0^1 x^2 \mathrm{d}x = F(1) - F(0) = \frac{1}{3}$. 这显然比用定义计算 $\int_0^1 x^2 \mathrm{d}x$ 要简单得多. 遗憾的是,即使被积函数存在原函数,定积分本身也可能不存在,因而,研究定积分的存在性是一件非常重要的事情.

为了便于定积分定义的定量描述与可积性问题的讨论,下面给出几个术语与记号.

对 $[a,b]$ 的任意一个分割 $a = x_0 < x_1 < \cdots < x_{n-1} < x_n = b$,记 $\Delta_i = [x_{i-1}, x_i]$,并记这一分割为 $T = \{x_0, x_1, \cdots, x_n\}$ 或者 $T = \{\Delta_1, \Delta_2, \cdots, \Delta_n\}$;称任意的 $\xi_i \in \Delta_i$ 为分割 T 的一个介点,并称 $\{\xi_i\} = \{\xi_i | x_{i-1} \leqslant \xi_i \leqslant x_i, i = 1, 2, \cdots, n\}$ 为分割 T 的一个介点集;记 $\|T\| = \max_{1 \leqslant i \leqslant n} \{\Delta x_i\}$,称为分割 T 的模. 下面给出定积分定义的 ε-δ 描述:

设函数 $f(x)$ 在闭区间 $[a,b]$ 上有定义,I 为常数. 如果对任意的 $\varepsilon > 0$,存在 $\delta > 0$,使得对 $[a,b]$ 的任意分割 T 及任意介点集 $\{\xi_i\}$,当 $\|T\| < \delta$ 时,就有

$$\Big| \sum_{i=1}^{n} f(\xi_i)\Delta x_i - I \Big| < \varepsilon, \tag{10.1.3}$$

则称常数 I 为 $f(x)$ 在 $[a,b]$ 上的定积分.

为今后证明方便,我们也写出常数 I 不是 $f(x)$ 在 $[a,b]$ 上的定积分的 ε-δ 描述:

设函数 $f(x)$ 在闭区间 $[a,b]$ 上有定义, I 为常数. 如果存在某个 $\varepsilon_0 > 0$, 对任意的 $\delta > 0$, 都存在对 $[a,b]$ 的某个分割 T 及其某个介点集 $\{\xi_i\}$, 使得 $\|T\| < \delta$, 而

$$\Big| \sum_{i=1}^{n} f(\xi_i)\Delta x_i - I \Big| \geqslant \varepsilon_0, \tag{10.1.4}$$

则称常数 I 不是 $f(x)$ 在 $[a,b]$ 上的定积分.

最后提醒读者注意, $\int_a^b f(x)\mathrm{d}x$ 的存在性与大小仅与被积函数 $f(x)$ 以及积分区间 $[a,b]$ 有关. 当定积分 $\int_a^b f(x)\mathrm{d}x$ 存在时,它是一个数,所以与积分变量的选取无关,例如,

$$\int_a^b f(x)\mathrm{d}x = \int_a^b f(t)\mathrm{d}t = \int_a^b f(u)\mathrm{d}u = \cdots$$

等. 同时规定,当 $a > b$ 时, $\int_a^b f(x)\mathrm{d}x = -\int_b^a f(x)\mathrm{d}x$; 而当 $a = b$ 时, $\int_a^b f(x)\mathrm{d}x = 0$.

10.2 定积分存在的条件

10.2.1 定积分存在的必要条件

仔细观察可积函数类,读者能够感悟到可积函数一定是有界函数.

定理 10.2.1 若函数 $f(x)$ 在 $[a,b]$ 上可积,则 $f(x)$ 在 $[a,b]$ 上有界.

证明 (反证法) 对于任意的 $\delta > 0$, 取定 $[a,b]$ 一个具体分割 $T = \{x_0, x_1, \cdots, x_n\}$, 满足 $\|T\| < \delta$. 因为 $f(x)$ 在 $[a,b]$ 上无界,则至少存在一个小区间,不妨设为 $[x_{k-1}, x_k]$, $f(x)$ 在其上无界. 在每个 $i \neq k$ 的小区间 Δ_i 上取定一点 ξ_i, 则 $A = \Big| \sum_{i \neq k, i=1}^{n} f(\xi_i)\Delta x_i \Big|$ 是常数. 由于 $f(x)$ 在 $[x_{k-1}, x_k]$ 上无界,所以对任意的 $M > 0$, 存在 $\xi_k \in [x_{k-1}, x_k]$, 使得 $|f(\xi_k)| \geqslant \dfrac{A+M}{\Delta x_k}$. 于是

$$\Big| \sum_{i=1}^{n} f(\xi_i)\Delta x_i \Big| = \Big| f(\xi_k)\Delta x_k + \sum_{i \neq k, i=1}^{n} f(\xi_i)\Delta x_i \Big|$$

$$\geqslant |f(\xi_k)\Delta x_k| - \Big| \sum_{i \neq k, i=1}^{n} f(\xi_i)\Delta x_i \Big| = |f(\xi_k)\Delta x_k| - A \geqslant M.$$

从而 $\lim\limits_{\|T\|\to 0}\sum\limits_{i=1}^{n}f(\xi_i)\Delta x_i$ 不存在,所以 $f(x)$ 在 $[a,b]$ 上不可积,矛盾. $\square$

下面的例子说明有界函数不一定可积,所以 $f(x)$ 在 $[a,b]$ 上有界是其在 $[a,b]$ 上可积的必要条件.

例 10.2.1 证明狄利克雷函数 $D(x)$ 在 $[a,b]$ 上不可积.

证明 对于 $[a,b]$ 的任意分割 T,如果取其介点集 $\{\xi_i\}$ 中的介点均为有理数,那么 $\sum\limits_{i=1}^{n}D(\xi_i)\Delta x_i = b-a > 0$;而如果取介点集 $\{\xi_i\}$ 中的介点均为无理数,那么 $\sum\limits_{i=1}^{n}D(\xi_i)\Delta x_i = 0$,所以 $\lim\limits_{\|T\|\to 0}\sum\limits_{i=1}^{n}D(\xi_i)\Delta x_i$ 不存在,即 $D(x)$ 在 $[a,b]$ 上不可积. $\square$

10.2.2 达布和的定义

在积分和 $\sum\limits_{i=1}^{n}f(\xi_i)\Delta x_i$ 中,分割 T 及介点集 $\{\xi_i\}$ 的任意性,是研究其极限存在的复杂性与困难所在. 如果先求出在固定分割 T 下最大与最小的积分和,则在同一分割下的一切积分和都被最大与最小积分和所控制,从而降低了积分和的任意性,这是研究函数可积性的一个基本思路.

设 $f(x)$ 在 $[a,b]$ 上有界,$T=\{\Delta_1,\Delta_2,\cdots,\Delta_n\}$ 为 $[a,b]$ 上的任一分割,则 $f(x)$ 在 $[a,b]$ 及每个 Δ_i 上都存在上、下确界. 记

$$M=\sup_{x\in[a,b]}f(x), \quad m=\inf_{x\in[a,b]}f(x),$$

$$M_i=\sup_{x\in\Delta_i}f(x), \quad m_i=\inf_{x\in\Delta_i}f(x), \quad i=1,2,\cdots,n.$$

作和

$$S(T)=\sum_{i=1}^{n}M_i\Delta x_i, \quad s(T)=\sum_{i=1}^{n}m_i\Delta x_i,$$

分别称为 $f(x)$ 关于分割 T 的达布(Darboux)上和与达布下和,简称为上和与下和,统称为达布和. 显然,对 $\forall \xi_i\in\Delta_i$ 有

$$m\leqslant m_i\leqslant f(\xi_i)\leqslant M_i\leqslant M, \quad i=1,2,\cdots,n,$$

于是

$$m(b-a)\leqslant s(T)\leqslant\sum_{i=1}^{n}f(\xi_i)\Delta x_i\leqslant S(T)\leqslant M(b-a). \quad (10.2.1)$$

注 10.2.1 达布和只与分割 T 有关,而与介点集 $\{\xi_i\}$ 的取法无关,这是达布和与积分和的主要区别.

例 10.2.2 计算 $f(x)=x^2$ 在区间 $[0,1]$ 上当 T_n 为 n 等份分割时的上和 $S(T_n)$ 与下和 $s(T_n)$.

解 将区间 $[0,1]$ n 等分后,分点为 $x_i=\dfrac{i}{n}$,小区间为 $\Delta_i=\left[\dfrac{i-1}{n},\dfrac{i}{n}\right]$,区间长

度 $\Delta x_i = \dfrac{1}{n}$，$i = 1, 2, \cdots, n$. 由于 $f(x)$ 在每个 Δ_i 上严格单调增加，所以

$$M_i = \sup_{x \in \Delta_i} f(x) = \left(\frac{i}{n}\right)^2, \quad m_i = \inf_{x \in \Delta_i} f(x) = \left(\frac{i-1}{n}\right)^2, \quad i = 1, 2, \cdots, n.$$

从而

$$S(T_n) = \sum_{i=1}^{n} M_i \Delta x_i = \sum_{i=1}^{n} \left(\frac{i}{n}\right)^2 \cdot \frac{1}{n} = \frac{1}{n^3} \sum_{i=1}^{n} i^2 = \frac{(n+1)(2n+1)}{6n^2};$$

$$s(T_n) = \sum_{i=1}^{n} m_i \Delta x_i = \sum_{i=1}^{n} \left(\frac{i-1}{n}\right)^2 \cdot \frac{1}{n} = \frac{1}{n^3} \sum_{i=1}^{n-1} i^2 = \frac{(n-1)(2n-1)}{6n^2}. \qquad \square$$

10.2.3 达布和的性质

以下假定 $f(x)$ 是 $[a, b]$ 上的有界函数.

首先，利用上和与下和及确界的定义，容易证明如下性质.

性质 10.2.1 对 $[a, b]$ 的给定分割 T，当介点集 $\{\xi_i\}$ 变化时，上和是所有积分和的上确界，下和是所有积分和的下确界，即

$$S(T) = \sup_{\{\xi_i\}} \sum_{i=1}^{n} f(\xi_i) \Delta x_i, \quad s(T) = \inf_{\{\xi_i\}} \sum_{i=1}^{n} f(\xi_i) \Delta x_i.$$

性质 10.2.2 设 T' 为分割 T 添加 p 个新分点后所得到的分割，则

$$s(T) \leqslant s(T') \leqslant s(T) + p(M-m) \| T \|, \qquad (10.2.2)$$

$$S(T) \geqslant S(T') \geqslant S(T) - p(M-m) \| T \|. \qquad (10.2.3)$$

即分点增加后，下和不减，上和不增.

证明 只证明不等式 (10.2.2)，同理可证明不等式 (10.2.3).

在分割 T 上添加 p 个新分点，可以看作在 T 上添加 1 个新分点得到新分割 T_1，在 T_1 上添加 1 个新分点得到新分割 T_2，依次类推，即每次只添加 1 个新分点，共添加了 p 次. 所以首先证明只添加 1 个新分点的情况.

在分割 T 上添加一个新分点 α，设 α 点落在 T 的子区间 Δ_j 内，则点 α 将 Δ_j 分为两个闭子区间，分别记为 Δ_j' 和 Δ_j''. 显然 T 的其他小区间 $\Delta_i (i \neq j)$ 也是新分割 T_1 的小区间. 记 m_j', m_j'' 分别是 $f(x)$ 在 Δ_j' 和 Δ_j'' 上的下确界，根据下确界的定义，容易知道 $m \leqslant m_j \leqslant m_j' \leqslant M, m \leqslant m_j \leqslant m_j'' \leqslant M$，所以

$$s(T) = \sum_{i=1}^{n} m_i \Delta x_i = \sum_{i \neq j, i=1}^{n} m_i \Delta x_i + m_j \Delta x_j$$

$$= \sum_{i \neq j, i=1}^{n} m_i \Delta x_i + m_j (\Delta x_j' + \Delta x_j'')$$

$$\leqslant \sum_{i \neq j, i=1}^{n} m_i \Delta x_i + m_j' \Delta x_j' + m_j'' \Delta x_j'' = s(T_1),$$

因此，

$$(T_1) - s(T) = (m_j' \Delta x_j' + m_j'' \Delta x_j'') - m_j(\Delta x_j' + \Delta x_j'')$$
$$= (m_j' - m_j)\Delta x_j' + (m_j'' - m_j)\Delta x_j''$$
$$\leqslant (M-m)\Delta x_j' + (M-m)\Delta x_j''$$
$$= (M-m)\Delta x_j \leqslant (M-m)\|T\|,$$

即 $s(T) \leqslant s(T_1) \leqslant s(T) + (M-m)\|T\|$，因而当 $p=1$ 时式(10.2.2)成立.

一般地，在分割 T_i 上添加一个新分点得到 T_{i+1}，与上证明同理，就有

$$0 \leqslant s(T_{i+1}) - s(T_i) \leqslant (M-m)\|T_i\| \leqslant (M-m)\|T\|, \quad i=0,1,\cdots,p-1,$$

其中 $T_p = T'$，$T_0 = T$. 将这些不等式依次相加就得到

$$0 \leqslant s(T') - s(T) \leqslant p(M-m)\|T\|,$$

即不等式(10.2.2)成立. □

性质 10.2.3 若 T' 与 T'' 为 $[a,b]$ 的任意两个分割，记 $T=T'+T''$ 为将 T' 与 T'' 的所有分点合并后得到的分割，重复的分点只取一次，则

$$S(T) \leqslant S(T'), \quad s(T) \geqslant s(T'),$$
$$S(T) \leqslant S(T''), \quad s(T) \geqslant s(T'').$$

证明 因为 T 可看成是 T' 添加新分点后得到的分割，T 也可看成是 T'' 添加新分点后得到的分割，所以由性质 10.2.2 知此性质成立. □

性质 10.2.4 对 $[a,b]$ 的任意两个分割 T' 与 T''，总有

$$s(T') \leqslant S(T''), \quad s(T'') \leqslant S(T'),$$

即任意下和总不超过任意上和.

证明 令 $T=T'+T''$，根据性质 10.2.3 与性质 10.2.1 得

$$s(T') \leqslant s(T) \leqslant S(T) \leqslant S(T'');$$
$$s(T'') \leqslant s(T) \leqslant S(T) \leqslant S(T').$$ □

由性质 10.2.4 知，对所有分割而言，任何一个下和是所有上和的下界，任何一个上和是所有下和的上界. 于是

$$s = \sup_T \{s(T)\}, \quad S = \inf_T \{S(T)\}$$

是有限数，我们称 S 为 $f(x)$ 在 $[a,b]$ 上的上积分，s 为 $f(x)$ 在 $[a,b]$ 上的下积分. 从而由性质 10.2.4 可得

$$m(b-a) \leqslant s \leqslant S \leqslant M(b-a). \tag{10.2.4}$$

性质 10.2.2—性质 10.2.4 表明，对 $[a,b]$ 任意一个固定的分割 T，如果用 T' 表示对分割 T 增加分点后得到的分割，用 T'' 表示对分割 T' 增加分点后得到的分割，依次类推，就有不等式

$$s(T) \leqslant s(T') \leqslant s(T'') \leqslant \cdots \leqslant s \leqslant S \leqslant \cdots \leqslant S(T'') \leqslant S(T') \leqslant S(T).$$

为使读者对它们有直观感悟，我们仍然考虑例 10.2.2 中的 $S(T_n)$ 及 $s(T_n)$. 令

$$S(x) = \frac{(x+1)(2x+1)}{x^2} = \frac{2x^2+3x+1}{x^2}, \quad s(x) = \frac{(x-1)(2x-1)}{x^2} = \frac{2x^2-3x+1}{x^2}.$$

那么当 $x \geqslant 1$ 时,

$$S'(x) = -\frac{3x+2}{x^3} < 0, \quad s'(x) = \frac{3x-2}{x^3} > 0.$$

所以当等分点增加时,上和单调减少,下和单调增加. 例如,

$$S(T_{2n}) \leqslant S(T_n), \quad s(T_{2n}) \geqslant s(T_n),$$

当然也可以分别用不等式 $4n+1 \leqslant 4(n+1)$ 及 $4n-1 \geqslant 4(n-1)$ 直接验证. 进一步,因为 $(n-1)(2n-1) \leqslant 2n^2$,所以 $s(T_n) \leqslant \dfrac{1}{3}$;因为 $(n+1)(2n+1) \geqslant 2n^2$,所以 $S(T_n) \geqslant \dfrac{1}{3}$. 所以对任意的 $m, n \in \mathbb{N}$,

$$s(T_m) = \frac{(m-1)(2m-1)}{6m^2} \leqslant S(T_n) = \frac{(n+1)(2n+1)}{6n^2}.$$

即任意等分割的下和,总不超过任意等分割的上和.

定理 10.2.2(达布定理)

$$\lim_{\|T\| \to 0} s(T) = s, \quad \lim_{\|T\| \to 0} S(T) = S.$$

证明 我们证明 $\displaystyle\lim_{\|T\| \to 0} s(T) = s$,同理可证 $\displaystyle\lim_{\|T\| \to 0} S(T) = S$.

当 $m = M$ 时,$f(x)$ 为常函数,结论显然成立. 当 $m < M$ 时,对任意的 $\varepsilon > 0$,由 s 的定义知,存在 $[a,b]$ 的一个分割 T',使得

$$s(T') > s - \frac{\varepsilon}{2}. \tag{10.2.5}$$

设 T' 的分点个数为 p,则对于 $[a,b]$ 的任一分割 T,分割 $T+T'$ 比分割 T 至多多 p 个分点,于是由性质 10.2.2 知 $s(T+T') \leqslant s(T) + p(M-m)\|T\|$,而由性质 10.2.3 得 $s(T') \leqslant s(T+T')$,所以

$$s(T') \leqslant s(T+T') \leqslant s(T) + p(M-m)\|T\|,$$

于是对于 $\delta = \dfrac{\varepsilon}{2p(M-m)} > 0$,当 $\|T\| < \delta$ 时就有 $s(T') < s(T) + \dfrac{\varepsilon}{2}$,结合式(10.2.5),就得到 $s(T) > s(T') - \dfrac{\varepsilon}{2} > s - \varepsilon$,又显然有 $s(T) \leqslant s < s + \varepsilon$,所以

$$s - \varepsilon < s(T) < s + \varepsilon,$$

即 $\displaystyle\lim_{\|T\| \to 0} s(T) = s$.   □

10.2.4 可积准则

可积准则 I 若函数 $f(x)$ 在 $[a,b]$ 上有界,则 $f(x)$ 在 $[a,b]$ 上可积的充分必要条件是 $f(x)$ 在 $[a,b]$ 上的上积分等于下积分,即 $S = s$,并且它们就等于定积分

$$\int_a^b f(x)\mathrm{d}x.$$

证明 **必要性** 若函数 $f(x)$ 在 $[a,b]$ 上可积,记 $I = \int_a^b f(x)\mathrm{d}x$. 那么由定积分定义知任给 $\varepsilon > 0$, $\exists \delta > 0$, 对 $[a,b]$ 的任何分割 T, 只要 $\|T\| < \delta$, 则对 T 的任意介点集 $\{\xi_i\}$, 均有

$$\left| \sum_{i=1}^n f(\xi_i)\Delta x_i - I \right| < \varepsilon,$$

即

$$I - \varepsilon < \sum_{i=1}^n f(\xi_i)\Delta x < I + \varepsilon.$$

于是由性质 10.2.1 知, 当 $\|T\| < \delta$ 时,

$$I - \varepsilon \leqslant s(T) \leqslant S(T) \leqslant I + \varepsilon.$$

所以

$$|S(T) - I| \leqslant \varepsilon, \quad |s(T) - I| \leqslant \varepsilon,$$

也即

$$S = \lim_{\|T\| \to 0} S(T) = I, \quad s = \lim_{\|T\| \to 0} s(T) = I,$$

因此 $S = s$.

充分性 记 $S = s = I$, 即 $\lim\limits_{\|T\| \to 0} S(T) = \lim\limits_{\|T\| \to 0} s(T) = I$. 于是, 由不等式 (10.2.1) 知, $\forall \varepsilon > 0$, $\exists \delta > 0$, 当 $\|T\| < \delta$ 时, 对任意介点集 $\{\xi_i\}$ 有

$$I - \varepsilon < s(T) \leqslant \sum_{i=1}^n f(\xi_i)\Delta x \leqslant S(T) < I + \varepsilon,$$

所以

$$\left| \sum_{i=1}^n f(\xi_i)\Delta x_i - I \right| < \varepsilon,$$

从而由定积分定义知 $f(x)$ 在 $[a,b]$ 上可积,并且 $\int_a^b f(x)\mathrm{d}x = I$. □

再次回顾例 10.2.2 中的 $S(T_n)$ 及 $s(T_n)$, 容易得到 $\lim\limits_{n \to \infty} S(T_n) = \lim\limits_{n \to \infty} s(T_n) = \dfrac{1}{3}$.

如果 $f(x)$ 是 $[a,b]$ 上的有界函数,以下记

$$\omega_i = \omega_i(f) = M_i - m_i,$$

称为 $f(x)$ 在小区间 $\Delta_i = [x_{i-1}, x_i]$ 上的振幅. 于是,

$$S(T) - s(T) = \sum_{i=1}^n M_i\Delta x_i - \sum_{i=1}^n m_i\Delta x_i = \sum_{i=1}^n (M_i - m_i)\Delta x_i = \sum_{i=1}^n \omega_i\Delta x_i.$$

可积准则Ⅱ 设函数 $f(x)$ 在 $[a,b]$ 上有界,则 $f(x)$ 在 $[a,b]$ 上可积的充分必要条件是 $\forall \varepsilon > 0$, 总存在一个分割 $T = \{\Delta_1, \Delta_2, \cdots, \Delta_n\}$, 使得

$$\sum_{i=1}^{n}\omega_i\Delta x_i<\varepsilon. \tag{10.2.6}$$

证明　必要性　若函数 $f(x)$ 在 $[a,b]$ 上可积,则由可积准则 I 知 $S=s$,于是由达布定理知

$$\lim_{\|T\|\to0}[S(T)-s(T)]=0,$$

所以 $\forall\varepsilon>0,\exists\delta>0$,当 $\|T\|<\delta$ 时,就有

$$\sum_{i=1}^{n}\omega_i\Delta x_i=S(T)-s(T)<\varepsilon.$$

充分性　若定理的条件成立,则由

$$s(T)\leqslant s\leqslant S\leqslant S(T)$$

可得

$$0\leqslant S-s\leqslant S(T)-s(T)<\varepsilon,$$

于是,由 $\varepsilon>0$ 的任意性知 $S=s$,从而由可积准则 I 知 $f(x)$ 在 $[a,b]$ 上可积.　　□

在例 10.2.2 中,

$$\sum_{i=1}^{n}\omega_i\Delta x_i=\sum_{i=1}^{n}\left[\left(\frac{i}{n}\right)^2-\left(\frac{i-1}{n}\right)^2\right]\cdot\frac{1}{n}=\frac{1}{n}.$$

所以只要 $n>\left[\dfrac{1}{\varepsilon}\right]$,就有 $\displaystyle\sum_{i=1}^{n}\omega_i\Delta x_i<\varepsilon$.

可积准则 III　设函数 $f(x)$ 在 $[a,b]$ 上有界,则 $f(x)$ 在 $[a,b]$ 上可积的充分必要条件是任给 $\varepsilon>0,\eta>0$,总存在一个分割 $T=\{\Delta_1,\Delta_2,\cdots,\Delta_n\}$,使得满足 $\omega_k\geqslant\varepsilon$ 的那些小区间 Δ_k 的总长度 $\displaystyle\sum_k\Delta x_k<\eta$.

证明　必要性　若 $f(x)$ 在 $[a,b]$ 上可积,则由可积准则 II 知,对于 $\sigma=\varepsilon\eta>0$,存在一个分割 T,使得 $\displaystyle\sum_{i=1}^{n}\omega_i\Delta x_i<\sigma$,于是

$$\varepsilon\sum_k\Delta x_k\leqslant\sum_k\omega_k\Delta x_k\leqslant\sum_{i=1}^{n}\omega_i\Delta x_i<\sigma=\varepsilon\eta,$$

即 $\displaystyle\sum_k\Delta x_k<\eta$.

充分性　对任意 $\varepsilon>0$,取正数

$$\varepsilon'=\frac{\varepsilon}{2(b-a)},\qquad\eta'=\frac{\varepsilon}{2(M-m)+1},$$

于是由假设条件知存在一个分割 $T=\{\Delta_1,\Delta_2,\cdots,\Delta_n\}$,使得满足 $\omega_k\geqslant\varepsilon'$ 的那些小区间 Δ_k 的总长度 $\displaystyle\sum_k\Delta x_k<\eta'$. 记 T 的所有小区间中,满足 $\omega_{k'}<\varepsilon'$ 的那些小区间为 $\Delta_{k'}$,则

$$\sum_{i=1}^{n} \omega_i \Delta x_i = \sum_{k} \omega_k \Delta x_k + \sum_{k'} \omega_{k'} \Delta x_{k'}$$

$$< (M-m) \sum_{k} \Delta x_k + \varepsilon' \sum_{k'} \Delta x_{k'}$$

$$< (M-m)\eta' + \varepsilon'(b-a) < \frac{\varepsilon}{2} + \frac{\varepsilon}{2} = \varepsilon,$$

故根据可积准则 Ⅱ 知 $f(x)$ 在 $[a,b]$ 上可积. $\qquad\square$

为了利用可积准则证明可积函数类,我们给出函数在区间上振幅的一种描述,当然它在本课程的其他部分也是非常有用的.

定理 10.2.3 设 $f(x)$ 在区间 Δ 上有界,其振幅为 $\omega(f)$,则

$$\omega(f) = \sup_{x',x'' \in \Delta} \{ | f(x') - f(x'') | \}. \tag{10.2.7}$$

证明 令 $m = \inf_{x \in \Delta} f(x), M = \sup_{x \in \Delta} f(x)$,易见当 $m = M$ 时,式(10.2.7)显然成立. 当 $m < M$ 时,对任意 $x', x'' \in \Delta$ 有 $m \leqslant f(x'), f(x'') \leqslant M$,所以 $| f(x') - f(x'') | \leqslant M - m = \omega(f)$,因此

$$\sup_{x',x'' \in \Delta} \{ | f(x') - f(x'') | \} \leqslant \omega(f).$$

另一方面,$\forall \varepsilon \in \left(0, \dfrac{M-m}{2} \right)$,由 M 和 m 的定义知存在 $x_1, x_2 \in \Delta$,使得

$$f(x_1) < m + \varepsilon < \frac{1}{2}(M+m), \quad f(x_2) > M - \varepsilon > \frac{1}{2}(M+m),$$

所以

$$| f(x_1) - f(x_2) | = f(x_2) - f(x_1) > M - m - 2\varepsilon = \omega(f) - 2\varepsilon,$$

因此

$$\sup_{x',x'' \in \Delta} \{ | f(x') - f(x'') | \} \geqslant | f(x_1) - f(x_2) | > \omega(f) - 2\varepsilon,$$

由 $\varepsilon > 0$ 的任意性知

$$\sup_{x',x'' \in \Delta} \{ | f(x') - f(x'') | \} \geqslant \omega(f),$$

从而

$$\omega(f) = \sup_{x',x'' \in \Delta} \{ | f(x') - f(x'') | \}. \qquad\square$$

现在给出 10.1 节中可积函数类的证明.

证明 A. 由于 $f(x)$ 在 $[a,b]$ 上连续,所以 $f(x)$ 在 $[a,b]$ 上一致连续. 因此,对任意 $\varepsilon > 0$,存在 $\delta > 0$,当 $x', x'' \in [a,b]$ 且 $| x' - x'' | < \delta$ 时,就有

$$| f(x') - f(x'') | < \frac{\varepsilon}{b - a + 1}.$$

故对 $[a,b]$ 的任一分割 $T = \{x_0, x_1, \cdots, x_n\}$,只要 $\| T \| < \delta$,就有

$$\omega_i = \sup_{x',x'' \in [x_{i-1},x_i]} |f(x')-f(x'')| \leqslant \frac{\varepsilon}{b-a+1},$$

所以

$$\sum_{i=1}^{n} \omega_i \Delta x_i \leqslant \frac{\varepsilon}{b-a+1} \sum_{i=1}^{n} \Delta x_i = \frac{\varepsilon}{b-a+1} \cdot (b-a) < \varepsilon,$$

从而由可积准则 II 知 $f(x)$ 在 $[a,b]$ 上可积.

B. 不妨设 $f(x)$ 在 $[a,b]$ 上单调递增且 $f(a)<f(b)$, 否则 $f(x)$ 为常数, 由 (1) 知 $f(x)$ 可积. 对 $[a,b]$ 的任一分割 $T=\{x_0,x_1,\cdots,x_n\}$, 由 $f(x)$ 的递增性知

$$\omega_i = f(x_i)-f(x_{i-1}), \quad i=1,2,\cdots,n,$$

于是有

$$\sum_{i=1}^{n} \omega_i \Delta x_i \leqslant \sum_{i=1}^{n} [f(x_i)-f(x_{i-1})] \| T \| = [f(b)-f(a)] \| T \|,$$

所以对 $\forall \varepsilon > 0$, 只要 $\| T \| < \dfrac{\varepsilon}{f(b)-f(a)}$ 就有 $\sum_{T} \omega_i \Delta x_i < \varepsilon$, 因此, 根据可积准则 II 知 $f(x)$ 在 $[a,b]$ 上可积.

C. 由于 $f(x)$ 在 $[a,b]$ 上有界, 所以存在 $M>0$, 使对一切 $x \in [a,b]$, $|f(x)| \leqslant M$. 不失一般性, 只证明 $f(x)$ 在 $[a,b]$ 上仅有一个间断点的情形, 并假设该间断点即为端点 b.

任取 $\varepsilon > 0$, 取 $\delta' \in \left(0, \min\left\{\dfrac{\varepsilon}{4M}, b-a\right\}\right)$. 记 $f(x)$ 在 $\Delta' = [b-\delta',b]$ 上的振幅为 ω', 则 $\omega' \leqslant 2M$, 于是

$$\omega' \cdot \delta' < 2M \cdot \frac{\varepsilon}{4M} = \frac{\varepsilon}{2}.$$

因为 $f(x)$ 在 $[a,b-\delta']$ 上连续, 由 A 知 $f(x)$ 在 $[a,b-\delta']$ 上可积, 所以由可积准则 II 知对上述 $\varepsilon > 0$, 存在 $[a,b-\delta']$ 的某个分割 $T'=\{x_0,x_1,\cdots,x_n\}$, 使得

$$\sum_{T'} \omega_i \Delta x_i < \frac{\varepsilon}{2}.$$

令 $x_{n+1}=b$, 则 $T=\{x_0,x_1,\cdots,x_n,x_{n+1}\}$ 是 $[a,b]$ 的一个分割且

$$\sum_{i=1}^{n+1} \omega_i \Delta x_i = \sum_{T'} \omega_i \Delta x_i + \omega'\delta' < \frac{\varepsilon}{2} + \frac{\varepsilon}{2} = \varepsilon,$$

故根据可积准则 II 知 $f(x)$ 在 $[a,b]$ 上可积.   □

例 10.2.3 证明黎曼函数

$$R(x) = \begin{cases} \dfrac{1}{q}, & x=\dfrac{p}{q} \text{ 为既约分数} \\ 0, & x=0,1 \text{ 及无理数} \end{cases},$$

在 $[0,1]$ 上可积, 并且积分值为零.

证明　利用可积准则Ⅲ证明.

任给 $\varepsilon>0,\eta>0$ 由于在 $[0,1]$ 满足 $\dfrac{1}{q}\geqslant\varepsilon$,即 $q\leqslant\dfrac{1}{\varepsilon}$ 的有理点 $\dfrac{p}{q}$ 只有有限个(设为 k 个),因此含有这类点的小区间至多 $2k$ 个,在其上 $\omega_k\geqslant\varepsilon$. 于是当 $\|T\|<\dfrac{\eta}{2k}$ 时,就能保证这些小区间的总长度满足 $\sum\limits_k\Delta x_k\leqslant 2k\|T\|<\eta$,所以 $R(x)$ 在 $[0,1]$ 上可积.

因为对任意的分割 $T=\{\Delta_1,\Delta_2,\cdots,\Delta_n\},m_i=\inf\limits_{x\in\Delta_i}R(x)=0,i=1,2,\cdots,n$,从而 $s(T)=0$. 又因已知 $R(x)$ 在 $[0,1]$ 上可积,所以 $\displaystyle\int_0^1 R(x)\mathrm{d}x=s=\sup\limits_T\{s(T)\}=0$.

$\square$

注 10.2.2　黎曼函数 $R(x)$ 在 $[0,1]$ 上每个无理点处都是连续的. 事实上,对 $[0,1]$ 中的每个无理数 x_0,任给 $\varepsilon>0$,由于满足 $\dfrac{1}{q}\geqslant\varepsilon$ 的有理点 $\dfrac{p}{q}$ 只有有限个,所以存在 $\delta>0$,在 $(x_0-\delta,x_0+\delta)$ 内的有理数 $x=\dfrac{p}{q}$ 满足 $\dfrac{1}{q}<\varepsilon$,所以 $|R(x)-R(x_0)|=\dfrac{1}{q}<\varepsilon$. 而对于 $(x_0-\delta,x_0+\delta)$ 内的无理数 x,显然有 $|R(x)-R(x_0)|<\varepsilon$.

10.3　定积分的性质

性质 10.3.1（线性性质）　若函数 $f_1(x),f_2(x)$ 均在 $[a,b]$ 上可积,则对 $\forall k_1,k_2\in\mathbb{R}$,函数 $k_1f_1(x)+k_2f_2(x)$ 也在 $[a,b]$ 上可积,并且

$$\int_a^b[k_1f_1(x)+k_2f_2(x)]\mathrm{d}x=k_1\int_a^b f_1(x)\mathrm{d}x+k_2\int_a^b f_2(x)\mathrm{d}x. \quad (10.3.1)$$

证明　因为 $f_1(x),f_2(x)$ 均在 $[a,b]$ 上可积,可记 $I_1=\displaystyle\int_a^b f_1(x)\mathrm{d}x,I_2=\displaystyle\int_a^b f_2(x)\mathrm{d}x$. 则对 $[a,b]$ 的任意分割 T 及任意介点集 $\{\xi_i\}$,注意到

$$\left|\sum_{i=1}^n[k_1f_1(\xi_i)+k_2f_2(\xi_i)]\Delta x_k-(k_1I_1+k_2I_2)\right|$$

$$\leqslant|k_1|\left|\sum_{i=1}^n f_1(\xi_i)\Delta x_i-I_1\right|+|k_2|\left|\sum_{i=1}^n f_2(\xi_i)\Delta x_i-I_2\right|,$$

从而由定积分的 $\varepsilon\delta$ 定义知式 (10.3.1) 成立.　　$\square$

显然,式 (10.3.1) 对于有限项函数的和也是正确的.并且容易得到如下结论.

推论 10.3.1 若函数 $f(x)$ 在 $[a,b]$ 上可积,则对任意的 $k\in\mathbb{R}$,函数 $kf(x)$ 也在 $[a,b]$ 上可积,并且

$$\int_a^b kf(x)\mathrm{d}x = k\int_a^b f(x)\mathrm{d}x. \tag{10.3.2}$$

例 10.3.1 已知多项式 $f(x) = a_n x^n + a_{n-1} x^{n-1} + \cdots + a_1 x + a_0$,证明 $\int_0^1 f(x)\mathrm{d}x = 0$ 当且仅当 $\dfrac{a_n}{n+1} + \dfrac{a_{n-1}}{n} + \cdots + \dfrac{a_1}{2} + \dfrac{a_0}{1} = 0$.

证明 注意到对于 $k\geqslant 0$,函数 x^k 连续,其一个原函数 $\dfrac{x^{k+1}}{k+1}$,于是由定理 10.1.1 知

$$\int_0^1 x^k \mathrm{d}x = \frac{1}{k+1},$$

而由性质 10.3.1 知

$$\int_0^1 f(x)\mathrm{d}x = \int_0^1 \Big(\sum_{k=0}^n a_k x^k\Big)\mathrm{d}x = \sum_{k=0}^n a_k \int_0^1 x^k \mathrm{d}x = \sum_{k=0}^n \frac{a_k}{k+1},$$

从而由假设条件知结论成立. $\qquad\qquad\qquad\qquad\qquad\qquad\qquad\qquad\square$

性质 10.3.2(区间的可加性) 函数 $f(x)$ 在 $[a,b]$ 上可积的充分必要条件是对任意的 $c\in(a,b)$,$f(x)$ 在 $[a,c]$ 和 $[c,b]$ 上都可积,并且

$$\int_a^b f(x)\mathrm{d}x = \int_a^c f(x)\mathrm{d}x + \int_c^b f(x)\mathrm{d}x. \tag{10.3.3}$$

证明 充分性 对 $[a,b]$ 的任意分割 T,如果 c 是 T 的某个分点,记 T_1 是 T 在 $[a,c]$ 上的部分,T_2 是 T 在 $[c,b]$ 上的部分,那么

$$\sum_T f(\xi_i)\Delta x_i = \sum_{T_1} f(\xi_i)\Delta x_i + \sum_{T_2} f(\xi_i)\Delta x_i.$$

由于 $f(x)$ 在 $[a,c]$ 和 $[c,b]$ 上都可积,记 $I_1 = \int_a^c f(x)\mathrm{d}x$,$I_2 = \int_c^b f(x)\mathrm{d}x$,则由上式得到

$$\begin{aligned}
\Big|\sum_T f(\xi_i)\Delta x_i - (I_1 + I_2)\Big| &= \Big|\sum_{T_1} f(\xi_i)\Delta x_i - I_1 + \sum_{T_2} f(\xi_i)\Delta x_i - I_2\Big| \\
&\leqslant \Big|\sum_{T_1} f(\xi_i)\Delta x_i - I_1\Big| + \Big|\sum_{T_2} f(\xi_i)\Delta x_i - I_2\Big|,
\end{aligned}$$

注意到当 $\|T\|\to 0$ 时,$\|T_1\|\to 0$,$\|T_2\|\to 0$,所以由定积分定义知 $f(x)$ 在 $[a,b]$ 上可积,并且式(10.3.3)成立. 如果 c 不是 $T = \{\Delta_1, \Delta_2, \cdots, \Delta_n\}$ 的分点,设 $c\in\Delta_j$ 内,记 $T' = T + \{c\}$,则 c 成为 T' 的某个分点,并且

$$\begin{aligned}
&\sum_T f(\xi_i)\Delta x_i - \sum_{T'} f(\xi_i)\Delta x_i \\
&= f(\xi_j)\Delta x_j - (f(\xi_j')\Delta x_j' + f(\xi_j'')\Delta x_j'') \\
&= (f(\xi_j) - f(\xi_j'))\Delta x_j' + (f(\xi_j) - f(\xi_j''))\Delta x_j'',
\end{aligned}$$

注意到此时 $f(x)$ 在 $[a,b]$ 上有界, 如果记 $|f(x)|\leqslant M, x\in[a,b]$, 则由上式知

$$\left|\sum_T f(\xi_i)\Delta x_i - \sum_{T'} f(\xi_i)\Delta x_i\right| \leqslant 4M\|T\| \to 0,$$

结合已证明的 c 为分割某个分点情形的结论, 故知 $f(x)$ 在 $[a,b]$ 上可积, 并且式 (10.3.3) 成立.

必要性 因为 $f(x)$ 在 $[a,b]$ 上可积, 由可积准则 II 知, $\forall \varepsilon > 0$, 总存在一个分割 T, 使得 $\sum_{i=1}^n \omega_i \Delta x_i < \varepsilon$. 在 T 上增加一个分点 c 得到的分割记为 T', 于是 $S(T') \leqslant S(T), s(T') \geqslant s(T)$, 所以

$$\sum_{T'} \omega_i' \Delta x_i' = S(T') - s(T') \leqslant S(T) - s(T) = \sum_T \omega_i \Delta x_i < \varepsilon.$$

由于 c 为分割 T' 的一个分点, 所以 T' 在 $[a,c]$ 和 $[c,b]$ 上的部分 T_1' 和 T_2' 分别是它们的一个分割, 于是 $\sum_{T_1'} \omega_i' \Delta x_i' \leqslant \sum_{T'} \omega_i' \Delta x_i' < \varepsilon; \sum_{T_2'} \omega_i' \Delta x_i' \leqslant \sum_{T'} \omega_i' \Delta x_i' < \varepsilon$, 从而由可积准则 II 知, $f(x)$ 在 $[a,c]$ 和 $[c,b]$ 上都可积, 并且式 (10.3.3) 成立. □

利用性质 10.3.2, 可以给出定积分的几何意义. 若 $f(x)$ 在 $[a,b]$ 上连续, 设 $f(x)$ 在 (a,b) 内的零点为 $x_1 < x_2 < \cdots < x_{n-1}$, 再记 $a = x_0, b = x_n$, 那么在每个子区间 $[x_{i-1}, x_i]$ 上, $f(x)$ 不变号. 规定 x 轴上方的曲边梯形的面积为正面积, x 轴下方的曲边梯形的面积为负面积 (图 10-3), 统称为有向面积. 而由性质 10.3.2 知 $\int_a^b f(x)\mathrm{d}x = \sum_{i=1}^n \int_{x_{i-1}}^{x_i} f(x)\mathrm{d}x$, 所以定积分在几何上表示有向面积的代数和.

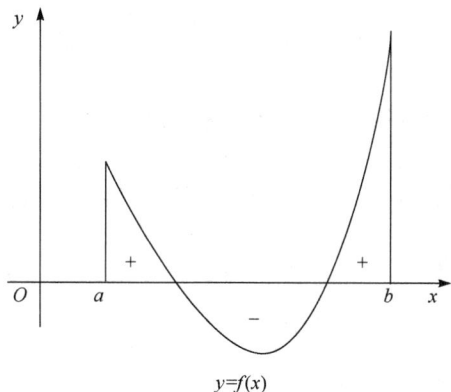

图 10-3

推论 10.3.2 对于任意的三个实数 a, b, c, 有

$$\int_a^b f(x)\mathrm{d}x = \int_a^c f(x)\mathrm{d}x + \int_c^b f(x)\mathrm{d}x. \tag{10.3.4}$$

例 10.3.2 对于 $n \in \mathbf{N}$,证明 $\int_1^n \frac{[x]}{x} \mathrm{d}x = \ln \frac{n^{n-1}}{(n-1)!}$.

证明 注意到对于 $k = 1, 2, \cdots, n-1$,函数 $\frac{1}{x}$ 在 $[k, k+1]$ 上连续,其一个原函数为 $\ln x$,于是由定理 10.1.1 知

$$\int_k^{k+1} \frac{1}{x} \mathrm{d}x = \ln \frac{k+1}{k},$$

从而由性质 10.3.2 得到

$$\int_1^n \frac{[x]}{x} \mathrm{d}x = \int_1^2 \frac{[x]}{x} \mathrm{d}x + \int_2^3 \frac{[x]}{x} \mathrm{d}x + \cdots + \int_{n-1}^n \frac{[x]}{x} \mathrm{d}x$$

$$= \sum_{k=1}^{n-1} \int_k^{k+1} \frac{k}{x} \mathrm{d}x = \sum_{k=1}^{n-1} k[\ln(k+1) - \ln k]$$

$$= \sum_{k=1}^{n-1} k\ln \frac{k+1}{k} = \sum_{k=1}^{n-1} \ln \frac{(k+1)^k}{k^k}$$

$$= \ln \prod_{k=1}^{n-1} \frac{(k+1)^k}{k^k} = \ln \frac{n^{n-1}}{(n-1)!}. \qquad \square$$

性质 10.3.3 (保序性) 如果在区间 $[a, b]$ 上 $f(x) \geqslant g(x)$,并且 $f(x), g(x)$ 都在 $[a, b]$ 上可积,则

$$\int_a^b f(x) \mathrm{d}x \geqslant \int_a^b g(x) \mathrm{d}x. \tag{10.3.5}$$

证明 令 $F(x) = f(x) - g(x), x \in [a, b]$. 由性质 10.3.1 知 $F(x)$ 在 $[a, b]$ 上可积,并且 $I = \int_a^b F(x) \mathrm{d}x = \int_a^b f(x) \mathrm{d}x - \int_a^b g(x) \mathrm{d}x$. 如果 $I < 0$,由定积分定义,对于 $\varepsilon = -\frac{I}{2} > 0$,存在 $\delta > 0$,当 $\| T \| < \delta$ 时,$\sum_{i=1}^n F(\xi_i) \Delta x_i < I + \varepsilon = \frac{I}{2} < 0$,而由 $f(x) \geqslant g(x)$ 得到 $\sum_{i=1}^n F(\xi_i) \Delta x_i \geqslant 0$,矛盾. 所以 $I \geqslant 0$,从而式(10.3.5)成立. $\square$

推论 10.3.3 如果 $[a, b]$ 上的可积函数 $f(x) \geqslant 0$,则 $\int_a^b f(x) \mathrm{d}x \geqslant 0$.

推论 10.3.4 如果在 $[a, b]$ 上 $m \leqslant f(x) \leqslant M$,则当 $f(x)$ 在 $[a, b]$ 上可积时,

$$m(b-a) \leqslant \int_a^b f(x) \mathrm{d}x \leqslant M(b-a). \tag{10.3.6}$$

例 10.3.3 证明 $\lim_{n \to \infty} \int_a^b \mathrm{e}^{-nx^2} \mathrm{d}x = 0$.

证明 不妨假设 $0 < a < b$. 注意到当 $x \in [a, b]$ 时,$\mathrm{e}^{-nb^2} \leqslant \mathrm{e}^{-nx^2} \leqslant \mathrm{e}^{-na^2}$,所以由推论 10.3.4 知

$$\mathrm{e}^{-nb^2}(b-a) \leqslant \int_a^b \mathrm{e}^{-nx^2} \mathrm{d}x \leqslant \mathrm{e}^{-na^2}(b-a),$$

而 $\lim\limits_{n\to\infty}\mathrm{e}^{-na^2}=\lim\limits_{n\to\infty}\mathrm{e}^{-nb^2}=0$，所以由夹逼准则得到 $\lim\limits_{n\to\infty}\displaystyle\int_a^b\mathrm{e}^{-nx^2}\mathrm{d}x=0.$ □

性质 10.3.4 如果 $f(x)$ 在 $[a,b]$ 上可积，则 $|f(x)|$ 也在 $[a,b]$ 上可积，并且

$$\left|\int_a^b f(x)\mathrm{d}x\right|\leqslant\int_a^b|f(x)|\mathrm{d}x. \tag{10.3.7}$$

证明 因为 $f(x)$ 在 $[a,b]$ 上可积，注意到对任意 $x',x''\in[a,b]$,

$$||f(x')|-|f(x'')||\leqslant|f(x')-f(x'')|,$$

所以对 $[a,b]$ 的任意分割 T，$\sum\limits_T\omega_i(|f|)\Delta x_i\leqslant\sum\limits_T\omega_i(f)\Delta x_i$，于是由 $f(x)$ 在 $[a,b]$ 上的可积性推知 $|f(x)|$ 也在 $[a,b]$ 上可积. 注意到 $-|f(x)|\leqslant f(x)\leqslant|f(x)|$，于是利用性质 10.3.3 就得到

$$-\int_a^b|f(x)|\mathrm{d}x\leqslant\int_a^b f(x)\mathrm{d}x\leqslant\int_a^b|f(x)|\mathrm{d}x,$$

所以式 (10.3.7) 成立. □

注 10.3.1 性质 10.3.4 的逆不真. 例如，取

$$f(x)=\begin{cases}1, & x\in\mathbb{Q}, \\ -1, & x\in\mathbb{R}\setminus\mathbb{Q},\end{cases}$$

显然 $|f(x)|$ 在 $[0,1]$ 上可积，而 $f(x)$ 在 $[0,1]$ 上不可积.

性质 10.3.5 若 $f(x),g(x)$ 都在 $[a,b]$ 上可积，则 $f(x)g(x)$ 也在 $[a,b]$ 上可积.

证明 由于 $f(x),g(x)$ 都在 $[a,b]$ 上可积，所以它们都有界，即存在 $M>0$，使对任意的 $x\in[a,b]$ 有 $|f(x)|\leqslant M,|g(x)|\leqslant M$. 对任意 $\varepsilon>0$，由于 $f(x),g(x)$ 都在 $[a,b]$ 上可积，根据可积准则 II 知，分别存在 $[a,b]$ 的分割 T',T''，使得

$$\sum_{T'}\omega_i(f)\Delta x_i<\frac{\varepsilon}{2M}, \quad \sum_{T''}\omega_i(g)\Delta x_i<\frac{\varepsilon}{2M}.$$

令 $T=T'+T''=\{x_0,x_1,\cdots,x_n\}$，则由定理 10.2.3 知

$$\begin{aligned}\omega_i(f\cdot g)&=\sup_{x',x''\in[x_{i-1},x_i]}|f(x')g(x')-f(x'')g(x'')|\\&\leqslant\sup_{x',x''\in[x_{i-1},x_i]}[|g(x')|\cdot|f(x')-f(x'')|+|f(x'')|\cdot|g(x')-g(x'')|]\\&\leqslant M\omega_i(f)+M\omega_i(g),\end{aligned}$$

于是由性质 10.2.2 得

$$\begin{aligned}\sum_T\omega_i(f\cdot g)\Delta x_i&\leqslant M\sum_T\omega_i(f)\Delta x_i+M\sum_T\omega_i(g)\Delta x_i\\&\leqslant M\sum_{T'}\omega_i(f)\Delta x_i+M\sum_{T''}\omega_i(g)\Delta x_i\\&<M\cdot\frac{\varepsilon}{2M}+M\cdot\frac{\varepsilon}{2M}=\varepsilon,\end{aligned}$$

从而由可积准则 II 知，$f(x)g(x)$ 在 $[a,b]$ 上可积. □

注 10.3.2　性质 10.3.1 及性质 10.3.5 告诉我们，当 $f(x)$ 与 $g(x)$ 均在 $[a,b]$ 上可积时，$f(x)+g(x)$，$f(x)-g(x)$ 以及 $f(x)g(x)$ 也都在 $[a,b]$ 上可积. 但即使 $g(x)$ 在 $[a,b]$ 上恒不为零，$\dfrac{f(x)}{g(x)}$ 也不一定在 $[a,b]$ 上可积. 例如，在 $[0,1]$ 上，取

$$f(x)=1,\quad g(x)=\begin{cases} 1, & x=0, \\ x, & 0<x\leqslant 1, \end{cases}$$

则 $f(x)$ 与 $g(x)$ 均在 $[0,1]$ 上可积，并且 $g(x)$ 在 $[0,1]$ 上恒不为零，但

$$\frac{f(x)}{g(x)}=\begin{cases} 1, & x=0, \\ \dfrac{1}{x}, & 0<x\leqslant 1 \end{cases}$$

在 $[0,1]$ 上不可积，因为它无界.

一般来说，$\displaystyle\int_a^b f(x)g(x)\mathrm{d}x \neq \int_a^b f(x)\mathrm{d}x \int_a^b g(x)\mathrm{d}x$，因此有必要对积分 $\displaystyle\int_a^b f(x)g(x)\mathrm{d}x$ 做出估计. 本节内容的余下部分主要讨论这一问题.

例 10.3.4　假设 $f(x)$ 与 $g(x)$ 均在 $[a,b]$ 上可积，则有柯西-施瓦茨(Cauchy-Schwarz)不等式

$$\left[\int_a^b f(x)g(x)\mathrm{d}x\right]^2 \leqslant \int_a^b f^2(x)\mathrm{d}x \cdot \int_a^b g^2(x)\mathrm{d}x. \tag{10.3.8}$$

证明　首先，因为 $f(x)$ 与 $g(x)$ 均在 $[a,b]$ 上可积，所以由性质 10.3.5 知式(10.3.8)中的积分都是存在的. 如果 $\displaystyle\int_a^b f^2(x)\mathrm{d}x = \int_a^b g^2(x)\mathrm{d}x = 0$，那么

$$\left|\int_a^b f(x)g(x)\mathrm{d}x\right| \leqslant \int_a^b |f(x)g(x)|\,\mathrm{d}x \leqslant \frac{1}{2}\left(\int_a^b f^2(x)\mathrm{d}x + \int_a^b g^2(x)\mathrm{d}x\right) = 0.$$

所以式(10.3.8)成立. 以下假设 $\displaystyle\int_a^b g^2(x)\mathrm{d}x > 0$.

对任意的 $t\in\mathbb{R}$，令

$$h(t) = \int_a^b [f(x)-tg(x)]^2\mathrm{d}x = t^2\int_a^b g^2(x)\mathrm{d}x - 2t\int_a^b f(x)g(x)\mathrm{d}x + \int_a^b f^2(x)\mathrm{d}x,$$

显然，$h(t)\geqslant 0$. 所以上述关于 t 的二次三项式的判别式小于等于零，即

$$4\left[\int_a^b f(x)g(x)\mathrm{d}x\right]^2 - 4\int_a^b f^2(x)\mathrm{d}x \cdot \int_a^b g^2(x)\mathrm{d}x \leqslant 0,$$

从而式(10.3.8)成立.　　　　　　　　　　　　　　　　　　　　　　　　□

例 10.3.5　如果恒正函数 $f(x)$ 在 $[0,1]$ 上连续，那么

$$\int_0^1 f(x)\mathrm{d}x \cdot \int_0^1 \frac{1}{f(x)}\mathrm{d}x \geqslant 1.$$

证明　利用柯西-施瓦茨不等式得到

$$1 = \left(\int_0^1 \mathrm{d}x\right)^2 = \left[\int_0^1 \sqrt{f(x)} \cdot \frac{1}{\sqrt{f(x)}}\mathrm{d}x\right]^2 \leqslant \int_0^1 (\sqrt{f(x)})^2 \mathrm{d}x \cdot \int_0^1 \left[\frac{1}{\sqrt{f(x)}}\right]^2 \mathrm{d}x.$$

所以结论成立. □

定理 10.3.1 (积分第一中值定理) 若 $f(x)$ 在 $[a,b]$ 上连续, $g(x)$ 在 $[a,b]$ 上可积且不变号,则至少存在一点 $\xi \in [a,b]$,使得

$$\int_a^b f(x)g(x)\mathrm{d}x = f(\xi)\int_a^b g(x)\mathrm{d}x. \tag{10.3.9}$$

证明 由于 $f(x)$ 在 $[a,b]$ 上连续, $g(x)$ 在 $[a,b]$ 上可积,所以 $f(x)g(x)$ 在 $[a,b]$ 上可积,因此,式(10.3.9)两边都有意义.

不妨设 $g(x) \geqslant 0 (x \in [a,b])$. 由于 $f(x)$ 在 $[a,b]$ 上连续,所以 $f(x)$ 在 $[a,b]$ 上存在最大值 M 和最小值 m,即 $\exists x_1, x_2 \in [a,b]$,使 $\forall x \in [a,b]$ 有

$$f(x_1) = m \leqslant f(x) \leqslant M = f(x_2),$$

因此

$$mg(x) \leqslant f(x)g(x) \leqslant Mg(x), \quad x \in [a,b],$$

两边积分就得到

$$m\int_a^b g(x)\mathrm{d}x \leqslant \int_a^b f(x)g(x)\mathrm{d}x \leqslant M\int_a^b g(x)\mathrm{d}x.$$

若 $\int_a^b g(x)\mathrm{d}x = 0$,则有 $\int_a^b f(x)g(x)\mathrm{d}x = 0$. 于是 $\forall \xi \in [a,b]$,式(10.3.9)成立;否则 $\int_a^b g(x)\mathrm{d}x > 0$, 于是

$$m \leqslant \frac{\int_a^b f(x)g(x)\mathrm{d}x}{\int_a^b g(x)\mathrm{d}x} \leqslant M.$$

所以由闭区间上连续函数的介值定理知 $\exists \xi \in [a,b]$,使得

$$f(\xi) = \frac{\int_a^b f(x)g(x)\mathrm{d}x}{\int_a^b g(x)\mathrm{d}x},$$

故式(10.3.9)成立. □

推论 10.3.5 若 $f(x)$ 在 $[a,b]$ 上连续,则至少存在一点 $\xi \in [a,b]$,使得

$$\int_a^b f(x)\mathrm{d}x = f(\xi)(b-a). \tag{10.3.10}$$

将公式(10.3.10)变形为

$$\frac{\int_a^b f(x)\mathrm{d}x - \int_a^a f(x)\mathrm{d}x}{b-a} = f(\xi).$$

由于 $f(x)$ 在 $[a,b]$ 上连续,所以 $F(x)=\int_a^x f(t)\mathrm{d}t$ 对任意的 $x\in[a,b]$ 都有定义,如果 $F'(x)=f(x)$,上式即为拉格朗日中值定理的形式:

$$\frac{F(b)-F(a)}{b-a}=F'(\xi).$$

10.4 节将给出它的证明,显然此时可以保证 ξ 能在开区间 (a,b) 内取到. 鉴于此,称式(10.3.10)为积分中值定理. 同时,公式(10.3.10)还有明显的几何意义,如图 10-4 所示.

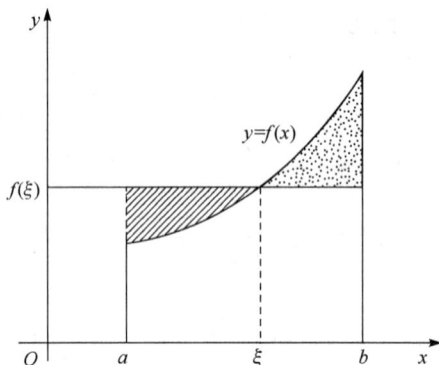

图 10-4

所以,通常也称

$$\frac{1}{b-a}\int_a^b f(x)\mathrm{d}x \tag{10.3.11}$$

为函数 $f(x)$ 在区间 $[a,b]$ 上的平均值.

例 10.3.6 若 $f(x)$ 及 $g(x)$ 均在 $[a,b]$ 上连续,并且 $\int_a^b f(x)\mathrm{d}x=\int_a^b g(x)\mathrm{d}x$,证明存在 $\xi\in[a,b]$ 使得 $f(\xi)=g(\xi)$.

证明 因为 $f(x)-g(x)$ 在 $[a,b]$ 上连续,所以由推论 10.3.5 知,存在 $\xi\in[a,b]$ 使得

$$\int_a^b [f(x)-g(x)]\mathrm{d}x=[f(\xi)-g(\xi)](b-a),$$

而 $\int_a^b f(x)\mathrm{d}x=\int_a^b g(x)\mathrm{d}x$,所以 $\int_a^b [f(x)-g(x)]\mathrm{d}x=0$,因此 $f(\xi)=g(\xi)$. □

例 10.3.7 利用积分第一中值定理验证 $\lim\limits_{n\to\infty}\left(1+\dfrac{1}{n}\right)^n=\mathrm{e}$.

解 由推论 10.3.5 知,存在 $\xi\in\left[1,1+\dfrac{1}{n}\right]$ 使得 $\int_1^{1+\frac{1}{n}}\dfrac{1}{x}\mathrm{d}x=\dfrac{1}{\xi}\cdot\dfrac{1}{n}$,所以

$$\ln \lim_{n\to\infty}\left(1+\frac{1}{n}\right)^n = \lim_{n\to\infty}\ln\left(1+\frac{1}{n}\right)^n = \lim_{n\to\infty}n\ln\left(1+\frac{1}{n}\right)$$

$$= \lim_{n\to\infty}n\int_1^{1+\frac{1}{n}}\frac{1}{x}\mathrm{d}x = \lim_{n\to\infty}n\cdot\frac{1}{\xi}\cdot\frac{1}{n} = \lim_{n\to\infty}\frac{1}{\xi} = 1,$$

于是 $\lim\limits_{n\to\infty}\left(1+\dfrac{1}{n}\right)^n = \mathrm{e}$.　　　　　　　　　　　　　　　　　　　□

为了研究积分第二中值定理,需要下面的引理.

引理 10.3.1　若 $f(t)$ 在 $[a,b]$ 上可积,则变下限函数及变上限函数

$$F_1(x) = \int_x^b f(t)\mathrm{d}t, \quad F_2(x) = \int_a^x f(t)\mathrm{d}t$$

都在 $[a,b]$ 上连续.

证明　因为 $f(t)$ 在 $[a,b]$ 上可积,则对任意的 $x\in[a,b]$, $f(t)$ 在 $[a,x]$ 及 $[x,b]$ 上都可积,所以对任意的 $x\in[a,b]$, $F_1(x) = \int_x^b f(t)\mathrm{d}t$ 及 $F_2(x) = \int_a^x f(t)\mathrm{d}t$ 均有意义. 我们证明变下限函数 $F_1(x) = \int_x^b f(t)\mathrm{d}t$ 在 $[a,b]$ 上连续,同理可以证明变上限函数 $F_2(x) = \int_a^x f(t)\mathrm{d}t$ 在 $[a,b]$ 上连续.

因为 $f(t)$ 在 $[a,b]$ 上可积,所以 $f(t)$ 在 $[a,b]$ 上有界,因此存在 $M>0$,使得对任意 $t\in[a,b]$,有 $|f(t)|\leqslant M$. 对任意的 $x\in[a,b]$, $x+\Delta x\in[a,b]$,注意到

$$F_1(x+\Delta x) - F_1(x) = \int_{x+\Delta x}^b f(t)\mathrm{d}t - \int_x^b f(t)\mathrm{d}t = \int_{x+\Delta x}^x f(t)\mathrm{d}t,$$

所以 $|F_1(x+\Delta x) - F_1(x)|\leqslant M|\Delta x|$,从而当 $\Delta x\to 0$(或者 0^-,或者 0^+)时,$\Delta y = F_1(x+\Delta x) - F_1(x)\to 0$,所以 $F_1(x)$ 在 $[a,b]$ 上连续.　　□

定理 10.3.2（积分第二中值定理 I ）　若 $f(x)$ 在 $[a,b]$ 上可积,$g(x)$ 在 $[a,b]$ 上递增且 $g(x)\geqslant 0$,则存在 $\xi\in[a,b]$,使得

$$\int_a^b f(x)g(x)\mathrm{d}x = g(b)\int_\xi^b f(x)\mathrm{d}x. \tag{10.3.12}$$

证明　由于 $g(x)$ 在 $[a,b]$ 上递增,所以在 $[a,b]$ 上可积,而 $f(x)$ 也在 $[a,b]$ 上可积,因此 $f(x)g(x)$ 在 $[a,b]$ 上可积. 任取分割 $T: a=x_0<x_1<x_2<\cdots<x_n=b$,则

$$\int_a^b f(x)g(x)\mathrm{d}x = \sum_{i=1}^n \int_{x_{i-1}}^{x_i} f(x)g(x)\mathrm{d}x$$

$$= \sum_{i=1}^n g(x_i)\int_{x_{i-1}}^{x_i} f(x)\mathrm{d}x + \sum_{i=1}^n \int_{x_{i-1}}^{x_i} f(x)(g(x)-g(x_i))\mathrm{d}x,$$

$$\tag{10.3.13}$$

令 $L=\sup\{|f(x)|\,|\,x\in[a,b]\}$,则

$$0 \leqslant \left| \sum_{i=1}^{n} \int_{x_{i-1}}^{x_i} f(x)(g(x) - g(x_i)) \mathrm{d}x \right| \leqslant \sum_{i=1}^{n} \int_{x_{i-1}}^{x_i} |f(x)||g(x) - g(x_i)| \mathrm{d}x$$

$$\leqslant L \sum_{i=1}^{n} \omega_i(g) \Delta x_i.$$

而 $g(x)$ 在 $[a,b]$ 上可积，所以由达布定理及可积准则 I 知

$$\lim_{\|T\| \to 0} \sum_{i=1}^{n} \omega_i(g) \Delta x_i = 0,$$

因此，由式 (10.3.13) 知

$$\int_a^b f(x)g(x)\mathrm{d}x = \lim_{\|T\| \to 0} \sum_{i=1}^{n} g(x_i) \int_{x_{i-1}}^{x_i} f(x)\mathrm{d}x. \tag{10.3.14}$$

记 $F(x) = \int_x^b f(t)\mathrm{d}t.$ 由于 $F(x_n) = F(b) = 0$，并且

$$\int_{x_{i-1}}^{x_i} f(x)\mathrm{d}x = \int_{x_{i-1}}^{b} f(x)\mathrm{d}x - \int_{x_i}^{b} f(x)\mathrm{d}x = F(x_{i-1}) - F(x_i),$$

所以

$$\sum_{i=1}^{n} g(x_i) \int_{x_{i-1}}^{x_i} f(x)\mathrm{d}x = \sum_{i=1}^{n} g(x_i)[F(x_{i-1}) - F(x_i)]$$

$$= \sum_{i=1}^{n} g(x_i)F(x_{i-1}) - \sum_{i=1}^{n} g(x_i)F(x_i)$$

$$= \sum_{i=0}^{n-1} g(x_{i+1})F(x_i) - \sum_{i=1}^{n} g(x_i)F(x_i)$$

$$= \sum_{i=1}^{n-1} F(x_i)[g(x_{i+1}) - g(x_i)] + F(a)g(x_1),$$

又由 $g(x)$ 非负、递增，得 $g(x_1) \geqslant 0, g(x_{i+1}) - g(x_i) \geqslant 0, i = 1, 2, \cdots, n-1$，再利用 $F(x)$ 在 $[a,b]$ 上的连续性，知 $F(x)$ 有最小值 m 和最大值 M，所以

$$\sum_{i=1}^{n} g(x_i) \int_{x_{i-1}}^{x_i} f(x)\mathrm{d}x \leqslant \sum_{i=1}^{n-1} M[g(x_{i+1}) - g(x_i)] + Mg(x_1) = Mg(b),$$

$$\sum_{i=1}^{n} g(x_i) \int_{x_{i-1}}^{x_i} f(x)\mathrm{d}x \geqslant \sum_{i=1}^{n-1} m[g(x_{i+1}) - g(x_i)] + mg(x_1) = mg(b).$$

因此，结合式 (10.3.14) 就得到

$$mg(b) \leqslant \int_a^b f(x)g(x)\mathrm{d}x \leqslant Mg(b).$$

若 $g(b) > 0$，则

$$m \leqslant \frac{\int_a^b f(x)g(x)\mathrm{d}x}{g(b)} \leqslant M,$$

于是根据闭区间上连续函数的介值定理知，存在 $\xi \in [a,b]$，使得

$$F(\xi) = \frac{\int_a^b f(x)g(x)\mathrm{d}x}{g(b)},$$

即式(10.3.12)成立. 若 $g(b)=0$, 则 $g(x)\equiv 0$, 此时对任何 $\xi\in[a,b]$, 都有式(10.3.12)成立. □

与定理 10.3.2 的证明方法同理, 可以证明如下推论.

定理 10.3.3 (积分第二中值定理Ⅱ)   若 $f(x)$ 在 $[a,b]$ 上可积, $g(x)$ 在 $[a,b]$ 上递减且 $g(x)\geqslant 0$, 则存在 $\xi\in[a,b]$, 使得

$$\int_a^b f(x)g(x)\mathrm{d}x = g(a)\int_a^\xi f(x)\mathrm{d}x. \tag{10.3.15}$$

定理 10.3.4 (积分第二中值定理Ⅲ)   若 $f(x)$ 在 $[a,b]$ 上可积, $g(x)$ 为单调函数, 则存在 $\xi\in[a,b]$, 使得

$$\int_a^b f(x)g(x)\mathrm{d}x = g(a)\int_a^\xi f(x)\mathrm{d}x + g(b)\int_\xi^b f(x)\mathrm{d}x. \tag{10.3.16}$$

证明   假设 $g(x)$ 递减. 令 $h(x)=g(a)-g(x)$, 则 $h(x)\geqslant 0$ 且 $h(x)$ 递增, 于是根据定理 10.3.2 知, 存在 $\xi\in[a,b]$, 使得

$$\int_a^b f(x)h(x)\mathrm{d}x = h(b)\int_\xi^b f(x)\mathrm{d}x = [g(a)-g(b)]\int_\xi^b f(x)\mathrm{d}x.$$

注意到

$$\int_a^b f(x)h(x)\mathrm{d}x = g(a)\int_a^b f(x)\mathrm{d}x - \int_a^b f(x)g(x)\mathrm{d}x,$$

所以

$$\int_a^b f(x)g(x)\mathrm{d}x = g(a)\int_a^b f(x)\mathrm{d}x - [g(a)-g(b)]\int_\xi^b f(x)\mathrm{d}x$$

$$= g(a)\int_a^\xi f(x)\mathrm{d}x + g(b)\int_\xi^b f(x)\mathrm{d}x.$$

对于 $g(x)$ 递增的情形, 只需令 $h(x)=g(x)-g(a)$, 应用定理 10.3.2, 同理可证式(10.3.16)成立. □

例 10.3.8   已知 $0<a<b$, 试估计积分 $\int_a^b \dfrac{\sin x}{x}\mathrm{d}x$ 的值.

解   **结论一** $\left|\int_a^b \dfrac{\sin x}{x}\mathrm{d}x\right| \leqslant \int_a^b \left|\dfrac{\sin x}{x}\right|\mathrm{d}x \leqslant \int_a^b \dfrac{1}{x}\mathrm{d}x = \ln\dfrac{b}{a}.$

结论二   利用积分第一中值定理,

$$\left|\int_a^b \frac{\sin x}{x}\mathrm{d}x\right| = \left|\frac{\sin\xi}{\xi}\int_a^b \mathrm{d}x\right| = \frac{|\sin\xi|}{\xi}(b-a) \leqslant \frac{b-a}{a}.$$

结论三   利用积分第二中值定理Ⅱ,

$$\left|\int_a^b \frac{\sin x}{x}\mathrm{d}x\right| = \left|\frac{1}{a}\int_a^\xi \sin x\,\mathrm{d}x\right| = \frac{1}{a}|\cos a - \cos\xi| \leqslant \frac{2}{a}. \qquad □$$

10.4 微积分基本定理

10.4.1 原函数的存在性与变限函数的导数

在 10.3 节中,我们已经指出,若 $f(x)$ 在 $[a,b]$ 上可积,则变下限函数 $\int_x^b f(t)\mathrm{d}t$ 及变上限函数 $\int_a^x f(t)\mathrm{d}t$ 都是 $[a,b]$ 上的连续函数. 现在证明,如果 $f(x)$ 在 $[a,b]$ 上连续,则变限函数都是可微函数.

定理 10.4.1 若函数 $f(x)$ 在区间 $[a,b]$ 上连续,则函数 $F(x) = \int_a^x f(t)\mathrm{d}t$ 在 $[a,b]$ 上处处可导,且

$$F'(x) = \frac{\mathrm{d}}{\mathrm{d}x}\int_a^x f(t)\mathrm{d}t = f(x), \quad x \in [a,b]. \tag{10.4.1}$$

证明 给定 $x_0 \in [a,b]$,假设当 $\Delta x \neq 0$ 时,$x_0 + \Delta x \in [a,b]$,于是

$$\frac{\Delta F}{\Delta x} = \frac{F(x_0 + \Delta x) - F(x_0)}{\Delta x} = \frac{1}{\Delta x}\int_{x_0}^{x_0+\Delta x} f(t)\mathrm{d}t.$$

因为 $f(x)$ 在区间 $[a,b]$ 上连续,由积分第一中值定理,至少存在一点 ξ 介于 x_0 与 $x_0 + \Delta x$ 之间,使得 $\int_{x_0}^{x_0+\Delta x} f(t)\mathrm{d}t = f(\xi)\Delta x$,从而 $\frac{\Delta F}{\Delta x} = f(\xi)$. 由于当 $\Delta x \to 0$(或者 0^-,或者 0^+)时,$\xi \to x_0$,再利用 $f(x)$ 在 x_0 点的连续性,就得到

$$F'(x_0) = \lim_{\Delta x \to 0}\frac{\Delta F}{\Delta x} = \lim_{\xi \to x_0} f(\xi) = f(x_0).$$

进一步,由 $x_0 \in [a,b]$ 的任意性可知,函数 $F(x)$ 在 $[a,b]$ 上处处可导,且 $F'(x) = f(x)$. 即 $F(x)$ 是 $f(x)$ 在 $[a,b]$ 上的一个原函数. □

定理 10.4.1 表明,$F(x) = \int_a^x f(t)\mathrm{d}t$ 是在区间 $[a,b]$ 上连续的函数 $f(x)$ 的一个原函数,这也就给出了定理 9.1.2 的证明.

与定理 10.4.1 的证明同理,如果 $f(x)$ 在区间 $[a,b]$ 上连续,则变下限函数 $\int_x^b f(t)\mathrm{d}t$ 也在 $[a,b]$ 上可导,并且

$$\frac{\mathrm{d}}{\mathrm{d}x}\int_x^b f(t)\mathrm{d}t = -f(x), \quad x \in [a,b]. \tag{10.4.2}$$

进一步利用复合函数求导法则,容易证明若函数 $f(x)$ 在区间 $[a,b]$ 上连续,$\alpha(x)$,$\beta(x)$ 可导,且 $\alpha(x) \in [a,b]$,$\beta(x) \in [a,b]$,则

$$\frac{\mathrm{d}}{\mathrm{d}x}\int_a^{\beta(x)} f(t)\mathrm{d}t = f[\beta(x)]\beta'(x); \tag{10.4.3}$$

$$\frac{\mathrm{d}}{\mathrm{d}x}\int_{a(x)}^{b}f(t)\mathrm{d}t = -f[\alpha(x)]\alpha'(x); \tag{10.4.4}$$

$$\frac{\mathrm{d}}{\mathrm{d}x}\int_{a(x)}^{\beta(x)}f(t)\mathrm{d}t = f[\beta(x)]\beta'(x) - f[\alpha(x)]\alpha'(x). \tag{10.4.5}$$

例 10.4.1 已知 $x>0$，求 $\dfrac{\mathrm{d}}{\mathrm{d}x}\displaystyle\int_{0}^{x^2}\sin\sqrt{t}\,\mathrm{d}t$.

解 注意到 $x>0$，所以 $\dfrac{\mathrm{d}}{\mathrm{d}x}\displaystyle\int_{0}^{x^2}\sin\sqrt{t}\,\mathrm{d}t = \sin\sqrt{x^2}\cdot\dfrac{\mathrm{d}}{\mathrm{d}x}(x^2) = 2x\sin x.$ □

例 10.4.2 令 $F(x)=\displaystyle\int_{x^2}^{0}\sqrt{1+t^4}\,\mathrm{d}t$，求 $F'(x)$.

解 $\qquad F'(x) = -(x^2)'\cdot\sqrt{1+(x^2)^4} = -2x\sqrt{1+x^8}.$ □

例 10.4.3 求 $\dfrac{\mathrm{d}}{\mathrm{d}x}\displaystyle\int_{x^2}^{x^3}\dfrac{1}{\sqrt{1+t^4}}\,\mathrm{d}t$.

解 $\quad \dfrac{\mathrm{d}}{\mathrm{d}x}\displaystyle\int_{x^2}^{x^3}\dfrac{1}{\sqrt{1+t^4}}\,\mathrm{d}t = \dfrac{1}{\sqrt{1+(x^3)^4}}(x^3)' - \dfrac{1}{\sqrt{1+(x^2)^4}}(x^2)'$

$$= \frac{3x^2}{\sqrt{1+x^{12}}} - \frac{2x}{\sqrt{1+x^8}}.$$

例 10.4.4 求极限 $\displaystyle\lim_{x\to 0}\dfrac{\displaystyle\int_{\cos x}^{1}\mathrm{e}^{t^2}\,\mathrm{d}t}{x^2}$.

解 因为函数 $\displaystyle\int_{\cos x}^{1}\mathrm{e}^{t^2}\,\mathrm{d}t$ 在 $x=0$ 点可导，所以 $\displaystyle\int_{\cos x}^{1}\mathrm{e}^{t^2}\,\mathrm{d}t$ 在 $x=0$ 点连续，所以

$\displaystyle\lim_{x\to 0}\int_{\cos x}^{1}\mathrm{e}^{t^2}\,\mathrm{d}t = 0$，即 $\displaystyle\lim_{x\to 0}\dfrac{\displaystyle\int_{\cos x}^{1}\mathrm{e}^{t^2}\,\mathrm{d}t}{x^2}$ 是 "$\dfrac{0}{0}$" 型未定式，所以由洛必达法则知

$$\lim_{x\to 0}\frac{\displaystyle\int_{\cos x}^{1}\mathrm{e}^{t^2}\,\mathrm{d}t}{x^2} = \lim_{x\to 0}\frac{\mathrm{e}^{\cos^2 x}\cdot\sin x}{2x} = \frac{\mathrm{e}}{2}. \qquad □$$

例 10.4.5 如果 $f(x)$ 在 $[a,b]$ 上连续，并且单调增加，证明 $\displaystyle\int_{a}^{b}tf(t)\mathrm{d}t \geqslant$

$\dfrac{a+b}{2}\displaystyle\int_{a}^{b}f(t)\mathrm{d}t$.

证明 令

$$F(x) = \int_{a}^{x}tf(t)\mathrm{d}t - \frac{a+x}{2}\int_{a}^{x}f(t)\mathrm{d}t, \quad x\in[a,b].$$

由于被积函数都是连续函数，所以利用变限函数求导公式及第一积分中值定理，结合 $f(x)$ 在 $[a,b]$ 上单调增加性，就得到

$$F'(x) = xf(x) - \frac{1}{2}\int_a^x f(t)\mathrm{d}t - \frac{a+x}{2}f(x)$$

$$= \frac{x-a}{2}f(x) - \frac{1}{2}\int_a^x f(t)\mathrm{d}t$$

$$= \frac{x-a}{2}f(x) - \frac{x-a}{2}f(\xi)$$

$$= \frac{x-a}{2}[f(x) - f(\xi)] \geqslant 0.$$

所以在$[a,b]$上 $F(x)$单调增加,因此 $F(b) \geqslant F(a) = 0$,从而结论成立.   □

10.4.2 牛顿-莱布尼茨公式

定理 10.1.1 指出当定积分与原函数都存在时,定积分就是原函数在积分区间上的增量. 而我们现在已经知道连续函数可积、连续函数存在原函数,所以有下列结论.

定理 10.4.2   如果 $f(x)$在区间$[a,b]$上连续,而 $F(x)$是 $f(x)$在$[a,b]$上的任意一个原函数,则

$$\int_a^b f(x)\mathrm{d}x = F(x)\Big|_a^b = F(b) - F(a). \tag{10.4.6}$$

通常称式(10.4.6)为牛顿-莱布尼茨公式,也称为微积分基本定理.

注 10.4.1   牛顿-莱布尼茨公式(10.4.6)也可以利用变上限函数的导数直接证明. 事实上,因为 $f(x)$在区间$[a,b]$上连续,所以 $G(x) = \int_a^x f(t)\mathrm{d}t$ 是 $f(x)$在$[a,b]$上的一个原函数,而 $F(x)$也是 $f(x)$在$[a,b]$上的一个原函数,所以 $G(x) - F(x) = C_0$,注意到 $G(a) = 0$,所以 $C_0 = -F(a)$,所以 $G(x) = F(x) - F(a)$,因此$G(b) = F(b) - F(a)$,而 $G(b) = \int_a^b f(t)\mathrm{d}t$,所以$\int_a^b f(x)\mathrm{d}x = F(b) - F(a)$.

注 10.4.2   如果 $f(x)$在区间$[a,b]$上连续,记 $F(x) = \int_a^x f(t)\mathrm{d}t$,利用式(10.4.6),由拉格朗日中值定理知,存在 $\xi \in (a,b)$使得

$$\int_a^b f(x)\mathrm{d}x = F(b) - F(a) = F'(\xi)(b-a),$$

即 $F(x) = \int_a^x f(t)\mathrm{d}t$ 在$[a,b]$上的增量将微分学中值定理与牛顿-莱布尼茨公式联系到一起,所以通常称式(10.4.6)为微积分基本定理.

例 10.4.6   求极限 $\lim\limits_{n \to +\infty}\left(\dfrac{n}{n^2+1} + \dfrac{n}{n^2+2^2} + \cdots + \dfrac{n}{n^2+n^2}\right)$.

解   因为

$$I = \lim_{n \to +\infty} \left(\frac{n}{n^2+1} + \frac{n}{n^2+2^2} + \cdots + \frac{n}{n^2+n^2} \right) = \lim_{n \to +\infty} \sum_{i=1}^{n} \frac{1}{1+\left(\frac{i}{n}\right)^2} \cdot \frac{1}{n},$$

而 $\frac{1}{1+x^2}$ 在 $[0,1]$ 上连续, 那么把 $[0,1]$ 分割成 n 等份, 并在每一小区间上取右端点函数值, 利用定积分定义, 易知 $I = \int_0^1 \frac{1}{1+x^2} dx$. 从而由牛顿-莱布尼茨公式知

$$I = \int_0^1 \frac{1}{1+x^2} dx = \arctan x \Big|_0^1 = \arctan 1 - \arctan 0 = \frac{\pi}{4}. \qquad \square$$

例 10.4.7 求定积分 $\int_0^{\frac{\pi}{2}} \sqrt{1-\sin 2x}\, dx$.

解
$$\int_0^{\frac{\pi}{2}} \sqrt{1-\sin 2x}\, dx = \int_0^{\frac{\pi}{2}} \sqrt{(\sin x - \cos x)^2}\, dx = \int_0^{\frac{\pi}{2}} |\sin x - \cos x|\, dx$$
$$= \int_0^{\frac{\pi}{4}} (\cos x - \sin x)\, dx + \int_{\frac{\pi}{4}}^{\frac{\pi}{2}} (\sin x - \cos x)\, dx$$
$$= (\sin x + \cos x) \Big|_0^{\frac{\pi}{4}} + (-\cos x - \sin x) \Big|_{\frac{\pi}{4}}^{\frac{\pi}{2}}$$
$$= 2(\sqrt{2} - 1). \qquad \square$$

例 10.4.8 设 $f(x) = \begin{cases} x^2, & 0 \leqslant x < 1, \\ x, & 1 \leqslant x \leqslant 2, \end{cases}$ 求 $F(x) = \int_0^x f(t)\, dt$ 在 $[0,2]$ 上的表达式.

解 当 $0 \leqslant x < 1$ 时, $F(x) = \int_0^x f(t)\, dt = \int_0^x t^2\, dt = \left(\frac{1}{3}t^3\right)\Big|_0^x = \frac{1}{3}x^3$.

当 $1 \leqslant x \leqslant 2$ 时, $F(x) = \int_0^x f(t)\, dt = \int_0^1 f(t)\, dt + \int_1^x f(t)\, dt$
$$= \int_0^1 t^2\, dt + \int_1^x t\, dt = \left(\frac{1}{3}t^3\right)\Big|_0^1 + \left(\frac{1}{2}t^2\right)\Big|_1^x = \frac{1}{2}x^2 - \frac{1}{6}.$$

所以

$$F(x) = \begin{cases} \dfrac{1}{3}x^3, & 0 \leqslant x < 1, \\[2mm] \dfrac{1}{2}x^2 - \dfrac{1}{6}, & 1 \leqslant x \leqslant 2. \end{cases} \qquad \square$$

10.5 定积分的计算

对连续函数而言, 有了牛顿-莱布尼茨公式, 其定积分的计算就化为求原函数

的问题.因而利用第 9 章介绍的求不定积分的方法,对许多函数而言,可以方便地求其定积分.

例如,要计算定积分 $\int_1^e \ln x \mathrm{d}x$,可以先利用不定积分的分部积分法求 $\ln x$ 的一个原函数.因为

$$\int \ln x \mathrm{d}x = x\ln x - \int x\mathrm{d}\ln x = x\ln x - \int \mathrm{d}x = x\ln x - x + C,$$

所以

$$\int_1^e \ln x \mathrm{d}x = (x\ln x - x)\Big|_1^e = 1.$$

但为了书写简单、应用方便,可将上述分别计算不定积分与定积分的过程合二为一,这就是下面的定积分分部积分法.

定理 10.5.1　若函数 $u(x)$ 与 $v(x)$ 在区间 $[a,b]$ 上具有连续的导数,那么

$$\int_a^b u(x)v'(x)\mathrm{d}x = u(x)v(x)\Big|_a^b - \int_a^b u'(x)v(x)\mathrm{d}x. \tag{10.5.1}$$

证明　因为 uv 是连续函数 $u'v + uv'$ 在 $[a,b]$ 上的一个原函数,并且 $u'v$ 与 uv' 都在 $[a,b]$ 上可积,所以有

$$\int_a^b u(x)v'(x)\mathrm{d}x + \int_a^b u'(x)v(x)\mathrm{d}x = \int_a^b \big[u(x)v'(x) + u'(x)v(x)\big]\mathrm{d}x$$

$$= u(x)v(x)\Big|_a^b.$$

移项后即为式(10.5.1).　　　　　　　　　　　　　　　　　　　　　　　　　　□

与不定积分一样,式(10.5.1)通常也写作方便记忆的形式,即

$$\int_a^b u(x)\mathrm{d}v(x) = u(x)v(x)\Big|_a^b - \int_a^b v(x)\mathrm{d}u(x). \tag{10.5.2}$$

至于何时用分部积分法及 $u(x)$ 与 $v(x)$ 的选择等问题,完全与求不定积分时遵循的原则一致.利用式(10.5.2),可以将前述例子的求解过程写得简单一些,就是

$$\int_1^e \ln x \mathrm{d}x = (x\ln x)\Big|_1^e - \int_1^e \mathrm{d}x = \mathrm{e} - (\mathrm{e} - 1) = 1.$$

例 10.5.1　求定积分 $\int_0^1 \dfrac{\ln(1+x)}{(2-x)^2}\mathrm{d}x$.

解　　$\displaystyle\int_0^1 \frac{\ln(1+x)}{(2-x)^2}\mathrm{d}x = \int_0^1 \ln(1+x)\mathrm{d}\Big(\frac{1}{2-x}\Big)$

$$= \frac{\ln(1+x)}{2-x}\Big|_0^1 - \int_0^1 \frac{1}{2-x} \cdot \frac{1}{1+x}\mathrm{d}x = \ln 2 + \frac{1}{3}\int_0^1 \Big(\frac{1}{x-2} - \frac{1}{1+x}\Big)\mathrm{d}x$$

$$= \ln 2 + \frac{1}{3}(\ln|x-2| - \ln|x+1|)\Big|_0^1 = \ln 2 + \frac{1}{3}(-\ln 2 - \ln 2) = \frac{1}{3}\ln 2.$$

　　　　　　　　　　　　　　　　　　　　　　　　　　　　　　　　　　　　□

例 10.5.2 求定积分 $\int_0^{\frac{\pi}{4}} \sec^3 x \mathrm{d}x$.

解

$$\int_0^{\frac{\pi}{4}} \sec^3 x \mathrm{d}x = \int_0^{\frac{\pi}{4}} \sec x \mathrm{d}\tan x$$

$$= (\sec x \tan x)\Big|_0^{\frac{\pi}{4}} - \int_0^{\frac{\pi}{4}} \tan^2 x \cdot \sec x \mathrm{d}x$$

$$= \sqrt{2} - \int_0^{\frac{\pi}{4}} \sec^3 x \mathrm{d}x + \int_0^{\frac{\pi}{4}} \sec x \mathrm{d}x$$

$$= \sqrt{2} - \int_0^{\frac{\pi}{4}} \sec^3 x \mathrm{d}x + \ln(\sec x + \tan x)\Big|_0^{\frac{\pi}{4}}$$

$$= \sqrt{2} - \int_0^{\frac{\pi}{4}} \sec^3 x \mathrm{d}x + \ln(\sqrt{2} + 1).$$

移项得

$$\int_0^{\frac{\pi}{4}} \sec^3 x \mathrm{d}x = \frac{\sqrt{2}}{2} + \frac{1}{2}\ln(\sqrt{2} + 1). \qquad \square$$

同样地,对于利用不定积分的换元法计算定积分,我们也将它们合二为一,称为定积分换元法.同时,读者通过后面的例子将会看到,它比分别计算不定积分与定积分作用更大.

定理 10.5.2 设函数 $f(x)$ 在区间 $[a,b]$ 上连续,若变换 $x = \varphi(t)$ 满足条件:

(1) 当 t 在 α, β 之间变化时,$\varphi(t) \in [a,b]$,并且有连续的导数 $\varphi'(t)$;

(2) $\varphi(\alpha) = a, \varphi(\beta) = b$,

则有定积分换元公式

$$\int_a^b f(x)\mathrm{d}x = \int_\alpha^\beta f[\varphi(t)]\varphi'(t)\mathrm{d}t. \tag{10.5.3}$$

证明 由于式 (10.5.3) 两端的被积函数都是各自积分区间上的连续函数,所以它们都可积,并存在各自的原函数.设 $F(x)$ 是 $f(x)$ 在 $[a,b]$ 上的一个原函数,由复合函数求导法则知

$$\frac{\mathrm{d}}{\mathrm{d}t}F(\varphi(t)) = F'(\varphi(t))\varphi'(t) = f(\varphi(t))\varphi'(t),$$

可见 $F(\varphi(t))$ 是 $f(\varphi(t))\varphi'(t)$ 的一个原函数.根据牛顿-莱布尼茨公式,证得

$$\int_\alpha^\beta f(\varphi(t))\varphi'(t)\mathrm{d}t = F(\varphi(\beta)) - F(\varphi(\alpha)) = F(b) - F(a) = \int_a^b f(x)\mathrm{d}x. \quad \square$$

例 10.5.3 求定积分 $\int_1^2 \frac{\sqrt{x-1}}{x}\mathrm{d}x$.

解 令 $\sqrt{x-1} = t$,则 $x = 1 + t^2$,$\mathrm{d}x = 2t\mathrm{d}t$.当 $x = 1$ 时,$t = 0$;当 $x = 2$ 时,$t = 1$.故

$$\int_1^2 \frac{\sqrt{x-1}}{x}\mathrm{d}x = \int_0^1 \frac{t}{1+t^2} \cdot 2t\mathrm{d}t = 2\int_0^1 \left(1-\frac{1}{1+t^2}\right)\mathrm{d}t$$

$$= 2\ (t-\mathrm{arctan}t)\ \Big|_0^1 = 2\left(1-\frac{\pi}{4}\right). \qquad \square$$

在例 10.5.3 中,如果令 $\sqrt{x-1}=-t$,则 $x=1+t^2$,$\mathrm{d}x=2t\mathrm{d}t$. 当 $x=1$ 时,$t=0$;当 $x=2$ 时,$t=-1$. 故

$$\int_1^2 \frac{\sqrt{x-1}}{x}\mathrm{d}x = \int_0^{-1} \frac{-t}{1+t^2} \cdot 2t\mathrm{d}t = -2\int_0^{-1} \left(1-\frac{1}{1+t^2}\right)\mathrm{d}t$$

$$= -2\ (t-\mathrm{arctan}t)\ \Big|_0^{-1} = 2\left(1-\frac{\pi}{4}\right).$$

可见作变换后的定积分的下限不一定小于上限.

例 10.5.4　求定积分 $\int_{\frac{\pi}{4}}^{\frac{\pi}{2}} \cot x\ \csc^2 x\mathrm{d}x$.

解　令 $t=\cot x$,则 $\mathrm{d}t=-\csc^2 x\mathrm{d}x$. 当 $x=\frac{\pi}{4}$ 时,$t=1$;当 $x=\frac{\pi}{2}$ 时,$t=0$. 于是

$$\int_{\frac{\pi}{4}}^{\frac{\pi}{2}} \cot x\ \csc^2 x\mathrm{d}x = \int_1^0 t(-\mathrm{d}t) = -\frac{t^2}{2}\Big|_1^0 = \frac{1}{2}. \qquad \square$$

在例 10.5.4 中,本质上是凑微分法,这时可不引入新的积分变量,从而定积分的上、下限也不需要变更,书写更简单,即

$$\int_{\frac{\pi}{4}}^{\frac{\pi}{2}} \cot x\ \csc^2 x\mathrm{d}x = -\int_{\frac{\pi}{4}}^{\frac{\pi}{2}} \cot x\mathrm{d}(\cot x) = -\frac{1}{2}\ \cot^2 x\ \Big|_{\frac{\pi}{4}}^{\frac{\pi}{2}} = \frac{1}{2}.$$

下面再给出两个用凑微分法求定积分的例子.

例 10.5.5　求定积分 $\int_0^{\frac{\pi}{2}} \sin 2x\ \cos^4 x\mathrm{d}x$.

解　$\displaystyle\int_0^{\frac{\pi}{2}} \sin 2x\ \cos^4 x\mathrm{d}x = \int_0^{\frac{\pi}{2}} 2\sin x\ \cos^5 x\mathrm{d}x$

$$= -2\int_0^{\frac{\pi}{2}} \cos^5 x\mathrm{d}(\cos x) = -2\ \left(\frac{1}{6}\ \cos^6 x\right)\Big|_0^{\frac{\pi}{2}} = \frac{1}{3}. \qquad \square$$

例 10.5.6　求定积分 $\int_0^\pi \sqrt{\sin x - \sin^3 x}\mathrm{d}x$.

解　$\displaystyle\int_0^\pi \sqrt{\sin x - \sin^3 x}\mathrm{d}x = \int_0^\pi \sqrt{\sin x \cdot \cos^2 x}\mathrm{d}x = \int_0^\pi \sqrt{\sin x}\ |\cos x|\ \mathrm{d}x$

$$= \int_0^{\frac{\pi}{2}} \sqrt{\sin x}\cos x\mathrm{d}x + \int_{\frac{\pi}{2}}^\pi \sqrt{\sin x}\ (-\cos x)\ \mathrm{d}x$$

$$= \int_0^{\frac{\pi}{2}} \sqrt{\sin x}\mathrm{d}\sin x - \int_{\frac{\pi}{2}}^\pi \sqrt{\sin x}\mathrm{d}\sin x$$

$$= \frac{2}{3}\ (\sin^{\frac{3}{2}}x)\ \Big|_0^{\frac{\pi}{2}} - \frac{2}{3}\ (\sin^{\frac{3}{2}}x)\ \Big|_{\frac{\pi}{2}}^{\pi} = \frac{4}{3}.$$ □

例 10.5.7 设

$$f(x) = \begin{cases} \dfrac{1}{1+x}, & x \geqslant 0, \\[2mm] \mathrm{e}^x, & x < 0, \end{cases}$$

求定积分 $\displaystyle\int_0^2 f(x-1)\mathrm{d}x$.

解 首先将被积函数变成 $f(x)$ 的表达式,再把已知函数代入进行计算. 为此,设 $x-1=t$,则 $\mathrm{d}x=\mathrm{d}t$,且当 $x=0$ 时,$t=-1$;当 $x=2$ 时,$t=1$. 于是

$$\int_0^2 f(x-1)\mathrm{d}x = \int_{-1}^1 f(t)\mathrm{d}t = \int_{-1}^0 \mathrm{e}^t \mathrm{d}t + \int_0^1 \frac{1}{1+t}\mathrm{d}t = \mathrm{e}^t\Big|_{-1}^0 + \ln(1+t)\Big|_0^1$$

$$= 1 - \mathrm{e}^{-1} + \ln 2.$$ □

在例 10.5.7 中,当然也可以先根据已给的 $f(x)$ 的表达式求出 $f(x-1)$ 的表达式,然后再积分,但一般来说,不如利用定积分换元法简单.

以下利用定积分换元法或分部积分法证明一些常用公式,也请读者通过它们感悟定积分的积分技巧.

例 10.5.8 若 $f(x)$ 在 $[0,1]$ 上连续,则

$$\int_0^{\frac{\pi}{2}} f(\sin x)\mathrm{d}x = \int_0^{\frac{\pi}{2}} f(\cos x)\mathrm{d}x. \tag{10.5.4}$$

特别地,当 $n \in \mathbf{N}$ 时,有

$$\int_0^{\frac{\pi}{2}} \sin^n x \mathrm{d}x = \int_0^{\frac{\pi}{2}} \cos^n x \mathrm{d}x. \tag{10.5.5}$$

同时,当 $n \geqslant 2$ 时,还有

$$\int_0^{\frac{\pi}{2}} \sin^n x \mathrm{d}x = \int_0^{\frac{\pi}{2}} \cos^n x \mathrm{d}x = \begin{cases} \dfrac{(n-1)!!}{n!!} \cdot \dfrac{\pi}{2}, & n\ \text{为正偶数}, \\[3mm] \dfrac{(n-1)!!}{n!!}, & n\ \text{为大于 1 的正奇数}. \end{cases}$$

$$\tag{10.5.6}$$

证明 令 $x = \dfrac{\pi}{2} - t$,那么 $\mathrm{d}x = -\mathrm{d}t$,当 $x=0$ 时,$t = \dfrac{\pi}{2}$;当 $x = \dfrac{\pi}{2}$ 时,$t=0$. 于是

$$\int_0^{\frac{\pi}{2}} f(\sin x)\mathrm{d}x = -\int_{\frac{\pi}{2}}^0 f\Big[\sin\Big(\frac{\pi}{2}-t\Big)\Big]\mathrm{d}t = \int_0^{\frac{\pi}{2}} f(\cos t)\mathrm{d}t = \int_0^{\frac{\pi}{2}} f(\cos x)\mathrm{d}x.$$

进一步,令 $f(t) = t^n$,则由式 (10.5.4) 就得到式 (10.5.5).下面证明式 (10.5.6).

当 $n \geqslant 2$ 时,记 $I_n = \displaystyle\int_0^{\frac{\pi}{2}} \sin^n x \mathrm{d}x$,利用分部积分公式得到

$$I_n = -\int_0^{\frac{\pi}{2}} \sin^{n-1} x \mathrm{d}\cos x$$

$$= -(\sin^{n-1} x \cos x)\Big|_0^{\frac{\pi}{2}} + (n-1)\int_0^{\frac{\pi}{2}} \sin^{n-2} x \cos^2 x \mathrm{d}x$$

$$= (n-1)\int_0^{\frac{\pi}{2}} \sin^{n-2} x (1-\sin^2 x) \mathrm{d}x$$

$$= (n-1)\int_0^{\frac{\pi}{2}} \sin^{n-2} x \mathrm{d}x - (n-1)\int_0^{\frac{\pi}{2}} \sin^n x \mathrm{d}x$$

$$= (n-1)I_{n-2} - (n-1)I_n.$$

移项合并就得到

$$I_n = \frac{n-1}{n} I_{n-2}.$$

由于

$$I_0 = \int_0^{\frac{\pi}{2}} \sin^0 x \mathrm{d}x = \frac{\pi}{2}, \quad I_1 = \int_0^{\frac{\pi}{2}} \sin x \mathrm{d}x = 1,$$

反复使用此递推公式,当 n 为偶数时,就得到

$$I_n = \frac{n-1}{n}I_{n-2} = \frac{n-1}{n} \cdot \frac{n-3}{n-2} I_{n-4} = \cdots$$

$$= \frac{n-1}{n} \cdot \frac{n-3}{n-2} \cdot \frac{n-5}{n-4} \cdot \cdots \cdot \frac{5}{6} \cdot \frac{3}{4} \cdot \frac{1}{2} \cdot I_0 = \frac{(n-1)!!}{n!!} \cdot \frac{\pi}{2};$$

当 n 为奇数时,就得到

$$I_n = \frac{n-1}{n} \cdot \frac{n-3}{n-2} \cdot \frac{n-5}{n-4} \cdot \cdots \cdot \frac{6}{7} \cdot \frac{4}{5} \cdot \frac{2}{3} \cdot I_1 = \frac{(n-1)!!}{n!!}. \qquad \Box$$

利用公式(10.5.6),可以快速地计算 $\int_0^{\frac{\pi}{2}} \sin^n x \mathrm{d}x$ 及 $\int_0^{\frac{\pi}{2}} \cos^n x \mathrm{d}x$. 例如,

$$\int_0^{\frac{\pi}{2}} \sin^{10} x \mathrm{d}x = \frac{9}{10} \cdot \frac{7}{8} \cdot \frac{5}{6} \cdot \frac{3}{4} \cdot \frac{1}{2} \cdot \frac{\pi}{2} = \frac{63}{512}\pi;$$

$$\int_0^{\frac{\pi}{2}} \cos^9 x \mathrm{d}x = \frac{8}{9} \cdot \frac{6}{7} \cdot \frac{4}{5} \cdot \frac{2}{3} = \frac{128}{315}.$$

例 10.5.9 若 $f(x)$ 在 $[0,1]$ 上连续,则

$$\int_0^\pi x f(\sin x) \mathrm{d}x = \frac{\pi}{2}\int_0^\pi f(\sin x) \mathrm{d}x. \qquad (10.5.7)$$

证明 令 $x = \pi - t$,于是,$\mathrm{d}x = -\mathrm{d}t$,当 $x=0$ 时,$t=\pi$;当 $x=\pi$ 时,$t=0$. 于是

$$\int_0^\pi x f(\sin x) \mathrm{d}x = \int_\pi^0 -(\pi-t)f[\sin(\pi-t)]\mathrm{d}t$$

$$= \int_0^\pi (\pi-t)f(\sin t) \mathrm{d}t = \pi\int_0^\pi f(\sin t) \mathrm{d}t - \int_0^\pi t f(\sin t) \mathrm{d}t$$

$$= \pi \int_0^\pi f(\sin x) \, \mathrm{d}x - \int_0^\pi x f(\sin x) \, \mathrm{d}x.$$

移项合并就得到式 (10.5.7).

公式 (10.5.7) 的作用是可以去掉被积函数中的 x,从而简化积分计算,例如,

$$\int_0^\pi \frac{x \sin x}{1 + \cos^2 x} \mathrm{d}x = \frac{\pi}{2} \int_0^\pi \frac{\sin x}{1 + \cos^2 x} \mathrm{d}x = -\frac{\pi}{2} \int_0^\pi \frac{\mathrm{d}\cos x}{1 + \cos^2 x}$$

$$= -\frac{\pi}{2} \arctan(\cos x) \Big|_0^\pi = \frac{\pi^2}{4}.$$

例 10.5.10 若 $f(x)$ 在 $[-a, a]$ 上连续,则

$$\int_{-a}^a f(x) \, \mathrm{d}x = \int_0^a [f(-x) + f(x)] \mathrm{d}x. \tag{10.5.8}$$

特别地,若 $f(x)$ 为偶函数,则

$$\int_{-a}^a f(x) \, \mathrm{d}x = 2 \int_0^a f(x) \, \mathrm{d}x; \tag{10.5.9}$$

若 $f(x)$ 为奇函数,则

$$\int_{-a}^a f(x) \, \mathrm{d}x = 0. \tag{10.5.10}$$

证明 令 $x = -t$,那么 $\mathrm{d}x = -\mathrm{d}t$,当 $x = -a$ 时,$t = a$;当 $x = 0$ 时,$t = 0$,从而

$$\int_{-a}^0 f(x) \, \mathrm{d}x = \int_a^0 -f(-t) \, \mathrm{d}t = \int_0^a f(-t) \, \mathrm{d}t = \int_0^a f(-x) \, \mathrm{d}x.$$

于是

$$\int_{-a}^a f(x) \, \mathrm{d}x = \int_{-a}^0 f(x) \, \mathrm{d}x + \int_0^a f(x) \, \mathrm{d}x$$

$$= \int_0^a f(-x) \, \mathrm{d}x + \int_0^a f(x) \, \mathrm{d}x$$

$$= \int_0^a [f(-x) + f(x)] \mathrm{d}x.$$

利用例 10.5.10 中的结论也可以简化定积分的计算. 例如,利用公式 (10.5.8) 得到

$$\int_{-\frac{\pi}{4}}^{\frac{\pi}{4}} \frac{1}{1 + \sin x} \mathrm{d}x = \int_0^{\frac{\pi}{4}} \left(\frac{1}{1 + \sin x} + \frac{1}{1 - \sin x} \right) \mathrm{d}x$$

$$= \int_0^{\frac{\pi}{4}} \left(\frac{1 - \sin x}{\cos^2 x} + \frac{1 + \sin x}{\cos^2 x} \right) \mathrm{d}x = 2 \int_0^{\frac{\pi}{4}} \frac{1}{\cos^2 x} \mathrm{d}x = 2 \tan x \Big|_0^{\frac{\pi}{4}} = 2.$$

又由公式 (10.5.9) 及 (10.5.10) 得到

$$\int_{-\pi}^\pi |x| (\sin x + \cos x) \, \mathrm{d}x = \int_{-\pi}^\pi |x| \sin x \, \mathrm{d}x + \int_{-\pi}^\pi |x| \cos x \, \mathrm{d}x$$

$$= 0 + 2 \int_0^\pi |x| \cos x \, \mathrm{d}x = 2 \int_0^\pi x \cos x \, \mathrm{d}x.$$

例 10.5.11 若 $f(x)$ 是以 T 为周期的连续函数,则对任意的实数 a,

$$\int_a^{a+T} f(x)\mathrm{d}x = \int_0^T f(x)\mathrm{d}x. \tag{10.5.11}$$

证明 方法一 令 $x=t+T$. 于是 $\mathrm{d}x=\mathrm{d}t$, 当 $x=T$ 时, $t=0$; 当 $x=a+T$ 时, $t=a$, 那么

$$\int_T^{a+T} f(x)\mathrm{d}x = \int_0^a f(t+T)\mathrm{d}t = \int_0^a f(t)\mathrm{d}t = \int_0^a f(x)\mathrm{d}x = -\int_a^0 f(x)\mathrm{d}x,$$

所以

$$\int_a^{a+T} f(x)\mathrm{d}x = \int_a^0 f(x)\mathrm{d}x + \int_0^T f(x)\mathrm{d}x + \int_T^{a+T} f(x)\mathrm{d}x$$

$$= \int_a^0 f(x)\mathrm{d}x + \int_0^T f(x)\mathrm{d}x - \int_a^0 f(x)\mathrm{d}x = \int_0^T f(x)\mathrm{d}x.$$

方法二 令 $F(t) = \int_t^{t+T} f(x)\mathrm{d}x, t \in \mathbb{R}$, 因为 $f(x)$ 连续并以 T 为周期, 所以

$$F'(t) = f(t+T) - f(t) = 0.$$

因此, $F(t)$ 是常函数, 所以 $\int_0^T f(x)\mathrm{d}x = F(0) = F(a) = \int_a^{a+T} f(x)\mathrm{d}x.$ □

利用式 (10.5.11), 可以证明当 $n \in \mathbb{N}$ 时

$$\int_a^{a+nT} f(x)\mathrm{d}x = n\int_0^T f(x)\mathrm{d}x. \tag{10.5.12}$$

事实上, 由定积分的可加性就得到

$$\int_a^{a+nT} f(x)\mathrm{d}x = \int_a^{a+T} f(x)\mathrm{d}x + \int_{a+T}^{a+2T} f(x)\mathrm{d}x + \cdots + \int_{a+(n-1)T}^{a+nT} f(x)\mathrm{d}x,$$

而由式 (10.5.11) 知

$$\int_{a+(k-1)T}^{a+kT} f(x)\mathrm{d}x = \int_{a+(k-1)T}^{a+(k-1)T+T} f(x)\mathrm{d}x = \int_0^T f(x)\mathrm{d}x, \quad k=1,2,\cdots,n,$$

所以式 (10.5.12) 正确. 对于周期函数的定积分, 利用式 (10.5.12), 也常常可以简化其计算. 例如, 当 $n \in \mathbb{N}$ 时, 对于 $\int_0^{n\pi} |\sin x + \cos x|\mathrm{d}x$, 因为 $|\sin x + \cos x| = \sqrt{2}\left|\sin\left(x+\dfrac{\pi}{4}\right)\right|$ 及 $|\sin x|$ 的周期均为 π, 结合换元法, 我们得到

$$\int_0^{n\pi} |\sin x + \cos x|\mathrm{d}x = \sqrt{2}n\int_0^{\pi}\left|\sin\left(x+\frac{\pi}{4}\right)\right|\mathrm{d}x$$

$$= \sqrt{2}n\int_{\frac{\pi}{4}}^{\frac{\pi}{4}+\pi} |\sin t|\mathrm{d}t = \sqrt{2}n\int_0^{\pi} |\sin t|\mathrm{d}t$$

$$= \sqrt{2}n\int_0^{\pi} \sin t\mathrm{d}t = 2\sqrt{2}n.$$

例 10.5.12 如果连续函数 $f(x)$ 满足 $f(x) = \int_0^1 f(tx)\mathrm{d}t$, 证明 $f(x)$ 是常

函数.

证明　令 $u=tx$,那么 $\displaystyle\int_0^1 f(tx)\,\mathrm{d}t = \frac{1}{x}\int_0^x f(u)\,\mathrm{d}u$, 于是

$$f(x) = \frac{1}{x}\int_0^x f(u)\,\mathrm{d}u.$$

由于 $f(x)$ 连续,所以 $\displaystyle\int_0^x f(u)\,\mathrm{d}u$ 可导,从而由上式知 $f(x)$ 也可导. 对 $xf(x)=\displaystyle\int_0^x f(u)\,\mathrm{d}u$ 两边关于 x 求导得到 $f(x)+xf'(x)=f(x)$,所以 $xf'(x)=0$,于是当 $x\neq 0$ 时,$f'(x)=0$,而 $f(x)$ 在 $x=0$ 点连续,因此 $f(x)$ 为常函数.　　□

习　题　10

一、判断题(正确打√并给出证明,错误打×并给出反例)

1. 在 $[a,b]$ 上存在函数 $f(x)\neq 0$,但 $\displaystyle\int_a^b f(x)\,\mathrm{d}x = 0$.　　　　　　　　　　（　　）

2. $f(x)$ 在 $[a,b]$ 上可积当且仅当 $f^2(x)$ 在 $[a,b]$ 上可积.　　　　　（　　）

3. 若 $\displaystyle\int_a^b f(x)\,\mathrm{d}x < \int_a^b g(x)\,\mathrm{d}x$,则在 $[a,b]$ 上 $f(x)<g(x)$.　　（　　）

4. 若 $f(x)+g(x)$ 在 $[a,b]$ 上可积,则 $f(x),g(x)$ 都在 $[a,b]$ 上可积.　（　　）

5. 对于定积分 $\displaystyle\int_{-1}^1 \frac{1}{1+x^2}\,\mathrm{d}x$,令 $x=\frac{1}{t}$,那么 $\displaystyle\int_{-1}^1 \frac{1}{1+x^2}\,\mathrm{d}x = -\int_{-1}^1 \frac{1}{1+t^2}\,\mathrm{d}t = -\int_{-1}^1 \frac{1}{1+x^2}\,\mathrm{d}x$,

所以 $\displaystyle\int_{-1}^1 \frac{1}{1+x^2}\,\mathrm{d}x = 0$.　　　　　　　　　　　　　　　（　　）

二、填空题（将正确答案填在题中横线之上）

1. $\displaystyle\int_{-1}^1 \left(x+\sqrt{1-x^2}\right)^2\,\mathrm{d}x = $ _____.

2. 设 $f(x)$ 连续,且 $f(x)=x+2\displaystyle\int_0^1 f(x)\,\mathrm{d}x$,则 $f(x)=$ _____.

3. 若 $f(x)$ 连续,且满足 $\displaystyle\int_0^x f(t)\,\mathrm{d}t = \int_x^1 t^2 f(t)\,\mathrm{d}t + \frac{1}{8}x^{16} + \frac{1}{9}x^{18} + C$, 则 $f(x)=$ _____;$C=$ _____.

4. 设 $f''(x)$ 在 $[0,2]$ 上连续,且 $f(0)=0,f(2)=4,f'(2)=2$,则 $\displaystyle\int_0^1 xf''(2x)\,\mathrm{d}x = $ _____.

5. 若 $f(x)$ 连续,则 $\dfrac{\mathrm{d}}{\mathrm{d}x}\displaystyle\int_0^x tf(x^2-t^2)\,\mathrm{d}t = $ _____.

三、单项选择题（将正确答案的选项字母填入括号内）

1. 已知 $f(x)$ 在 $[-a,a]$ 上连续、恒正,则 $g(x)=\displaystyle\int_{-a}^a (x-t)f(t)\,\mathrm{d}t$ 在 $[-a,a]$ 上（　　）.

(A) 为常数；　　　(B) 单调增加；　　　(C) 单调减少；　　　(D) 恒为零.

2. 若 $F(x) = \int_x^{x+2\pi} \mathrm{e}^{\cos t} \sin t \, \mathrm{d}t$，则 $F(x)$（   ）.

(A) 为正常数；   (B) 为负常数；   (C) 恒为零；   (D) 不为常数.

3. 已知在 $[a,b]$ 上 $f'(x) < 0, f''(x) > 0$，记

$$S_1 = \int_a^b f(t)\mathrm{d}t, \quad S_2 = f(b)(b-a), \quad S_3 = \frac{1}{2}(f(a) + f(b))(b-a),$$

则（   ）.

(A) $S_1 < S_2 < S_3$；   (B) $S_2 < S_1 < S_3$；   (C) $S_3 < S_1 < S_2$；   (D) $S_3 < S_2 < S_1$.

4. 下列结论错误的是（   ）.

(A) 若 $f(x)$ 在 $[a,b]$ 上连续，则 $\int_a^b f(x)\mathrm{d}x$ 存在；

(B) 若 $f(x)$ 在 $[a,b]$ 上有界，并且间断点个数有限，则 $\int_a^b f(x)\mathrm{d}x$ 存在；

(C) 若 $f(x)$ 在 $[a,b]$ 上单调，则 $\int_a^b f(x)\mathrm{d}x$ 存在；

(D) 若 $|f(x)|$ 在 $[a,b]$ 上可积，则 $\int_a^b f(x)\mathrm{d}x$ 存在.

5. 若 $f(x)$ 与 $g(x)$ 都在 $[a,b]$ 上可积，则下列结论错误的是（   ）.

(A) $f(x) + g(x)$ 在 $[a,b]$ 上可积；   (B) $f(x) - g(x)$ 在 $[a,b]$ 上可积；

(C) $f(x)g(x)$ 在 $[a,b]$ 上可积；   (D) $f(g(x))$ 在 $[a,b]$ 上可积.

四、计算题

A. 用定义计算定积分：

1. $\int_0^1 \mathrm{e}^x \mathrm{d}x$.

2. $\int_2^3 \frac{1}{x^2} \mathrm{d}x$.

B. n 等分积分区间，求积分的上、下和：

3. $f(x) = x^3, [-2, 3]$.

4. $f(x) = \sqrt{x}, [0, 1]$.

5. $f(x) = 2^x, [0, 10]$.

C. 估计积分值：

6. $\int_1^4 (x^2 + 1)\mathrm{d}x$.

7. $\int_{\frac{\pi}{4}}^{\frac{5\pi}{4}} (\sin^2 x + 1)\mathrm{d}x$.

8. $\int_{\frac{1}{\sqrt{3}}}^{\sqrt{3}} x \arctan x \, \mathrm{d}x$.

9. $\int_2^0 \mathrm{e}^{x^2 - x} \mathrm{d}x$.

D. 比较积分值的大小：

10. $\int_0^1 x^2 \mathrm{d}x, \int_0^1 x^3 \mathrm{d}x$.

11. $\displaystyle\int_1^2 x^2\,\mathrm{d}x,\ \int_1^2 x^3\,\mathrm{d}x.$

12. $\displaystyle\int_1^2 \ln x\,\mathrm{d}x,\ \int_1^2 \ln^2 x\,\mathrm{d}x.$

13. $\displaystyle\int_0^1 x\,\mathrm{d}x,\ \int_0^1 \ln(1+x)\,\mathrm{d}x.$

14. $\displaystyle\int_0^1 \mathrm{e}^x\,\mathrm{d}x,\ \int_0^1 (1+x)\,\mathrm{d}x.$

E. 定积分变限函数求导练习:

15. $\displaystyle\lim_{x\to 0}\frac{\displaystyle\int_0^x \cos t^2\,\mathrm{d}t}{\displaystyle\int_0^x \frac{\sin t}{t}\,\mathrm{d}t}.$

16. 设 $x^2+y^2=\displaystyle\int_0^{y-x}\cos^2 t\,\mathrm{d}t$,求 $\dfrac{\mathrm{d}y}{\mathrm{d}x}$.

17. 已知 $f(x)$ 在 $[a,b]$ 上连续,$F(x)=\displaystyle\int_a^x f(t)(x-t)\,\mathrm{d}t$,求 $F''(x)$.

18. 已知 $f'(x)$ 连续,$f(0)=0,f'(0)\neq 0$,求 $\displaystyle\lim_{x\to 0}\frac{\displaystyle\int_0^{x^2} f(t)\,\mathrm{d}t}{x^2\displaystyle\int_0^x f(t)\,\mathrm{d}t}.$

19. 已知 $f(x)$ 为连续的正值函数,讨论当 $x>0$ 时,函数 $\varphi(x)=\dfrac{\displaystyle\int_0^x tf(t)\,\mathrm{d}t}{\displaystyle\int_0^x f(t)\,\mathrm{d}t}$ 的单调性.

F. 利用牛顿-莱布尼茨公式计算下列各题:

20. 求 $\displaystyle\lim_{n\to\infty}\frac{1^p+2^p+\cdots+n^p}{n^{p+1}}$,其中常数 $p>0$.

21. 求 $\displaystyle\lim_{n\to\infty}\frac{\sqrt[n]{n(n+1)(n+2)\cdots(n+(n-1))}}{n}.$

22. 设 $f(x)=\begin{cases} x+1, & x\leqslant 1 \\ \dfrac{x^2}{2}, & x>1 \end{cases}$,求 $\displaystyle\int_0^2 f(x)\,\mathrm{d}x.$

23. $\displaystyle\int_1^{\sqrt3}\frac{\mathrm{d}x}{x^2\sqrt{1+x^2}}.$

24. $\displaystyle\int_1^{\mathrm{e}^2}\frac{\mathrm{d}x}{x\sqrt{1+\ln x}}.$

25. $\displaystyle\int_0^\pi \sqrt{\sin x-\sin^3 x}\,\mathrm{d}x.$

26. $\displaystyle\int_0^4 \frac{\sqrt{x}}{1+x\sqrt{x}}\,\mathrm{d}x.$

27. 设 $f(x)=\begin{cases} \dfrac{1}{1+x}, & x\geqslant 0, \\ \dfrac{1}{1+\mathrm{e}^{-x}}, & x<0, \end{cases}$ 求 $\displaystyle\int_0^2 f(x-1)\,\mathrm{d}x.$

28. $\int_0^1 x\mathrm{e}^{-x}\mathrm{d}x.$

29. $\int_0^1 x\arctan(1-x)\mathrm{d}x.$

30. $\int_{\frac{1}{e}}^{e} |\ln x|\,\mathrm{d}x.$

31. $\int_{\frac{1}{2}}^{\frac{\sqrt{3}}{2}} \dfrac{\arcsin x}{x^2\ \sqrt{1-x^2}}\mathrm{d}x.$

32. $\int_{-\frac{1}{2}}^{\frac{1}{2}} \left[\dfrac{\sin x}{x^2+1} + \sqrt{\ln^2(1+x)}\right]\mathrm{d}x.$

33. $\int_{-\frac{\pi}{4}}^{\frac{\pi}{4}} \dfrac{\cos^2 x}{1+\mathrm{e}^{-x}}\mathrm{d}x.$

34. $\int_0^\pi \sin^8 \dfrac{x}{2}\mathrm{d}x.$

五、证明题

1. 若 $f(x)$ 是 $[0,1]$ 上的连续正函数,证明 $\ln\int_0^1 f(x)\mathrm{d}x \geqslant \int_0^1 \ln f(x)\mathrm{d}x.$

2. 证明若 $F(x)$ 是可积函数 $f(x)$ 在 $[a,b]$ 上的原函数,则 $\int_a^b f(x)\mathrm{d}x = F(b)-F(a)$. 并举例说明当 $\int_a^b f(x)\mathrm{d}x$ 存在时,$f(x)$ 在 $[a,b]$ 上不一定存在原函数;而当 $f(x)$ 在 $[a,b]$ 上存在原函数时,$\int_a^b f(x)\mathrm{d}x$ 也不一定存在.

3. 如果 $f(x)$ 在 $[a,b]$ 上可积,并且存在常数 $C>0$,使得对任意的 $x\in[a,b]$ 都有 $f(x)\geqslant C$,证明 $\dfrac{1}{f(x)}$ 在 $[a,b]$ 上可积.

4. 已知 $f(x),g(x)$ 都是 $[0,1]$ 的单调函数并且具有相同的增减性,证明

$$\int_0^1 f(x)g(x)\mathrm{d}x \geqslant \int_0^1 f(x)\mathrm{d}x\int_0^1 g(x)\mathrm{d}x.$$

5. 证明 $\sqrt{2}\mathrm{e}^{-\frac{1}{2}} \leqslant \int_{-\frac{1}{\sqrt{2}}}^{\frac{1}{\sqrt{2}}} \mathrm{e}^{-x^2}\,\mathrm{d}x \leqslant \sqrt{2}.$

6. 证明 $\lim\limits_{n\to\infty}\int_0^1 \dfrac{x^n}{1+x}\mathrm{d}x = 0.$

7. 若 $f(x)$ 在 $[a,b]$ 上连续,证明:

(1) 如果 $f(x)$ 非负、但不恒为零,则 $\int_a^b f(x)\mathrm{d}x > 0$;

(2) 如果 $\int_a^b f^2(x)\mathrm{d}x = 0$,则在 $[a,b]$ 上 $f(x)$ 恒为零;

(3) 如果对 $[a,b]$ 上任意的可积函数 $\varphi(x)$,都有 $\int_a^b f(x)\varphi(x)\mathrm{d}x = 0$,则在 $[a,b]$ 上 $f(x)$ 恒为零.

8. 设函数 $f(x)$ 在 $[0,1]$ 上可微,且满足 $f(1)-2\int_0^{\frac{1}{2}} xf(x)\mathrm{d}x = 0$,证明在 $(0,1)$ 内至少存在

一点 ξ，使 $\xi f'(\xi) + f(\xi) = 0$．

9. 若 $f(x)$ 在 $[0,1]$ 上连续、递减，常数 $\lambda \in (0,1)$，证明 $\int_0^{\lambda} f(x)\mathrm{d}x \geqslant \lambda \int_0^1 f(x)\mathrm{d}x$．

10. 设 $f''(x) < 0$，$x \in [0,1]$，证明 $\int_0^1 f(x^2)\mathrm{d}x \leqslant f\left(\dfrac{1}{3}\right)$．

11. 设 $f(x)$ 为连续函数，证明 $\int_0^x \left(\int_0^t f(u)\mathrm{d}u\right)\mathrm{d}t = \int_0^x (x-t)f(t)\mathrm{d}t$．

12. 如果 $f(x)$ 在 (A,B) 内连续，$[a,b] \subset (A,B)$，证明 $\lim\limits_{h \to 0}\int_a^b \dfrac{f(x+h)-f(x)}{h}\mathrm{d}x = f(b) - f(a)$．

13. 利用定积分方法证明下列不等式：

(1) 当 $x \geqslant 1$ 时，$\dfrac{2(x-1)}{x+1} \leqslant \ln x \leqslant \dfrac{x^2-1}{2x^2}$；

(2) 当 $n > 8$ 时，$(\sqrt{n})^{\sqrt{n+1}} > (\sqrt{n+1})^{\sqrt{n}}$．

14. 利用定积分达布和的方法证明 $\ln(n+1) < 1 + \dfrac{1}{2} + \cdots + \dfrac{1}{n} < 1 + \ln n$，进而推出
$$\lim\limits_{n \to \infty} \dfrac{1 + \dfrac{1}{2} + \cdots + \dfrac{1}{n}}{\ln n} = 1.$$

15. 已知 $f(x)$ 在 $[0,1]$ 上有一阶连续导数，$f(0) = f(1) = 0$，证明 $\left|\int_0^1 f(x)\mathrm{d}x\right| \leqslant \dfrac{1}{4} \max\limits_{x \in [0,1]} |f'(x)|$．

16. 已知 $f(x)$ 在 $[a,b]$ 上可积，证明存在 $x \in [a,b]$，使得 $\int_a^x f(t)\mathrm{d}t = \int_x^b f(t)\mathrm{d}t$．

17. 若 $f(x)$ 是以 T 为周期的连续函数，证明 $\lim\limits_{x \to +\infty} \dfrac{1}{x}\int_0^x f(t)\mathrm{d}t = \dfrac{1}{T}\int_0^T f(t)\mathrm{d}t$．

18. 若 $f(u)$ 在 $[A,B]$ 上连续，$u = \varphi(x)$ 在 $[a,b]$ 上可积，并且当 $x \in [a,b]$ 时，$\varphi(x) \in [A,B]$，证明复合函数 $f(\varphi(x))$ 在 $[a,b]$ 上可积．

19. 若 $f(x)$ 在 $[a,b]$ 上连续，并且对 $[a,b]$ 上满足条件 $g(a) = g(b) = 0$ 的任何连续函数 $g(x)$ 都有 $\int_a^b f(x)g(x)\mathrm{d}x = 0$，证明 $f(x)$ 在 $[a,b]$ 上恒为零．

20. 若 $f(x)$ 在 $[-1,1]$ 上连续，并且对 $[-1,1]$ 上的任何连续偶函数 $g(x)$ 都有 $\int_{-1}^1 f(x)g(x)\mathrm{d}x = 0$，证明 $f(x)$ 是 $[-1,1]$ 上的奇函数．

第 11 章 定积分应用

积分学在几何学、物理学、经济学等许多领域都有着非常广泛而重要的应用. 本章首先介绍定积分的微元法, 人们通常运用它将实际问题转换成定积分来计算, 之后给出微元法在几何与物理方面的一些典型应用.

11.1 微 元 法

回顾变动曲边梯形面积及原函数等的概念, 给出利用定积分微元法将某个所求量 Q 表示成定积分时, Q 应满足的条件及问题求解的基本步骤:

(1) 所求量 Q 依赖于某变量 x 的变化区间 $[a,b]$, 且对区间 $[a,b]$ 具有可加性. 即如果把 $[a,b]$ 任意分成若干个子区间, 则 Q 就相应地被分成了若干个局部量, 而所求量 Q 等于所有局部量之和. 这时将所有子区间的代表记为 $[x,x+\mathrm{d}x](\subset[a,b]$, 是 $[x_{i-1},x_i]$ 的象征), 称为典型区间, 相应于典型区间 $[x,x+\mathrm{d}x]$ 上的局部量记为 ΔQ.

(2) 局部量 ΔQ 能够用某一定义在 $[a,b]$ 上的可积函数 f 在 x 处的函数值 $f(x)$ 与 $\mathrm{d}x$ 的乘积近似表示, 即 $\Delta Q \approx f(x)\mathrm{d}x$, 同时它们二者之间的误差是 $\mathrm{d}x$ 的高阶无穷小, 即 $\Delta Q = f(x)\mathrm{d}x + o(\mathrm{d}x)$, 于是由微分定义可知 $\mathrm{d}Q = f(x)\mathrm{d}x$, 两边积分就得到

$$Q = \int_a^b f(x)\mathrm{d}x,$$

其中称 $\mathrm{d}Q = f(x)\mathrm{d}x$ 为所求量 Q 在典型区间 $[x,x+\mathrm{d}x]$ 上的微元 (是 $f(x_i)\Delta x_i$ 的象征), 并称这种方法为定积分微元法. 其关键步骤是找到典型区间 $[x,x+\mathrm{d}x]$ 上局部量 ΔQ 的近似表达式 $f(x)\mathrm{d}x$.

11.2 平面图形的面积

11.2.1 直角坐标情形

已知平面图形由两条连续曲线 $y=f(x), y=g(x) (f(x) \geqslant g(x))$ 及直线 $x=a$, $x=b(a<b)$ 围成 (图 11-1). 我们利用微元法计算该图形面积 A.

在 $[a,b]$ 上取典型区间 $[x,x+\mathrm{d}x]$, 相应于此区间上图形的面积 ΔA 可用以 $[f(x)-g(x)]$ 为高, $\mathrm{d}x$ 为底的小矩形面积 $[f(x)-g(x)]\mathrm{d}x$ 近似, 于是面积微

元为

$$\mathrm{d}A = [f(x) - g(x)]\mathrm{d}x,$$

从而由定积分微元法知

$$A = \int_a^b [f(x) - g(x)]\mathrm{d}x. \tag{11.2.1}$$

同理,由两条连续曲线 $x = \varphi(y), x = \psi(y)(\psi(y) \geqslant \varphi(y))$ 以及直线 $y = c, y = d(c < d)$ 所围平面图形(图 11-2)的面积为

$$A = \int_c^d [\psi(y) - \varphi(y)]\mathrm{d}y. \tag{11.2.2}$$

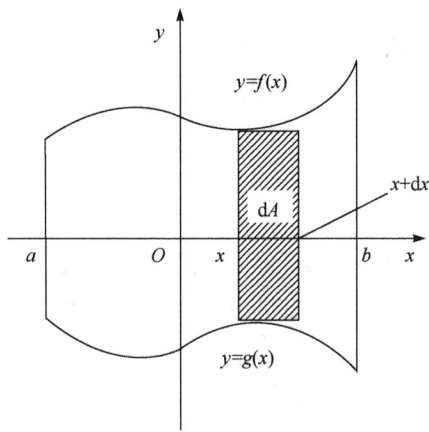

图 11-1

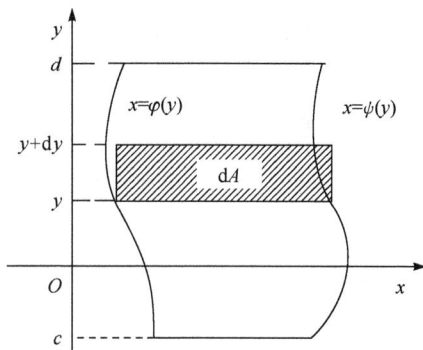

图 11-2

例 11.2.1 求由两条曲线 $y = x^2, y = \dfrac{x^2}{4}$ 和直线 $y = 1$ 围成的平面图形的面积.

解法一 如图 11-3 所示,此图形关于 y 轴对称,其面积是第一象限部分面积的二倍.在第一象限中,直线 $y = 1$ 与曲线 $y = x^2$ 与 $y = \dfrac{x^2}{4}$ 的交点分别是 $(1,1)$ 与 $(2,1)$.因此所求图形的面积为

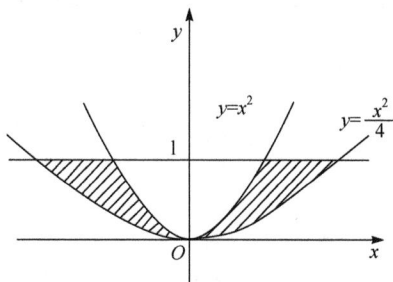

图 11-3

$$A = 2\left[\int_0^1 \left(x^2 - \frac{x^2}{4}\right)\mathrm{d}x + \int_1^2 \left(1 - \frac{x^2}{4}\right)\mathrm{d}x\right]$$

$$= \frac{4}{3}.$$

解法二 将平面图形在第一象限中的部分看成由曲线 $x = \sqrt{y}, x = 2\sqrt{y}$ 和直线

$y=1$ 围成, 所求图形面积为

$$A = 2\int_0^1 (2\sqrt{y} - \sqrt{y})\mathrm{d}y = 2\int_0^1 \sqrt{y}\mathrm{d}y = \frac{4}{3}.$$　　□

注 11.2.1　比较两种解法可以看到, 在直角坐标系下求平面图形的面积时, 既可取 x 为积分变量, 也可取 y 为积分变量. 若积分变量选取适当, 就可使计算简便. 一般来说, 在选择积分变量时应综合考虑下列因素:

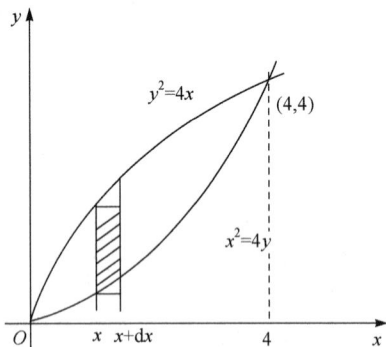

图 11-4

(1) 面积元素 $\mathrm{d}A$ 容易表示; (2) 所求积分简便.

例 11.2.2　若一树叶形状的图形, 近似地可看成由两条抛物线 $y^2=4x$, $x^2=4y$ 围成 (图 11-4), 试求其面积.

解　解方程组

$$\begin{cases} y^2 = 4x, \\ x^2 = 4y \end{cases}$$

得两条抛物线的交点为分别 $(0,0)$, $(4,4)$. 取 x 为积分变量, 按照公式 (11.2.1) 得到所求面积为

$$A = \int_0^4 \left(\sqrt{4x} - \frac{x^2}{4} \right)\mathrm{d}x = \left(\frac{4}{3}x^{\frac{3}{2}} - \frac{1}{12}x^3 \right)\Big|_0^4 = \frac{16}{3}.$$　　□

上例也可选 y 作为积分变量, 留待读者自己完成.

例 11.2.3　求由抛物线 $y^2=x$ 与直线 $x-2y-3=0$ 所围成平面图形的面积 A.

解　先求出抛物线与直线的交点 $(1,-1)$ 与 $(9,3)$. 用 $x=1$ 把图形分成左右两部分, 应用公式 (11.2.1) 分别求得它们的面积为

$$A_1 = \int_0^1 \left[\sqrt{x} - (-\sqrt{x}) \right]\mathrm{d}x = 2\int_0^1 \sqrt{x}\mathrm{d}x = \frac{4}{3},$$

$$A_2 = \int_1^9 \left(\sqrt{x} - \frac{x-3}{2} \right)\mathrm{d}x = \frac{28}{3}.$$

所以

$$A = A_1 + A_2 = \frac{32}{3}.$$　　□

11.2.2　参数方程情形

若平面曲线 C 由参数方程

$$\begin{cases} x = x(t), \\ y = y(t), \end{cases} \alpha \leqslant t \leqslant \beta \tag{11.2.3}$$

给出,其中 $y(t)$ 在 $[\alpha, \beta]$ 上连续、非负, $x(t)$ 在 $[\alpha, \beta]$ 上连续可微且 $x'(t) \neq 0$. 记 $a = x(\alpha), b = x(\beta)$,假设 $a < b$,则由曲线 C 及直线 $x = a, x = b$ 和 x 轴所围的图形面积为 $A = \int_a^b y \mathrm{d}x$,对此定积分作变量代换 $x = x(t)$,那么

$$A = \int_a^b y \mathrm{d}x = \int_\alpha^\beta y(t) \mathrm{d}x(t) = \int_\alpha^\beta y(t) x'(t) \mathrm{d}t.$$

一般地,有

$$A = \int_\alpha^\beta | y(t) x'(t) | \, \mathrm{d}t. \tag{11.2.4}$$

如果 $x(t)$ 在 $[\alpha, \beta]$ 上连续, $y(t)$ 在 $[\alpha, \beta]$ 上连续可微且 $y'(t) \neq 0$,当然也有相应的面积公式.

例 11.2.4 求椭圆 $\dfrac{x^2}{a^2} + \dfrac{y^2}{b^2} = 1$ 的面积.

解 因为椭圆关于两坐标轴都对称 (图 11-5),所以椭圆面积为第一象限内的部分面积的 4 倍,即

$$A = 4 \int_0^a y \mathrm{d}x.$$

为便于积分,用椭圆方程参数形式

$$\begin{cases} x = a\cos t, \\ y = b\sin t. \end{cases}$$

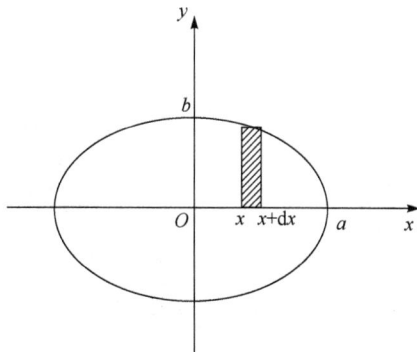

图 11-5

当 $x = 0$ 时, $t = \dfrac{\pi}{2}$;当 $x = a$ 时, $t = 0$. 于是,由公式(11.2.4)得到

$$A = 4 \int_{\frac{\pi}{2}}^0 b\sin t (-a\sin t) \mathrm{d}t$$

$$= 4ab \int_0^{\frac{\pi}{2}} \sin^2 t \mathrm{d}t = 4ab \int_0^{\frac{\pi}{2}} \frac{1 - \cos 2t}{2} \mathrm{d}t = \pi ab.$$

特别地,当 $a = b$ 时,即得圆面积公式 $A = \pi a^2$. $\quad\square$

例 11.2.5 求摆线 $x = a(t - \sin t), y = a(1 - \cos t)(a > 0)$ 的一拱与 x 轴所围的图形(图 11-6)的面积.

解 由公式(11.2.4)知所求图形面积为

$$A = \int_0^{2\pi} y(t) x'(t) \mathrm{d}t = a^2 \int_0^{2\pi} (1 - \cos t)^2 \mathrm{d}t = 3\pi a^2.$$

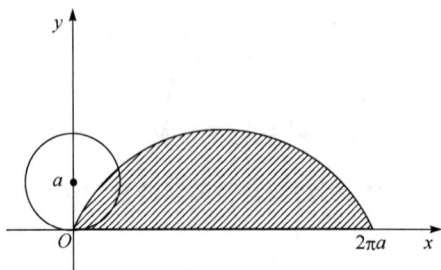

图 11-6

11.2.3　极坐标情形

设函数 $r(\theta)$ 在 $[\alpha,\beta]$ 上连续,求由曲线 $r=r(\theta)$ 以及射线 $\theta=\alpha,\theta=\beta$ 所围图形(图 11-7)的面积.

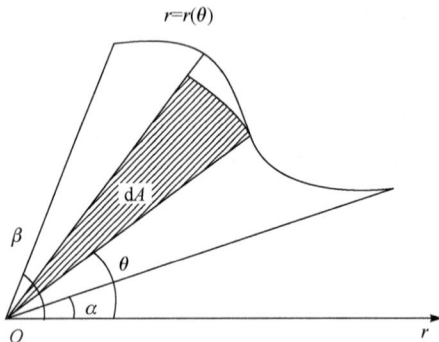

图 11-7

由于当 θ 在 $[\alpha,\beta]$ 上变动时,极径 $r=r(\theta)$ 也随之变动,所以所求图形的面积不能直接利用圆扇形面积公式 $A=\dfrac{1}{2}R^2\theta$ 来计算.下面利用微元法计算该面积:

(1) 选取 θ 作为积分变量,它的变化范围为 $[\alpha,\beta]$;

(2) 在 $[\alpha,\beta]$ 内取典型区间 $[\theta,\theta+\mathrm{d}\theta]$,则相应于此区间上的小曲边扇形的面积可近似地用半径为 $r(\theta)$,中心角为 $\mathrm{d}\theta$ 的圆扇形面积来代替,即面积微元为

$$\mathrm{d}A=\frac{1}{2}r^2(\theta)\mathrm{d}\theta;$$

(3) 在 $[\alpha,\beta]$ 上对面积元素积分,便得所求面积,即

$$A=\int_\alpha^\beta \frac{1}{2}r^2(\theta)\mathrm{d}\theta=\frac{1}{2}\int_\alpha^\beta r^2(\theta)\mathrm{d}\theta. \tag{11.2.5}$$

例 11.2.6　求阿基米德(Archimedes)螺线 $r=a\theta(a>0)$ 上相应于 θ 从 0 变到

2π 的一段弧与极轴所围成图形(图 11-8)的面积.

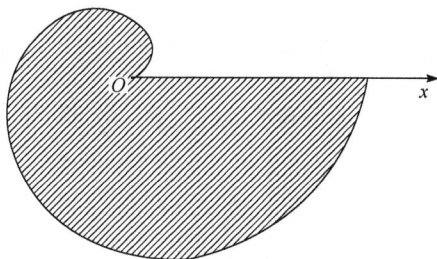

图 11-8

解 利用公式(11.2.5),所求面积为

$$A = \frac{1}{2}\int_0^{2\pi} (a\theta)^2 \mathrm{d}\theta = \frac{4}{3}a^2\pi^3.$$

例 11.2.7 求心形线 $r=a(1+\cos\theta)$ 所围平面图形(图 11-9)的面积.

解 该图形关于极轴对称,因此所求图形面积是极轴上方部分面积的两倍. 于是由公式(11.2.5)知所求面积为

$$A = a^2 \int_0^\pi (1+\cos\theta)^2 \mathrm{d}\theta$$

$$= a^2 \int_0^\pi (1+2\cos\theta+\cos^2\theta)\mathrm{d}\theta$$

$$= a^2 \left(\frac{3}{2}\theta + 2\sin\theta + \frac{1}{4}\sin2\theta\right)\Big|_0^\pi$$

$$= \frac{3}{2}\pi a^2,$$

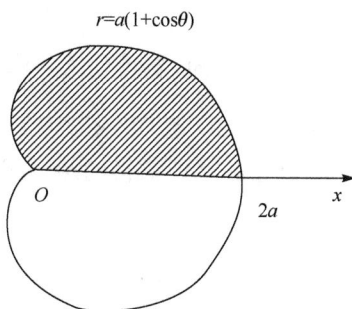

图 11-9

即该图形的面积等于半径为 a 的圆面积的 1.5 倍.

11.3 平行截面面积已知的立体体积

考察已知截面积的空间立体,如图 11-10 所示. 用垂直于 x 轴的平面去截该立体,如果已知在点 x 处的截面面积为 $A(x)$,当 $a < b$ 时,求该立体介于平面 $x=a$ 和 $x=b$ 之间的立体体积 V.

对于区间 $[x, x+\mathrm{d}x]$ 上对应的体积 ΔV,可用底面积为 $A(x)$,高为 $\mathrm{d}x$ 的柱形体积 $A(x)\mathrm{d}x$ 近似,所以 $\mathrm{d}V=A(x)\mathrm{d}x$,从而

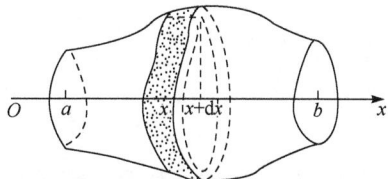

图 11-10

$$V = \int_a^b A(x)\,\mathrm{d}x. \tag{11.3.1}$$

例 11.3.1　求椭球体 $\dfrac{x^2}{a^2} + \dfrac{y^2}{b^2} + \dfrac{z^2}{c^2} \leqslant 1$ 的体积.

解　用 x 等于常数的平面截此椭球体,截面为椭圆,它在 yOz 平面上的投影为

$$\frac{y^2}{b^2\left(1-\dfrac{x^2}{a^2}\right)} + \frac{z^2}{c^2\left(1-\dfrac{x^2}{a^2}\right)} = 1.$$

根据例 11.2.4,截面面积函数为

$$A(x) = \pi bc\left(1 - \frac{x^2}{a^2}\right), \quad x \in [-a, a].$$

从而求得椭球体积

$$V = \int_{-a}^a \pi bc\left(1 - \frac{x^2}{a^2}\right)\mathrm{d}x = \frac{4}{3}\pi abc.$$

当 $a = b = c = r$ 时,就得到球的体积 $\dfrac{4}{3}\pi r^3$. □

例 11.3.2　证明"夹在两个平行平面间的两个几何体,如果被平行于这两个平面的任意平面所截得的两个截面面积总相等,那么这两个几何体的体积相等".

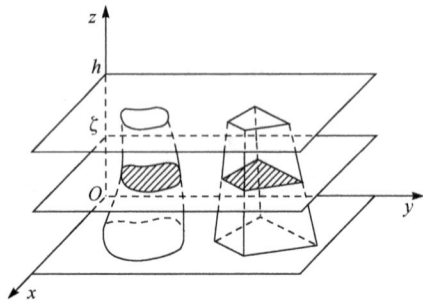

图 11-11

证明　在空间直角坐标系中,将两个平行平面中的一个作为 xOy 平面,如图 11-11 所示建立坐标系.

设两个平行平面之间的距离是 h. $\forall \zeta \in [0, h]$,过点 ζ 作垂直于 z 轴的平面与这两个几何体相截,设截面的面积分别是 $p(\zeta)$ 与 $q(\zeta)$,则依题意有 $p(\zeta) = q(\zeta)$,$\zeta \in [0, h]$. 从而

$$\int_0^h p(\zeta)\,\mathrm{d}\zeta = \int_0^h q(\zeta)\,\mathrm{d}\zeta,$$

即两个几何体的体积相等. □

11.4　平面曲线的弧长

11.4.1　弧长的概念

在初等数学中,我们已经知道圆周长等弧长公式. 但弧长的确切含义却没有给出,事实上,弧长的概念需要利用极限定义描述.

设有一条以 A,B 为端点的平面曲线（图 11-12），在其上任取分点
$A=M_0,M_1,\cdots,M_{i-1},M_i,\cdots,M_{n-1},M_n=B$，并依次用直线段连接相邻的两个分点得一内接折线. 记 λ 为所有直线段中的最大长度，即

$$\lambda=\max\{|M_0M_1|,|M_1M_2|,\cdots,|M_{n-1}M_n|\}.$$

当 $\lambda\to 0$ 时，若此折线长 $\sum\limits_{i=1}^{n}|M_{i-1}M_i|$ 的极限存在，则称此极限为该曲线的弧长，即弧长 s 为

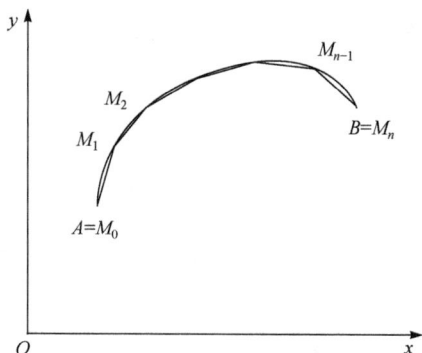

图 11-12

$$s=\lim_{\lambda\to 0}\sum_{i=1}^{n}|M_{i-1}M_i|. \tag{11.4.1}$$

这时，也称该曲线是可求长的.

当曲线上每点都存在切线，且当切点沿曲线变动时，切线沿曲线连续转动，则称此曲线是光滑的. 可以证得，光滑曲线是可求长的.

11.4.2 平面曲线弧长的计算

由于光滑曲线弧是可求长的，故可应用定积分的微元法来计算弧长.

1. 直角坐标情形

设曲线弧由

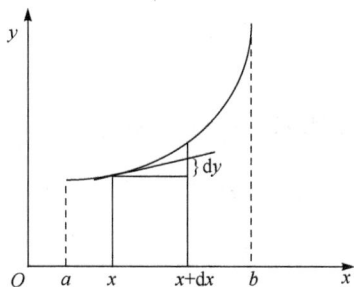

图 11-13

$$y=f(x)\quad(a\leqslant x\leqslant b)$$

给出，其中 $f(x)$ 在 $[a,b]$ 上具有一阶连续导数. 选取 x 为积分变量，变化区间为 $[a,b]$. 在 $[a,b]$ 上取典型区间 $[x,x+\mathrm{d}x]$，根据第 8 章已经得到弧微分公式（图 11-13）

$$\mathrm{d}s=\sqrt{(\mathrm{d}x)^2+(\mathrm{d}y)^2}=\sqrt{1+y'^2}\,\mathrm{d}x$$

得到所求弧长为

$$s=\int_a^b\sqrt{1+y'^2}\,\mathrm{d}x. \tag{11.4.2}$$

例 11.4.1 求对数曲线 $y=\ln x$ 从 $x=1$ 到 $x=2$ 之间一段弧的弧长.

解 由式 (11.4.2) 知所求弧长为

$$s=\int_1^2\sqrt{1+\frac{1}{x^2}}\,\mathrm{d}x.$$

在上述积分中用变量代换 $x=\dfrac{1}{t}$,则

$$s=\int_{1}^{\frac{1}{2}}\sqrt{1+t^{2}}\,\mathrm{d}\left(\frac{1}{t}\right)=\frac{1}{t}\sqrt{1+t^{2}}\,\Big|_{1}^{\frac{1}{2}}-\int_{1}^{\frac{1}{2}}\frac{\mathrm{d}t}{\sqrt{1+t^{2}}}$$

$$=\sqrt{5}-\sqrt{2}-(\ln|t+\sqrt{1+t^{2}}|)\,\big)\,|_{1}^{\frac{1}{2}}$$

$$=\sqrt{5}-\sqrt{2}-\left[\ln\frac{1+\sqrt{5}}{2}-\ln(1+\sqrt{2})\right].\qquad\square$$

2. 参数方程情形

设曲线弧由参数方程

$$\begin{cases}x=x(t),\\y=y(t),\end{cases}\quad \alpha\leqslant t\leqslant\beta$$

给出,其中 $x(t),y(t)$ 在 $[\alpha,\beta]$ 上具有连续的导数.

取参数 t 为积分变量,则积分区间为 $[\alpha,\beta]$,由于弧长微元为

$$\mathrm{d}s=\sqrt{(\mathrm{d}x)^{2}+(\mathrm{d}y)^{2}}=\sqrt{x'^{2}(t)+y'^{2}(t)}\,\mathrm{d}t,$$

于是所求弧长为

$$s=\int_{\alpha}^{\beta}\sqrt{x'^{2}(t)+y'^{2}(t)}\,\mathrm{d}t.\qquad(11.4.3)$$

例如,当 $0<a<b$ 时,考虑椭圆 $\begin{cases}x=a\cos\theta,\\y=b\sin\theta,\end{cases}$ $0\leqslant\theta\leqslant2\pi$. 由公式(11.4.3)知其周

长为

$$s=\int_{0}^{2\pi}\sqrt{a^{2}\sin^{2}\theta+b^{2}\cos^{2}\theta}\,\mathrm{d}\theta=b\int_{0}^{2\pi}\sqrt{1-k^{2}\sin^{2}\theta}\,\mathrm{d}\theta,$$

其中 $k=\dfrac{\sqrt{b^{2}-a^{2}}}{b}\in(0,1)$. 但由于 $\sqrt{1-k^{2}\sin^{2}\theta}$ 的原函数不是初等函数,我们不能

利用牛顿-莱布尼茨公式将其求出,这正是在第 9 章中称 $\int\sqrt{1-k^{2}\sin^{2}\theta}\,\mathrm{d}\theta$ 为椭圆

积分的缘故. 但当 $a=b=r$ 时,就得到半径为 r 的圆的周长为 $2\pi r$.

例 11.4.2 求摆线 $\begin{cases}x=t-\sin t,\\y=1-\cos t\end{cases}$ 的一拱($0\leqslant t\leqslant2\pi$)的弧长.

解 由于 $\mathrm{d}x=(1-\cos t)\mathrm{d}t,\mathrm{d}y=\sin t\mathrm{d}t$,从而由式(11.4.3)知所求弧长为

$$s=\int_{0}^{2\pi}\sqrt{(1-\cos t)^{2}+\sin^{2}t}\,\mathrm{d}t=\int_{0}^{2\pi}\sqrt{2(1-\cos t)}\,\mathrm{d}t$$

$$=2\int_{0}^{2\pi}\sin\frac{t}{2}\,\mathrm{d}t=-4\left(\cos\frac{t}{2}\right)\Big|_{0}^{2\pi}=8.\qquad\square$$

3. 极坐标情形

设曲线由极坐标方程 $r=r(\theta)$, $\alpha \leqslant \theta \leqslant \beta$ 给出,其中 $r(\theta)$ 具有连续的导数. 利用极坐标与直角坐标的关系就得到该曲线的参数方程为

$$\begin{cases} x=r(\theta)\cos\theta, \\ y=r(\theta)\sin\theta, \end{cases} \alpha \leqslant \theta \leqslant \beta.$$

从而由式(11.4.3)知所求弧长为

$$s = \int_\alpha^\beta \sqrt{r^2(\theta) + r'^2(\theta)}\,d\theta. \tag{11.4.4}$$

例 11.4.3 求心形线 $r=a(1+\cos\theta)$ 的周长.

解 由图 11-9 及公式(11.4.4)知

$$s = 2a\int_0^\pi \sqrt{2(1+\cos\theta)}\,d\theta = 4a\int_0^\pi \cos\frac{\theta}{2}\,d\theta = 8a. \qquad \square$$

11.5 旋转体的体积与表面积

11.5.1 旋转体的体积

一平面图形绕其平面内一条定直线旋转一周而成的立体称为旋转体,该直线称为旋转轴. 圆柱、圆锥、圆台、球体等都是旋转体.

下面计算由连续曲线 $y=f(x)$,直线 $x=a$,$x=b(a<b)$ 与 x 轴围成的曲边梯形绕 x 轴旋转一周所成旋转体的体积.

显然此旋转体的过点 $x(a \leqslant x \leqslant b)$ 且垂直于 x 轴的截面是以 $|f(x)|$ 为半径的圆,所以对于典型区间 $[x, x+dx]$ 上对应的体积 ΔV,可用底面积为 $\pi f^2(x)$,高为 dx 的柱形体积 $\pi f^2(x)dx$ 近似(图 11-14),因此体积微元 $dV = \pi f^2(x)dx$,从而旋转体的体积

$$V = \pi\int_a^b f^2(x)\,dx. \tag{11.5.1}$$

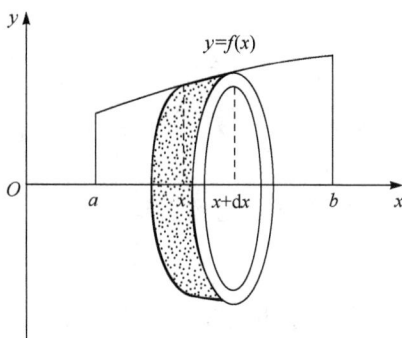

图 11-14

同理,由连续曲线 $x=g(y)$,直线 $y=c$,$y=d(c<d)$ 与 y 轴围成的曲边梯形绕 y 轴旋转一周所围成旋转体的体积为

$$V = \pi\int_c^d g^2(y)\,dy. \tag{11.5.2}$$

例 11.5.1 求以 $y=x^2+1$,x 轴及直线 $x=-1$,$x=1$ 围成的曲边梯形绕 x 轴

旋转一周得到的旋转体的体积.

解　由式(11.5.1)得到

$$V = \pi\int_{-1}^{1} (x^2 + 1)^2 \mathrm{d}x = 2\pi\int_{0}^{1} (x^4 + 2x^2 + 1)\mathrm{d}x$$

$$= 2\pi\left(\frac{1}{5}x^5 + \frac{2}{3}x^3 + x\right)\bigg|_{0}^{1} = \frac{56}{15}\pi. \qquad \square$$

例 11.5.2　圆盘 $x^2 + (y-b)^2 \leqslant a^2 (0 < a < b)$ 绕 x 轴旋转一周而形成的立体(图 11-15),它的形状由于像汽车轮胎而被称为轮环. 试计算它的体积.

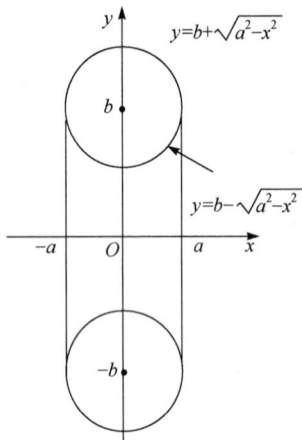

图 11-15

解　由直线 $x = -a, x = a$ 以及曲线 $y = b + \sqrt{a^2 - x^2}$ 与 x 轴所围的曲边梯形绕 x 轴旋转一周而成的立体的体积

$$V_1 = \pi\int_{-a}^{a} (b + \sqrt{a^2 - x^2})^2 \mathrm{d}x.$$

而由直线 $x = -a, x = a$ 以及曲线 $y = b - \sqrt{a^2 - x^2}$ 与 x 轴所围的曲边梯形绕 x 轴旋转一周而成的立体的体积

$$V_2 = \pi\int_{-a}^{a} (b - \sqrt{a^2 - x^2})^2 \mathrm{d}x,$$

则所求立体的体积 V 就是 V_1 与 V_2 之差,即

$$V = V_1 - V_2$$

$$= \pi\int_{-a}^{a} (b + \sqrt{a^2 - x^2})^2 \mathrm{d}x - \pi\int_{-a}^{a} (b - \sqrt{a^2 - x^2})^2 \mathrm{d}x$$

$$= 4\pi b\int_{-a}^{a} \sqrt{a^2 - x^2}\, \mathrm{d}x = 8\pi b\int_{0}^{a} \sqrt{a^2 - x^2}\, \mathrm{d}x = 8\pi b \cdot \frac{1}{4}\pi a^2 = 2\pi^2 a^2 b. \qquad \square$$

11.5.2　旋转曲面的面积

设函数 $y = f(x)$ 在区间 $[a, b]$ 上非负,且连续可微,试求由曲线 $y = f(x) (a \leqslant x \leqslant b)$ 绕 x 轴旋转一周而成的旋转曲面(图 11-16)的面积.

选取 x 为积分变量,积分区间为 $[a, b]$. 在 $[a, b]$ 上取典型区间 $[x, x + \mathrm{d}x]$,位于该区间上旋转曲面的小面积 ΔS 可用半径为 y,宽为弧长 $\mathrm{d}s$ 的一圈带状曲面的面积近似,即用边长分别为 $2\pi y$ 及 $\mathrm{d}s$ 的矩形面积近似它,故得旋转曲面

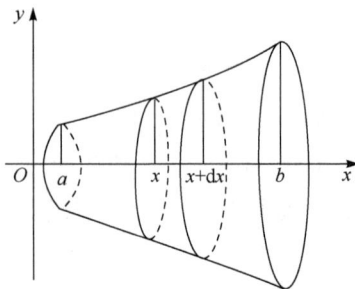

图 11-16

的微元表达式为

$$dS = 2\pi y ds = 2\pi y \sqrt{1 + y'^2} dx.$$

所以旋转曲面的面积为

$$S = 2\pi \int_a^b y \sqrt{1 + y'^2} dx. \tag{11.5.3}$$

例 11.5.3 计算半径为 R 的球面面积.

解 因为将上半圆周 $y = \sqrt{R^2 - x^2}$ 绕 x 旋转一周即得半径为 R 的球面,而

$$y' = -\frac{x}{\sqrt{R^2 - x^2}}, \quad 1 + y'^2 = \frac{R^2}{R^2 - x^2},$$

所以其面积

$$S = 2\pi \int_{-R}^R y \sqrt{1 + y'^2} dx = 2\pi \int_{-R}^R R dx = 4\pi R^2. \qquad \square$$

例 11.5.4 某探照灯反光镜可近似地看作介于 $x = 0$ 和 $x = \dfrac{1}{4}$(单位:m)之间的抛物线 $y^2 = 8x$ 绕 x 轴旋转所成的旋转抛物面,试求此反光镜面的面积(图 11-17).

解 由公式(11.5.3),所求反光镜面的面积为

$$S = 2\pi \int_0^{\frac{1}{4}} y \sqrt{1 + y'^2} dx = 2\pi \int_0^{\frac{1}{4}} \sqrt{8x} \cdot \sqrt{1 + \frac{2}{x}} dx$$

$$= 4\sqrt{2}\pi \int_0^{\frac{1}{4}} \sqrt{x + 2} dx = 4\sqrt{2}\pi \cdot \frac{2}{3}(x+2)^{\frac{3}{2}} \Big|_0^{\frac{1}{4}}$$

$$= \frac{8\sqrt{2}\pi}{3} \left(\frac{27}{8} - 2\sqrt{2} \right) \approx 6.46(\text{m}^2). \qquad \square$$

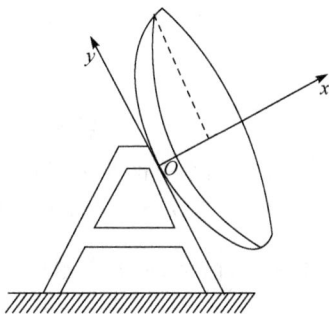

图 11-17

11.6　定积分在物理中的应用

11.6.1　液体压力

由物理学可知,位于液体表面下深度为 h 处的压强为

$$p = \rho g h,$$

其中 ρ 为液体密度(单位:kg/m³),g 为重力加速度,一般可取 9.8m/s^2,h 为深度(单位:m),这样 p 的单位为 N/m² 或 Pa. 所以位于液面下深度为 h 处,面积为 S 的水平放置的平板,其一侧所受的液体压力为

$$P = p \cdot S = \rho g h S. \tag{11.6.1}$$

如果平板垂直放置在水中,那么,由于液体深度不同的点处压强 p 不相等,平板一

离是变化的,且各点对该质点的引力方向也是变化的,因此就不能用公式(11.6.3)来计算.下面通过具体例子来说明该问题的计算方法.

例 11.6.2　设有一长度为 l,线密度为 ρ 的均匀细直棒以及一个质量为 m 的质点 M,试求:

(1) 当质点位于细棒延长线上距棒最近一端 a 单位处时,细棒对质点 M 的引力;

(2) 当质点位于细棒中垂线上距棒 a 单位处时,细棒对质点 M 的引力.

解　(1) 取细棒一端 O 为原点,x 轴落在细棒上,且以指向质点的方向为正向,如图 11-20 所示.

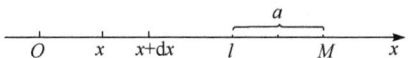

图 11-20

选取 x 为积分变量,它的变化区间为 $[0,l]$. 在 $[0,l]$ 上取典型区间 $[x,x+\mathrm{d}x]$,将细棒上相应于 $[x,x+\mathrm{d}x]$ 的小段近似地看成质点,其质量为 $\rho\mathrm{d}x$,到质点 M 的距离为 $r=l+a-x$,于是引力微元为

$$\mathrm{d}F=k\,\frac{m\rho\mathrm{d}x}{(l+a-x)^2}.$$

从而所求引力的大小为

$$F=\int_0^l \frac{km\rho}{(l+a-x)^2}\mathrm{d}x=\left(\frac{km\rho}{l+a-x}\right)\Big|_0^l=km\rho\left(\frac{1}{a}-\frac{1}{l+a}\right)=\frac{km\rho l}{a(l+a)}.$$

(2) 建立坐标系如图 11-21 所示,使棒位于 y 轴上,质点 M 位于 x 轴上,棒的中点为坐标原点 O.

选取 y 为积分变量,它的变化范围为 $\left[-\dfrac{l}{2},\dfrac{l}{2}\right]$. 取典型区间 $[y,y+\mathrm{d}y]$,将细棒上相应于区间 $[y,y+\mathrm{d}y]$ 的小段近似地看成质点,其质量为 $\rho\mathrm{d}y$,与质点 M 的距离为 $r=\sqrt{a^2+y^2}$,因此,这一小段对质点 M 的引力微元为

$$\mathrm{d}F=k\,\frac{m\rho\mathrm{d}y}{a^2+y^2},$$

从而可得细棒对质点 M 的引力在水平方向的分力 F_x 的微元为

$$\mathrm{d}F_x=k\,\frac{am\rho\mathrm{d}y}{(a^2+y^2)^{\frac{3}{2}}}.$$

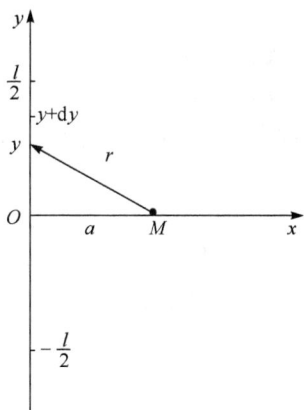

图 11-21

于是,所求引力在水平方向的分力为

$$F_x = \int_{-\frac{l}{2}}^{\frac{l}{2}} k \, \frac{am\rho \mathrm{d}y}{(a^2 + y^2)^{\frac{3}{2}}} = \frac{2km\rho l}{a \, (4a^2 + l^2)^{\frac{1}{2}}}.$$

而由位置的对称性及引力性质知,细棒对质点 M 的引力在铅直方向的分力 $F_y = 0$.

□

11.6.3　变力沿直线做功问题

由物理学知识可知,常力 F 沿直线所做的功等于该常力在直线上的投影与由该常力导致的位移的乘积. 特别地,若 F 是沿直线方向的,且物体在该力作用下沿 F 方向的位移为 S,则该力所做的功

$$W = FS \quad (单位:J = Nm). \tag{11.6.4}$$

但实际上,力的大小常常是变化的. 例如,用力去压一个弹簧时,由胡克定律,弹簧的反作用力与压力引起的位移成正比. 又如,火箭升空时,由于其所携带燃料的逐渐消耗,从而火箭的质量不断减少. 所以将其升空到某高度需作的功也不能用公式 (11.6.4) 简单地算出.

下面假设沿 x 轴方向的力 $F(x)$ 是 $[a,b]$ 上的连续函数,求在该力作用下,物体从 $x=a$ 移动到 $x=b$ 所做的功 W.

选取 x 为积分变量,积分区间为 $[a,b]$. 在 $[a,b]$ 上取典型区间 $[x, x+\mathrm{d}x]$,物体由点 x 移动到点 $x+\mathrm{d}x$ 的过程中受到的变力近似于物体在 x 处受到常力,即功微元为

$$\mathrm{d}W = F(x)\mathrm{d}x.$$

于是,物体在变力 $F(x)$ 作用下从 $x=a$ 移动到 $x=b$ 所做的功为

$$W = \int_a^b F(x)\mathrm{d}x. \tag{11.6.5}$$

例 11.6.3　将一个带 $+q$ 电量的点电荷放在 r 轴上坐标原点 O 处,它产生一个电场,这个电场对周围的电荷有作用力. 由物理学知道,如果一个单位正电荷放在这个电场中距离原点为 r 的地方,那么电场对它的作用力为

$$F = k \, \frac{q}{r^2},$$

其中 k 为常数. 如图 11-22 所示,当这个单位正电荷在电场中从 $r=a$ 处沿 r 轴移动到 $r=b(a<b)$ 处时,计算电场力 F 所做的功.

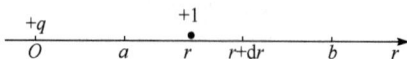

图 11-22

解 取 r 为积分变量,它的变化区间为 $[a,b]$. 在 $[a,b]$ 上取典型区间 $[r,r+\mathrm{d}r]$,当单位正电荷从 r 移动到 $r+\mathrm{d}r$ 时,电场力对它所做的功近似于 $\frac{kq}{r^2}\mathrm{d}r$,即功微元为 $\mathrm{d}W=\frac{kq}{r^2}\mathrm{d}r$. 于是所求的功为

$$W = \int_a^b \frac{kq}{r^2}\mathrm{d}r = kq\left(-\frac{1}{r}\right)\Big|_a^b = kq\left(\frac{1}{a}-\frac{1}{b}\right). \qquad \square$$

下面再举一个计算功的例子,它虽不是一个变力做功问题,但也可类似地用微元法来处理.

例 11.6.4 设有一半径为 10m 的半球形水池,池内蓄满水,若要将水抽尽,问至少做多少功.

解 建立坐标系如图 11-23,圆的方程为 $x^2+y^2=10^2$. 选水深 x 为积分变量,积分区间为 $[0,10]$. 在 $[0,10]$ 上取典型区间 $[x, x+\mathrm{d}x]$,相应于该区间上的水重可用底面积为 πy^2,高为 $\mathrm{d}x$ 的圆柱体水重 $g\pi y^2\mathrm{d}x = g\pi(10^2-x^2)\mathrm{d}x$ 近似. 由于将这小水柱体提到池口的距离为 x,故功微元为

$$\mathrm{d}W=g\pi(100-x^2)x\mathrm{d}x.$$

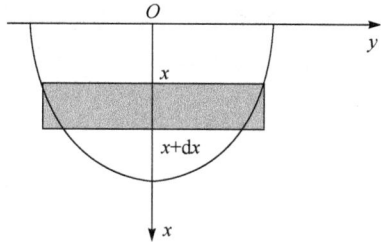

图 11-23

于是所求功为

$$W = g\pi\int_0^{10}(100-x^2)x\mathrm{d}x = g\pi\left(100\cdot\frac{x^2}{2}-\frac{x^4}{4}\right)\Big|_0^{10}$$

$$\approx 9.7\pi\left(100\cdot\frac{x^2}{2}-\frac{x^4}{4}\right)\Big|_0^{10} \approx 7.7\times10^4(\mathrm{kJ}). \qquad \square$$

例 11.6.5(第二宇宙速度) 假设有质量为 m 的火箭,欲将其自地面垂直向上发射到太空,试求:

(1) 火箭脱离地球引力所做的功;

(2) 火箭需要的发射速度.

解 (1) 由万有引力定律知,地球对火箭的引力为

$$F=k\frac{mM}{r^2},$$

其中 M 为地球质量,r 为火箭到地心的距离,k 为引力常数.

先确定引力常数 k. 当火箭在地面上时,引力为 $F=mg$,距离为 $r=R$(R 为地球半径),于是 $mg=k\frac{mM}{R^2}$,所以 $k=\frac{gR^2}{M}$. 因此地球对火箭的引力为 $F=\frac{mgR^2}{r^2}$. 从

理论上看,要把火箭送到太空去,火箭的位移应是从 R 到 $+\infty$,所以火箭脱离地球引力需做的功是

$$W = \lim_{A \to +\infty} \int_R^A \frac{mgR^2}{r^2} \mathrm{d}r = \lim_{A \to +\infty} \left(-\frac{mgR^2}{r} \right) \Big|_R^A = mgR.$$

(2) 若设火箭的发射速度为 v_0,那么根据能量守恒定律有

$$\frac{1}{2}mv_0^2 = mgR.$$

由此得

$$v_0 = \sqrt{2gR}.$$

将 $g = 9.8\mathrm{m/s^2}, R \approx 6.371 \times 10^6 \mathrm{m}$ 代入上式,得

$$v_0 = \sqrt{2 \times 9.8 \times 6.371 \times 10^6} \approx 11.2(\mathrm{km/s}).$$

此即为火箭脱离地球引力范围所必须具有的最小初速度,通常称为第二宇宙速度. 由于火箭的发射中还需考虑空气阻力等其他因素,所以实际发射速度要大于 11.2km/s.

□

习　题　11

一、判断题(正确打√并给出证明,错误打×并给出反例)

1. 在 $[a,b]$ 上连续的函数 $y = f(x)$ 与直线 $x = a, x = b$ 及 x 轴所围平面图形的面积为 $\int_a^b f(x)\mathrm{d}x$. 　　　　　　　　　　　　　　　　　　　　　　　　　　　　(　　)

2. 椭圆 $x = a\cos t, y = b\sin t (a \geqslant b)$ 的弧长等于正弦曲线 $y = \sqrt{a^2 - b^2}\sin\dfrac{x}{b}$ 的一波之长.

　　　　　　　　　　　　　　　　　　　　　　　　　　　　　　　　　　　(　　)

3. 在 $[a,b]$ 上连续的函数 $y = f(x)$ 及 $y = g(x)(f(x) > g(x) > 0)$ 与直线 $x = a, x = b$ 所围平面图形绕 x 轴旋转一周所得立体体积为 $\pi \int_a^b [f(x) - g(x)]^2 \mathrm{d}x$. 　　　　(　　)

4. 椭圆 $\dfrac{x^2}{a^2} + \dfrac{y^2}{b^2} = 1 (0 < b < a)$ 绕 x 轴旋转一周所得立体体积为 $2\pi b \left(b + \dfrac{a}{\varepsilon}\arcsin\varepsilon \right)$,其中 $\varepsilon = \dfrac{\sqrt{a^2 - b^2}}{a}$ 是该椭圆的离心率. 　　　　　　　　　　　　　　　　　(　　)

5. 两个半径为 r 的圆柱体垂直相交部分的体积大于半径为 r 的球的体积. 　　(　　)

二、填空题(将正确答案填在题中横线之上)

1. 曲线 $y = \dfrac{1}{2}x^2, x^2 + y^2 = 8$ 所围图形(上半平面部分)的面积为_____.

2. 曲线 $r = a\mathrm{e}^{\lambda\theta}(a > 0, \lambda > 0)$ 从 $\theta = 0$ 到 $\theta = a$ 的一段弧长为_____.

3. 一圆锥形蓄水池,深 15m,口径 20m,盛满水,今用抽水机将水抽尽,则所做功为_____.

4. 平面图形 $a \leqslant x \leqslant b, 0 \leqslant y \leqslant y(x)$ 绕 y 轴旋转一周所得旋转体的体积为_____.

5. 把质量为 m 的物体从地球(质量为 M,半径为 R)表面升高到高度为 h 的位置所做的功 $W=$ _____.

三、单项选择题(将正确答案的字母填入括号内)

1. 曲线 $y=\ln x, y=\ln a, y=\ln b(0<a<b)$ 和 y 轴所围图形的面积为( ).

(A) $\int_{\ln a}^{\ln b} \ln x \mathrm{d}x$; (B) $\int_{e^a}^{e^b} e^x \mathrm{d}x$;

(C) $\int_{\ln a}^{\ln b} e^y \mathrm{d}y$; (D) $\int_{e^b}^{e^a} \ln x \mathrm{d}x$.

2. 若曲线 $y=e^x$ 下方与该曲线过原点的切线左方和 y 轴右方所围图形的面积为 A,则 A 等于( ).

(A) $\int_0^1 (e^x - ex)\mathrm{d}x$; (B) $\int_1^e (\ln y - y\ln y)\mathrm{d}y$;

(C) $\int_1^e (e^x - e^x x)\mathrm{d}x$; (D) $\int_0^1 (\ln y - y\ln y)\mathrm{d}y$.

3. 曲线 $r=2a\cos\theta(a>0)$ 所围图形的面积为( ).

(A) $\int_0^{\frac{\pi}{2}} \frac{1}{2}(2a\cos\theta)^2 \mathrm{d}\theta$; (B) $\int_{-\pi}^{\pi} \frac{1}{2}(2a\cos\theta)^2 \mathrm{d}\theta$;

(C) $\int_0^{2\pi} \frac{1}{2}(2a\cos\theta)^2 \mathrm{d}\theta$; (D) $2\int_0^{\frac{\pi}{2}} \frac{1}{2}(2a\cos\theta)^2 \mathrm{d}\theta$.

4. 摆线 $x=a(t-\sin t), y=a(1-\cos t)(a>0)$ 的一拱 $(0\leqslant t\leqslant 2\pi)$ 与 x 轴所围图形绕 x 轴旋转一周所成旋转体的体积为( ).

(A) $\int_0^{2\pi} \pi a^2 (1-\cos t)^2 \mathrm{d}t$; (B) $\int_0^{2\pi a} \pi a^2 (1-\cos t)^2 \mathrm{d}[a(t-\sin t)]$;

(C) $\int_0^{2\pi a} \pi a^2 (1-\cos t)^2 \mathrm{d}t$; (D) $\int_0^{2\pi} \pi a^2 (1-\cos t)^2 \mathrm{d}[a(t-\sin t)]$.

5. 一横截面面积为 s,深为 h 的蓄水池,盛满水,则将水全部抽到高为 H 的水塔上,所做的功为( ).

(A) $\int_0^h s(H+h-y)\mathrm{d}y$; (B) $\int_0^H s(H+h-y)\mathrm{d}y$;

(C) $\int_0^h s(H-y)\mathrm{d}y$; (D) $\int_0^{h+H} s(H+h-y)\mathrm{d}y$.

四、计算题

1. 求 $y=2x, xy=2, y=\frac{1}{4}x^2$ 所围图形的面积$(x\geqslant 1)$.

2. 求 $\rho=2(1-\sin\theta)$ 所围图形的面积.

3. 求 $x=a(t-\sin t), y=a(1-\cos t)$ 的一拱 $(0\leqslant t\leqslant 2\pi)$ 与横轴所围图形的面积.

4. 过抛物线 $y=x^2$ 上一点 $p(a,a^2)$ 作法线,问 a 为何值时所作法线与抛物线所围图形的面积最小?

5. 求以长半轴 $a=10$,短半轴 $b=5$ 的椭圆为底而垂直于长半轴的截面为等边三角形的立体体积.

6. 求曲线 $x^2+y^2=-2y$ 绕 $y=2$ 旋转一周所成旋转体的体积.

7. 曲线 $y=\dfrac{\sqrt{x}}{1+x^2}$ 绕 x 轴旋转一周而成为旋转体,若它在点 $x=0$ 与 $x=\xi$ 之间的体积记为

$V(\xi)$,问 a 为何值时,$V(a)=\dfrac{1}{2}\lim\limits_{\xi\to\infty}V(\xi)$.

8. 计算曲线 $y=\dfrac{1}{3}\sqrt{x}(3-x)$ 上相应于 $1\leqslant x\leqslant 3$ 的一段弧长.

9. 求曲线 $r=a\sin^3\dfrac{\theta}{3}$ 的全长,其中 $a>0,0\leqslant\theta\leqslant3\pi$.

10. 有一等腰梯形闸门,它的两条底边长为 10 米和 6 米,高为 20 米,垂直地置于水中,较长的底边与水平面相齐,试计算闸门的一侧所受的水压力.

11. 设有一长度为 l,线密度为 ρ 的均匀细直棒,在与棒的一端垂直距离为 a 单位处有一质量为 m 的质点,试求这细棒对该质点的引力.

12. 半径为 r 的球沉入水中,球的上部与水面相切,球的比重与水相同,现将球从水中取出,需做多少功?

13. 水坝中有一直立的矩形闸门,宽为 a 米,高为 b 米,闸门的上边平行于水面,求水面在闸门顶上时,闸门所受的压力. 如欲使所受压力加倍,则水面应上升多少米?

14. 用铁锤将一铁钉击入木板,设木板对铁钉的阻力与铁钉击入木板的深度成正比,在击第一次时将铁钉击入木板 1 厘米;如果铁锤每次打击铁钉所做的功相等,问锤击第二次时,铁钉又被击入多少厘米?

15. 将半径为 a 米的半圆板竖直放入水中,使其直径与水面相齐,求该板一侧所受的压力.

五、证明题

1. 证明:由平面图形 $0\leqslant a\leqslant x\leqslant b,0\leqslant y\leqslant f(x)$ 绕 x 轴旋转一周所成旋转体的侧面积为

$$S=2\pi\int_a^b f(x)\ \sqrt{1+f'^2(x)}\mathrm{d}x.$$

2. 函数 $y=\mathrm{ch}x=\dfrac{\mathrm{e}^x+\mathrm{e}^{-x}}{2}$ 的图形称为悬链线. 记它在区间 $[0,u]$ 上所对应的长度为 $L(u)$,曲边梯形的面积为 $A(u)$,该曲边梯形绕 x 轴旋转一周所得的旋转体体积为 $V(u)$,该旋转体的侧面积为 $S(u)$,$x=u$ 处的端面积为 $F(u)$,证明:

(1) $L(u)=A(u)$;

(2) $S(u)=2V(u)$;

(3) $\lim\limits_{u\to+\infty}\dfrac{S(u)}{F(u)}=1$.

3. 证明过平面上两个定点的曲线弧长大于等于直线段的长度.

4. 已知某立体垂直于 x 轴的截面面积为

$$S(x)=Ax^2+Bx+C,\quad a\leqslant x\leqslant b,$$

证明此立体的体积

$$V=\dfrac{b-a}{6}\left[S(a)+4S\left(\dfrac{a+b}{2}\right)+S(b)\right].$$

5. 证明平面图形 $\{(x,y)\mid a\leqslant x\leqslant b,0\leqslant y\leqslant y(x)\}$ 绕 y 轴旋转一周所得的旋转体的体积为 $V=2\pi\displaystyle\int_a^b xy(x)\mathrm{d}x.$

第 12 章　欧几里得空间$\mathbb{R}^n$

从本章开始,将用若干章篇幅为读者介绍多元函数微积分学的基本内容. 所谓多元函数,指的是自变量个数多于一个的函数,其形式为$y=f(x_1,x_2,\cdots,x_n)$,其中$n\geqslant 2$. 学习的进程基本上与一元函数的微积分学相同,即依次考虑多元函数的极限、连续、导数、微分以及积分等内容. 但对多元函数而言,由于自变量个数的增多,问题显得烦琐或复杂,在对问题的具体描述与处理时,给我们带来一定的困难,同时在问题的某些方面与一元函数还有着本质的不同. 因而大家在学习时要注意类比,仔细区别它们的异同. 同时还应该注意的是,二元函数是多元函数的代表,掌握了二元函数的微积分学基本知识,则很容易将它们推广到一般的多元函数情形,因为它们之间并无太大差别. 而对多元函数$y=f(x_1,x_2,\cdots,x_n)$本身而言,与一元函数$y=f(x)$比较,其对应关系与值域并没有发生变化,主要是定义域由$\mathbb{R}$中的子集变化成了$\mathbb{R}^n$中的子集,所以首先要对论域$\mathbb{R}^n$中的子集与点列及其极限有一个基本了解. 之后就可以讨论多元函数的其他问题.

12.1　空间$\mathbb{R}^n$及其点集

12.1.1　空间$\mathbb{R}^n$

设$n\in\mathbb{N}$,空间$\mathbb{R}^n$是由全体n元实数组$(x_1,x_2,\cdots,x_n)$组成的集合,即
$$\mathbb{R}^n=\{(x_1,x_2,\cdots,x_n)\mid x_i\in\mathbb{R},i=1,2,\cdots,n\},$$
并且$\mathbb{R}^1=\mathbb{R}$. $\mathbb{R}^n$作为实的线性空间,它上面有线性运算,这在高等代数中大家已经学过. 那时称$\mathbb{R}^n$中的元素为向量. 为在分析学中应用方便,也将$\mathbb{R}^n$中的元素称为点. 即$\mathbb{R}^n$中的元素具有双重身份. 点$(x_1,x_2,\cdots,x_n)$可记为$P(x_1,x_2,\cdots,x_n)$或者$P=(x_1,x_2,\cdots,x_n)$,或者简记为P,当然也可以用其他字母表示. 如果点P为$P(x_1,x_2,\cdots,x_n)$,称$(x_1,x_2,\cdots,x_n)$为点P的坐标,而称x_i为点P的第i个坐标,$i=1,2,\cdots,n$. 坐标都是 0 的点称为$\mathbb{R}^n$的原(零)点,用O表示,即O点的坐标为$(0,0,\cdots,0)$.

通过一元函数的学习,我们已经知道,之所以在$\mathbb{R}$上能够描述极限概念,是因为对$\mathbb{R}$中的任意两点x,y,定义了它们之间的距离$|x-y|$. 现在对$\mathbb{R}^n$中的任意两点$P(x_1,x_2,\cdots,x_n)$与$Q(y_1,y_2,\cdots,y_n)$,定义它们之间的距离为
$$\mathrm{d}(P,Q)=|PQ|=|P-Q|=\sqrt{(x_1-y_1)^2+(x_2-y_2)^2+\cdots+(x_n-y_n)^2}.$$

(12.1.1)

显然,当 $n=1$ 时,$|PQ|=|x_1-y_1|$ 就是 $\mathbb{R}$ 中的距离,并且由式(12.1.1)定义的距离与第 0 章中所叙述的 $d(x,y)$ 所满足的三条性质相同,即

(1) $d(P,Q)\geqslant 0$,并且 $d(P,Q)=0$ 当且仅当 $P=Q$;

(2) $d(P,Q)=d(Q,P)$;

(3) $d(P,Q)\leqslant d(P,R)+d(R,Q)$.

所以式(12.1.1)是 $\mathbb{R}$ 中的距离在 $\mathbb{R}^n$ 中的推广. 同时,称

$$|P|=|OP|=\sqrt{x_1^2+x_2^2+\cdots+x_n^2} \tag{12.1.2}$$

为向量 P 的长度(模、范数). 定义了距离的实线性空间 $\mathbb{R}^n$ 称为欧几里得(Euclid)空间. 在 $\mathbb{R}^n$ 中有了距离的概念,就能考虑 $\mathbb{R}^n$ 中一些特殊的集合及其点列的收敛性问题. 从而在其上可以方便地研究多元函数的微积分学问题. 在一元函数中,考虑最多的函数定义域是区间,将其推广到 $\mathbb{R}^n$ 中,就是所谓区域的概念. 然而,关于区域的描述却比区间困难许多.

12.1.2 空间$\mathbb{R}^n$中的点集

以一般的 $\mathbb{R}^n$ 介绍相应的概念,但举例时为方便、形象与直观,以 $\mathbb{R}^2$(平面)或者 $\mathbb{R}^3$(空间)为例.

1. 邻域

设 P_0 是 $\mathbb{R}^n$ 中的一个定点,δ 是某一正数,$\mathbb{R}^n$ 中与点 P_0 的距离小于 δ 的点的全体称为点 P_0 的一个 δ 邻域,记作 $U(P_0;\delta)$,即

$$U(P_0;\delta)=\{P\in\mathbb{R}^n \mid |PP_0|<\delta\}, \tag{12.1.3}$$

其中 P_0 和 δ 分别称为邻域的中心和半径.

去掉中心 P_0 后的邻域 $U(P_0;\delta)$ 称为 P_0 的去心邻域,记作 $\mathring{U}(P_0;\delta)$,即

$$\mathring{U}(P_0;\delta)=\{P\in\mathbb{R}^n \mid 0<|PP_0|<\delta\}. \tag{12.1.4}$$

若无须指明半径 δ 的大小,则用 $U(P_0)$ 和 $\mathring{U}(P_0)$ 分别表示 P_0 的邻域与 P_0 的去心邻域.

2. 内点、外点与边界点

设 $E\subset\mathbb{R}^n$,$P\in\mathbb{R}^n$,则点 P 与集合 E 之间有且仅有如下三种位置关系:

(1) 存在点 P 的某个邻域 $U(P)$ 完全含于 E,即 $U(P)\subset E$,此时称点 P 为 E 的一个内点. 显然 E 的内点属于 E,E 的内点全体记为 $\mathring{E}$;

(2) 存在点 P 的某个邻域 $U(P)$,使得 $U(P)\bigcap E=\varnothing$,此时称点 P 为 E 的一个外点,显然 E 的外点不属于 E;

(3) P 的任何一个邻域 $U(P)$ 内既有属于 E 的点,也有不属于 E 的点,此时称点 P 为 E 的一个边界点,E 的边界点的全体记为 ∂E,E 的边界点可能属于 E 也可

能不属于E.

例如,考虑集合$E=\{(x,y)\,|\,1\leqslant x^2+y^2<2\}$. 容易知道:

(1) E的内点的全体为$E_1=\{(x,y)\,|\,1<x^2+y^2<2\}$;

(2) E的外点的全体为$E_2=\{(x,y)\,|\,x^2+y^2<1\}\bigcup\{(x,y)\,|\,x^2+y^2>2\}$;

(3) E的边界点的全体为$E_3=\{(x,y)\,|\,x^2+y^2=1\}\bigcup\{(x,y)\,|\,x^2+y^2=2\}$. 并且$E$的部分边界点集$\{(x,y)\,|\,x^2+y^2=1\}\subset E$;而$E$的部分边界点集$\{(x,y)\,|\,x^2+y^2=2\}\bigcap E=\varnothing$.

3. 聚点与孤立点

设$E\subset\mathbb{R}^n$,$P\in\mathbb{R}^n$.

(1) 如果点P的任何一个邻域$U(P)$内,都有E中的无穷多个点,则称P为E的一个聚点;

(2) 如果点$P\in E$,不是E的聚点,则称P为E的一个孤立点,即$P\in E$,并且存在$\delta>0$使得$\mathring{U}(P;\delta)\bigcap E=\varnothing$.

例如,

$$E=\{(x,y,z)\,|\,x>0,y>0,z>0\}\bigcup\{(-1,4,3)\},$$

则E的聚点集为$E_1=\{(x,y,z)\,|\,x\geqslant 0,y\geqslant 0,z\geqslant 0\}$,而$E$只有一个孤立点$P(-1,4,3)$.

4. 开集与闭集

如果集合E的每一点都是E的内点,则称E为开集;如果集合E的每一个聚点都属于E,则称E为闭集.

例如,$E_1=\{(x,y)\,|\,x<1\}$是开集;而$E_2=\{(x,y)\,|\,y\geqslant 2\}$是闭集.

5. 区域

连通的开集称为区域. 所谓集合E是连通的,是指对于E中任意两点,都可以用完全包含在E内的折线段连接起来. 所谓折线段是指用若干条直线段拼接在一起的集合,而P,Q两点间的直线段规定为集合$PQ=\{\lambda P+(1-\lambda)Q\,|\,0\leqslant\lambda\leqslant 1\}$. 由区域并上其边界构成的集合称为闭区域,即如果$E$为区域,那么$\bar{E}=E\bigcup\partial E$是闭区域.

例如,开集$E=\{(x,y)\,|\,1<x^2+y^2<2\}$是区域. 开集

$$E=\{(x,y)\,|\,x^2+y^2<1\}\bigcup\{(x,y)\,|\,(x-5)^2+(y-6)^2<1\}$$

不是区域. 而$E=\{(x,y)\,|\,0\leqslant x\leqslant 1,2\leqslant y\leqslant 3\}$是闭区域.

6. 有界集与无界集

设$E\subset\mathbb{R}^n$,如果存在充分大的$R>0$,使得$E\subset U(O;R)$,则称E为有界集,否

则称 E 为无界集.

例如,$E=\{(x,y,z)\mid x^2+y^2+z^2<1\}$ 是有界集. 而 $E=\{(x,y,z)\mid x\geqslant1\}$ 是无界集.

12.2　空间$\mathbb{R}^n$中的点列及其极限

空间$\mathbb{R}^n$中的点列及其极限是$\mathbb{R}$中的数列及其极限的推广.

设 $P_k=(x_1^{(k)},x_2^{(k)},\cdots,x_n^{(k)})\in\mathbb{R}^n,k=1,2,\cdots,$称

$$P_1,P_2,\cdots,P_k,\cdots \tag{12.2.1}$$

为$\mathbb{R}^n$中的一个点列,简记为$\{P_k\}$.

例如,$P_k=\left(\dfrac{1}{k},\dfrac{2}{k},\cdots,\dfrac{n}{k}\right),$则$\{P_k\}$为$\mathbb{R}^n$中的一个点列. 下面给出极限的概念.

定义 12.2.1　设$\{P_k\}$为$\mathbb{R}^n$中一个点列,P 为$\mathbb{R}^n$中一个定点. 如果对任意的 $\varepsilon>0,$存在自然数 $K,$对于 $k>K$ 的一切 $P_k,$都有 $|P_k-P|<\varepsilon,$则称定点 P 为点列$\{P_k\}$当 k 趋于正无穷大时的极限. 记为

$$\lim_{k\to\infty}P_k=P,\quad 或者\quad P_k\to P\ (k\to\infty),$$

也简记为 $\lim P_k=P,$或者 $P_k\to P.$ 当点列$\{P_k\}$的极限存在时,称点列$\{P_k\}$是收敛的,否则称点列$\{P_k\}$是发散的.

利用定义 12.2.1,容易证明,如果 $P_k=\left(\dfrac{1}{k},\dfrac{2}{k},\cdots,\dfrac{n}{k}\right),$那么$\lim\limits_{k\to\infty}P_k=O.$

定理 12.2.1　设 $P_k=(x_1^{(k)},x_2^{(k)},\cdots,x_n^{(k)}),P=(x_1,x_2,\cdots,x_n),$则$\lim\limits_{k\to\infty}P_k=P$ 的充分必要条件是$\lim\limits_{k\to\infty}x_i^{(k)}=x_i,i=1,2,\cdots,n.$

证明　充分性　如果$\lim\limits_{k\to\infty}x_i^{(k)}=x_i,i=1,2,\cdots,n,$则对任意的 $\varepsilon>0,$存在自然数 $K_i,$当 $k>K_i$ 时 $|x_i^{(k)}-x_i|<\dfrac{\varepsilon}{\sqrt{n}},i=1,2,\cdots,n.$ 记 $K=\max\{K_1,K_2,\cdots,K_n\},$则当 $k>K$ 时,就有 $k>K_i,$所以当 $k>K$ 时,对于 $i=1,2,\cdots,n,$有 $|x_i^{(k)}-x_i|<\dfrac{\varepsilon}{\sqrt{n}},$所以

$$|P_k-P|=\sqrt{\sum_{i=1}^n(x_i^{(k)}-x_i)^2}<\sqrt{\sum_{i=1}^n\frac{\varepsilon^2}{n}}=\varepsilon,$$

所以$\lim\limits_{k\to\infty}P_k=P.$

必要性　如果$\lim\limits_{k\to\infty}P_k=P,$则对任意的 $\varepsilon>0,$存在自然数 $K,$当 $k>K$ 时,$|P_k-P|=\sqrt{\sum\limits_{i=1}^n(x_i^{(k)}-x_i)^2}<\varepsilon,$从而,对于 $i=1,2,\cdots,n,$都有 $|x_i^{(k)}-x_i|<\varepsilon,$所以

$$\lim_{k\to\infty}x_i^{(k)}=x_i,\quad i=1,2,\cdots,n.\qquad\square$$

定理 12.2.1 说明点列 $\{P_k\}$ 收敛等价于按坐标收敛,即同时考虑 n 个数列的收敛性,也即同时考虑有限个数列的收敛性.所以,我们能够利用第 2 章对数列收敛性的结论研究 $\mathbb{R}^n$ 中点列的收敛性.并且将 $\mathbb{R}$ 中数列收敛性的结论推广为 $\mathbb{R}^n$ 中点列收敛的相关结论.需要注意的是,由于 $\mathbb{R}^n$ 中的任意两点 P,Q 不能比较大小,即 P,Q 之间没有全序关系(研究一般集合中元素的序关系,即大小关系,也是数学的一个研究分支,它们在数学领域及相关学科,例如,决策理论等方面具有广泛应用),所以关于数列收敛的夹逼准则、单调性等涉及序关系的结论对于 $\mathbb{R}^n$ 中点列不再成立(这是一维空间 $\mathbb{R}$ 与多维空间 $\mathbb{R}^n$ 的一个显著区别),而其他的有关结论可以照搬到 $\mathbb{R}^n$ 中点列上.所以关于 $\mathbb{R}^n$ 中点列收敛的相关结论,我们不再给出具体证明,只将它们罗列在下面,以备应用时查阅.

定理 12.2.2 下列结论成立:

(1)(点列极限的唯一性) 如果点列 $\{P_k\}$ 收敛,则其极限是唯一的.

(2)(点列极限的线性运算) 如果点列 $\{P_k\}$ 及 $\{Q_k\}$ 均收敛,则点列 $\{P_k+Q_k\}$ 及 $\{\lambda P_k\}$ 列也都收敛,并且 $\lim\limits_{k\to\infty}(P_k+Q_k)=\lim\limits_{k\to\infty}P_k+\lim\limits_{k\to\infty}Q_k$,$\lim\limits_{k\to\infty}(\lambda P_k)=\lambda\lim\limits_{k\to\infty}P_k$,其中常数 $\lambda\in\mathbb{R}$.

(3)(闭区域套定理) 设 $\{D_k\}$ 是 $\mathbb{R}^n$ 中的一列非空的闭区域,如果对于 $k=1,2,\cdots$ 有 $D_{k+1}\subset D_k$,并且 $\lim\limits_{k\to\infty}d(D_k)=0$,则在空间 $\mathbb{R}^n$ 中存在唯一的点 P_0,使得 $P_0\in D_k,k=1,2,\cdots$,其中 $d(D_k)=\sup\{|P_1P_2|\,\big|\,P_1,P_2\in D_k\}$,称为集合 D_k 的直径.

(4)(点列收敛的必要条件) 收敛点列是有界的.

(5)(致密性定理) 有界点列必有收敛的子点列.

(6)(柯西准则) 点列 $\{P_k\}$ 收敛的充分必要条件是对于任意的 $\varepsilon>0$,存在自然数 K,当 $k,m>K$ 时,$|P_k-P_m|<\varepsilon$.

(7)(有限覆盖定理) 设 E 为 $\mathbb{R}^n$ 中的一个有界闭区域,如果开区域簇 $\{E_\alpha\}$ 是 E 的一个覆盖,则必存在 $\{E_\alpha\}$ 中的有限个开区域 $E_1,E_2,\cdots,E_k$,使得 $\{E_i\,|\,i=1,2,\cdots,k\}$ 也构成 E 的一个覆盖.

习 题 12

一、判断题(正确打√并给出证明,错误打×并给出反例)

1. 聚点是内点或者边界点. ( )

2. $\mathbb{R}^1$ 是 $\mathbb{R}^2$ 的子集. ( )

3. 平面点集 $E=\{(x,y)\,|\,xy>0\}$ 不连通. ( )

4. 平面点集 $E=\{(x,y)\,|\,x^2+y^2>2xy\}$ 是有界的. ( )

5. $\mathbb{R}^n$ 中不存在既是开集又是闭集的非空点集.   (　　)

二、填空题(将正确答案填在题中横线之上)

1. $\lim\limits_{n\to\infty}\left(\dfrac{1}{n},n\sin\dfrac{1}{n},\left(1+\dfrac{1}{n}\right)^n\right)=$ _____.

2. 平面点集 $E=\{(x,y)\,|\,x^2+y^2<a^2\}$ 的聚点集合 $\bar{E}=$ _____.

3. 平面点集 $E=\{(x,y)\,|\,y<x^2\}$ 的边界 $\partial E=$ _____.

4. 设平面点集 $E=\left\{(x,y)\,\middle|\,\dfrac{x^2}{a^2}+\dfrac{y^2}{b^2}<1\right\}$,则 $\sup E=$ _____.

5. $\mathbb{R}^3$ 中球壳 $1\leqslant x^2+y^2+z^2\leqslant 2$ 的外点集为 _____.

三、单项选择题(将正确答案的字母填入括号内)

1. 若 E 是 $\mathbb{R}^n$ 中某一点 P 的 δ-邻域,则下列结论不正确的是(　　).

(A) E 是开集;　　　(B) E 是闭集;　　　(C) E 是有界集;　　　(D) E 是连通集.

2. 原点 $O(0,0)$ 是点集 $E=\{(x,y)\,|\,y\geqslant x^2+1\}$ 的(　　).

(A) 内点;　　　　　(B) 外点;　　　　　(C) 边界点;　　　　　(D) 聚点.

3. 若 E 是 $\mathbb{R}^n$ 中的点集,则下列情形不存在的是(　　).

(A) $\partial E=\varnothing$;　　　(B) $\partial E=E$;　　　(C) $E\subset\partial E,E\neq\partial E$;　　　(D) $\mathring{E}=\partial E$.

4. 若 $\{P_k\}$ 是 $\mathbb{R}^n$ 中的收敛点列,则下列结论不正确的是(　　).

(A) $\{P_k\}$ 是柯西点列;

(B) $\{P_k\}$ 是有界点列;

(C) $\{P_k\}$ 的每个坐标列点也是收敛点列且它们的极限值相同;

(D) $\{P_k\cdot P_k\}$ 也是收敛点列.

5. 下列结论不正确的是(　　).

(A) 没有边界的非空点集是无界集;

(B) $\mathbb{R}^n$ 的点集不是开集就是闭集;

(C) $\partial \mathbb{Q}=\mathbb{R}$;

(D) 如果 $E=\{(x,y)\,|\,x,y\in\mathbb{Z}\}$,则 E 的每个点都是孤立点.

四、计算题

1. 描绘下列各平面区域,并指明其区域特性:

(1) $D_1=\{(x,y)\,|\,x^2>y\}$;

(2) $D_2=\{(x,y)\,|\,x^2-y^2\leqslant 1\}$;

(3) $D_3=\{(x,y)\,|\,|xy|\leqslant 1\}$;

(4) $D_4=\{(x,y)\,|\,|x+y|<1\}$;

(5) $D_5=\{(x,y)\,|\,|x|+|y|\leqslant 1\}$;

(6) $D_6=\{(x,y)\,|\,|x|+y\leqslant 1\}$.

2. 描绘下列各空间区域,并指明其区域特性:

(1) $\Omega_1=\{(x,y,z)\,|\,x^2+y^2+z^2\leqslant 4\}$;

(2) $\Omega_2=\left\{(x,y,z)\,\middle|\,\dfrac{x^2}{a^2}+\dfrac{y^2}{b^2}+\dfrac{z^2}{c^2}<1\right\}$,其中常数 $a,b,c>0$;

(3) $\Omega_3=\{(x,y,z)\,|\,x^2+y^2\leqslant a^2,|z|\leqslant h\}$,其中常数 $a,h>0$;

(4) $\Omega_4 = \{(x, y, z) \mid x^2 + y^2 < z, z < 2\}$;

(5) $\Omega_5 = \{(x, y, z) \mid |x| + |y| + |z| \leqslant 1\}$.

3. 求出下列各平面点集 E 的聚点集 E':

(1) $E = \{(x, y) \mid 0 < x^2 + y^2 < 1\}$;

(2) $E = \{(r_1, r_2) \mid 0 < r_1, r_2 < 1, r_1, r_2 \in \mathbb{Q}\}$;

(3) $E = \left\{ \left(\dfrac{1}{n}, \dfrac{1}{n} \right) \mid n \in \mathbb{N} \right\}$;

(4) $E = \{(m, n) \mid m, n \in \mathbb{Z}\}$.

五、证明题

1. 证明平面点 P 的任何圆形邻域内必存在点 P 的方形邻域,反之亦然.

2. 证明适合条件 $y > x^2$ 的全部点 (x, y) 所成的集合 E 是开集.

3. 证明点 P 是集合 E 的聚点当且仅当 $\forall r > 0, \mathring{U}(P; r) \bigcap E \neq \varnothing$.

4. 已知点 P 是集合 E 的聚点,但不是 E 的内点,证明点 P 是 E 的边界点.

5. 已知点 P 是区域 D 的聚点,则存在 $P_n \in D, n = 1, 2, \cdots$,使得 $\lim\limits_{n \to \infty} P_n = P$.

6. 对 $\mathbb{R}^n$ 中的任意两点 $P(x_1, x_2, \cdots, x_n)$ 与 $Q(y_1, y_2, \cdots, y_n)$,定义它们之间的距离为

$$d(P, Q) = |PQ| = |P - Q| = \sqrt{(x_1 - y_1)^2 + (x_2 - y_2)^2 + \cdots + (x_n - y_n)^2}.$$

证明对 $\mathbb{R}^n$ 中的任意三点 P, Q, R,有 $d(P, Q) \leqslant d(P, R) + d(R, Q)$.

7. 证明 $\mathbb{R}^n$ 中的有界点列必有收敛子列.

8. 已知 $S \subset \mathbb{R}^2$, $P_0(x_0, y_0)$ 为 S 的内点,$P_1(x_1, y_1)$ 为 S 的外点,证明直线段 $\overline{P_0 P_1}$ 与 S 的边界 ∂S 至少有一个交点.

9. 证明 $\mathbb{R}^1$ 中的集合 D 是连通集的充分必要条件是 D 为区间.

10. 设 A, B 是 $\mathbb{R}^n$ 中两个互不相交的有界闭集,证明 $d(A, B) > 0$,其中 $d(A, B) = \inf\limits_{P \in A, Q \in B} d(P, Q)$.

第 13 章 多元函数的极限与连续性

本章主要内容是多元函数的概念、极限及其连续性,重点是多元函数的极限.因为它与一元函数的极限有着显著的不同,读者学习时应注意体会二者的差别.而多元函数的连续性及多元连续函数的性质与一元函数类似,可以比照着一元函数逐条进行讨论.

13.1 多 元 函 数

多元函数是人们比照着一元函数的定义,从实际问题中抽象出来的数学概念.例如,圆柱体的体积 V 依赖于它的高 h 与底面半径 r,即

$$V(h,r)=\pi h r^2;$$

立方体的表面积 A 依赖于它的长 x、宽 y 及高 z,即

$$A(x,y,z)=2(xy+yz+zx);$$

三维空间中一点的温度 T 依赖于点的坐标 (x,y,z) 及时间 t,即

$$T=T(x,y,z,t);$$

对某个量测量 n 次,其测量值依次为 $x_1,x_2,\cdots,x_n$,则对此量的 n 次测量平均值为

$$\bar{x}=\frac{1}{n}(x_1+x_2+\cdots+x_n).$$

上述各个量的实际背景不同,但它们具有共性:即某一变量的变化依赖于两个或两个以上的变量变化.数学上依次将它们称为二元函数、三元函数、四元函数及 n 元函数.第 12 章定义的 $\mathbb{R}^n$ 中任意两点 P 与 Q 之间的距离 $d(P,Q)$ 是一个 $2n$ 元函数;而 n 阶行列式是一个 n^2 元函数.因此,一般地,利用第 0 章介绍的映射概念,容易得到下列定义.

定义 13.1.1 称映射 $f:D\subset\mathbb{R}^n\rightarrow\mathbb{R}$ 为一个 n 元函数,记为

$$y=f(P),\ P\in D;\quad 或者 y=f(x_1,x_2,\cdots,x_n),\ (x_1,x_2,\cdots,x_n)\in D,$$

其中 $x_1,x_2,\cdots,x_n$ 均称为自变量;y 称为因变量;D 称为定义域;因变量 y 的取值集合称为值域,记为 R;集合

$$G=\{(x_1,x_2,\cdots,x_n,y)\,|\,(x_1,x_2,\cdots,x_n)\in D,y=f(x_1,x_2,\cdots,x_n)\}$$

称为函数的图形(图像);对每个固定的点 $P_0\in D$,通过 f 所唯一确定的数值 $y_0=$

$f(P_0)$称为函数在P_0点的函数值.

一般地,当$n \geqslant 2$时,也称n元函数为多元函数,而$n=1$时,就是一元函数.

对于二元函数,通常也记为$z=f(x,y)$,而三元函数则记为$u=f(x,y,z)$,四元函数记为$u=f(x,y,z,t)$.但这都不是本质的,仅仅是习惯,方便而已.

对于多元函数,仅当$n=2$时,可以在$Oxyz$坐标系中绘出$z=f(x,y)$的图形.一般来说,它是空间的一张曲面,该曲面在xOy坐标平面的投影就是它的定义域,如图13-1所示.

如二元函数$z=ax+by+c$的图形是一张平面;函数$z=\sqrt{a^2-x^2-y^2}$的图形是以坐标原点为球心,a为半径的上半球面;函数$z=2(x^2+y^2)$的图形是以坐标原点为顶点的旋转抛物面(图13-2).

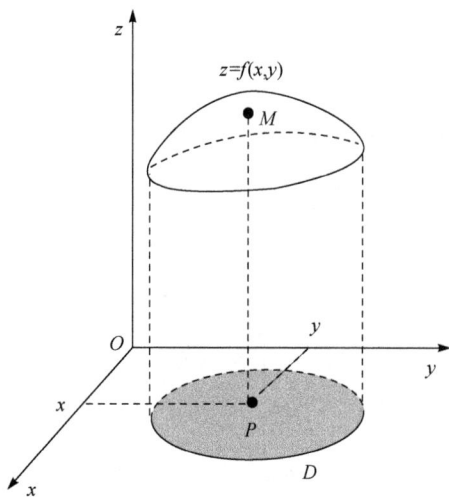

图 13-1

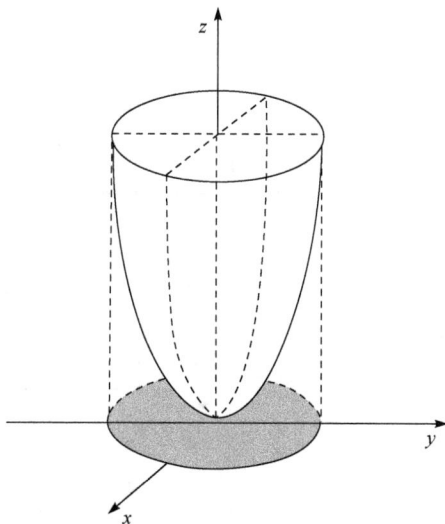

图 13-2

多元函数定义域的求法与一元函数一样,其定义域是使函数关系式有意义的一切自变量形成的点集.如果自变量还代表具体问题中的量,则求定义域时应具体考虑自变量的实际意义.当$n=2$时,可以在xOy坐标系中画出函数$z=f(x,y)$的定义域的几何图形.而当$n=3$时,可以在$Oxyz$坐标系中画出函数$u=f(x,y,z)$定义域的几何图形.例如,函数$z=\arcsin(x+y)$的定义域是平面点集$D=\{(x,y)\mid -1 \leqslant x+y \leqslant 1\}$,图形如图13-3所示.又如,当我们已知三元函数$u=f(x,y,z)$的定义域$D=\{(x,y,z)\mid x,y,z \geqslant 0, x+y+z \leqslant 1\}$时,可在$Oxyz$坐标系中画出$D$的图形,如图13-4所示.

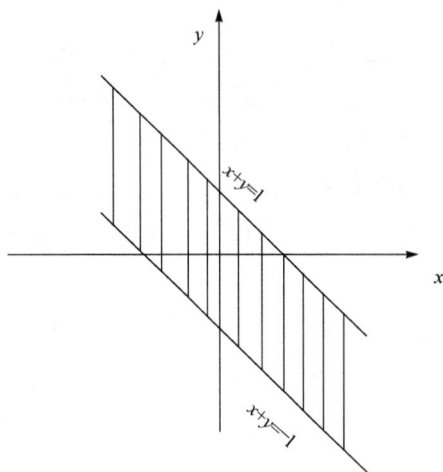

图 13-3

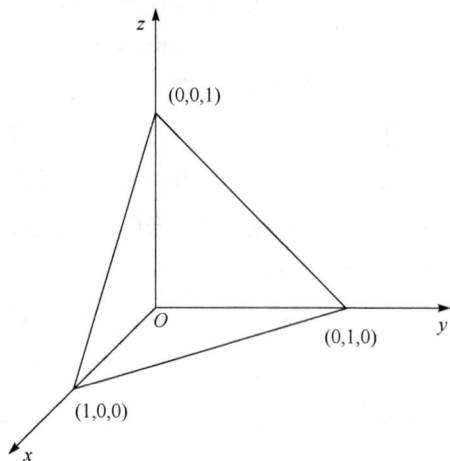

图 13-4

n 元线性函数是指 $f(x_1, x_2, \cdots, x_n) = a_1 x_1 + a_2 x_2 + \cdots + a_n x_n$，其中 $a_1, a_2, \cdots,$ a_n 是给定的实数，定义域 $D = \mathbb{R}^n$. 对于任意的 $P(x_1, x_2, \cdots, x_n)$ 与 $Q(y_1, y_2, \cdots, y_n)$ 属于 D，任意的 $k \in \mathbb{R}$，它满足线性条件

$$\begin{cases} f(P+Q) = f(P) + f(Q), \\ f(kP) = kf(P). \end{cases} \tag{13.1.1}$$

若将 $f(x_1, x_2, \cdots, x_n)$ 写成矩阵形式，即

$$f(x_1, x_2, \cdots, x_n) = (a_1, a_2, \cdots, a_n) \begin{pmatrix} x_1 \\ x_2 \\ \vdots \\ x_n \end{pmatrix},$$

则能很方便地证明式(13.1.1)成立.

13.2　多元函数的极限

13.2.1　多元函数在定点处的极限

比照一元函数 $y = f(x)$ 在定点 x_0 处的极限 $\lim\limits_{x \to x_0} f(x) = A$ 的定义，定义多元函数 $y = f(P)$ 在定点 P_0 处的极限如下.

定义 13.2.1　设多元函数 $y = f(P)$ 的定义域为 D，点 P_0 是 D 的一个聚点，A 为一常数. 如果对于任意的 $\varepsilon > 0$，存在 $\delta > 0$，使得当 $P \in D$ 并且 $0 < |P - P_0| < \delta$ 时，就有 $|f(P) - A| < \varepsilon$ 成立，则称 A 为函数 $y = f(P)$ 当 P 趋于 P_0 的二重极限，也简称为极限. 记为

$$\lim_{P \to P_0} f(P) = A, \quad \text{或者} \quad f(P) \to A \ (P \to P_0).$$

对于二元函数 $z = f(x, y)$，极限 $\lim\limits_{P \to P_0} f(P) = A$ 也可分别记为

$$\lim_{\substack{x \to x_0 \\ y \to y_0}} f(x, y) = A, \quad \lim_{x \to x_0, y \to y_0} f(x, y) = A,$$

$$\lim_{(x, y) \to (x_0, y_0)} f(x, y) = A, \quad \text{或者} \quad f(x, y) \to A \ (x \to x_0, y \to y_0).$$

例 13. 2. 1 证明 $\lim\limits_{\substack{x \to 0 \\ y \to 0}} (x^2 + y^2) \cos \dfrac{1}{x^2 + y^2} = 0$.

证明 对于任意的 $\varepsilon > 0$，由

$$\left| (x^2 + y^2) \cos \frac{1}{x^2 + y^2} - 0 \right| = (x^2 + y^2) \left| \cos \frac{1}{x^2 + y^2} \right| \leqslant x^2 + y^2 < \varepsilon$$

得到 $\sqrt{x^2 + y^2} < \sqrt{\varepsilon}$，所以对于 $\delta = \sqrt{\varepsilon} > 0$，当 $0 < \sqrt{(x-0)^2 + (y-0)^2} < \delta$ 时，就有

$$\left| (x^2 + y^2) \cos \frac{1}{x^2 + y^2} - 0 \right| < \varepsilon,$$

所以 $\lim\limits_{\substack{x \to 0 \\ y \to 0}} (x^2 + y^2) \cos \dfrac{1}{x^2 + y^2} = 0$. □

例 13. 2. 2 证明 $\lim\limits_{(x, y) \to (2, 1)} (x^2 + xy + y^2) = 7$.

证明 限制 $\sqrt{(x-2)^2 + (y-1)^2} < 1$，那么 $|x-2| < 1$，$|y-1| < 1$，于是对任意的 $\varepsilon > 0$，由

$$|x^2 + xy + y^2 - 7| = |(x^2 - 4) + xy - 2 + (y^2 - 1)|$$
$$= |(x+2)(x-2) + (x-2)y + 2(y-1) + (y+1)(y-1)|$$
$$\leqslant |x-2||x+y+2| + |y-1||y+3| \leqslant 7|x-2| + 5|y-1|$$
$$\leqslant 7(|x-2| + |y-1|) \leqslant 14\sqrt{(x-2)^2 + (y-1)^2} < \varepsilon$$

得到 $\sqrt{(x-2)^2 + (y-1)^2} < \dfrac{\varepsilon}{14}$. 因此，取 $\delta = \min\left\{ \dfrac{\varepsilon}{14}, 1 \right\}$，则当 $0 < \sqrt{(x-2)^2 + (y-1)^2} < \delta$ 时，

$$|x^2 + xy + y^2 - 7| < \varepsilon,$$

所以 $\lim\limits_{(x, y) \to (2, 1)} (x^2 + xy + y^2) = 7$. □

例 13. 2. 3 已知

$$f(x, y) = \begin{cases} xy \dfrac{x^2 - y^2}{x^2 + y^2}, & (x, y) \neq (0, 0), \\ 0, & (x, y) = (0, 0), \end{cases}$$

证明 $\lim\limits_{(x, y) \to (0, 0)} f(x, y) = 0$.

证明 对函数的自变量作极坐标变换 $x = r\cos\varphi$，$y = r\sin\varphi$. 因为 $r = $

$\sqrt{x^2+y^2}$，所以 $(x,y)\rightarrow(0,0)$ 等价于对 φ 一致的有 $r\rightarrow0$. 由于

$$|f(x,y)-0|=\left|xy\frac{x^2-y^2}{x^2+y^2}\right|=\frac{1}{4}r^2|\sin4\varphi|\leqslant\frac{1}{4}r^2,$$

因此，对任何 $\varepsilon>0$，只需取 $\delta=2\sqrt{\varepsilon}$，当 $0<r=\sqrt{x^2+y^2}<\delta$ 时，不管 φ 取什么值，都有 $|f(x,y)-0|<\varepsilon$，即

$$\lim_{(x,y)\rightarrow(0,0)}f(x,y)=0.\qquad\qquad\square$$

注 13.2.1　极限 $\lim\limits_{P\rightarrow P_0}f(P)=A$ 是指点 P 在 $f(P)$ 的定义域内以任何方式趋于点 P_0 时，函数值 $f(P)$ 都与常数 A 无限靠近. 因此，如果我们用

$$\lim_{\substack{F_0(P)=0\\P\rightarrow P_0}}f(P)=A_{F_0}$$

表示点 P 是以特殊方式 $F_0(P)=0$ 趋于点 P_0 时函数 $f(P)$ 的极限，那么 $\lim\limits_{P\rightarrow P_0}f(P)=A$ 当且仅当对 P 以任意方式 $F(P)=0$ 趋于点 P_0 时，$\lim\limits_{\substack{F(P)=0\\P\rightarrow P_0}}f(P)=A_F$ 存在，并且有 $A_F=A$. 这一点与一元函数 $y=f(x)$ 的极限 $\lim\limits_{x\rightarrow x_0}f(x)$ 与其左、右极限 $\lim\limits_{x\rightarrow x_0^-}f(x)$ 及 $\lim\limits_{x\rightarrow x_0^+}f(x)$ 的关系类似，需要指出的是，在 $\lim\limits_{x\rightarrow x_0}f(x)$ 中，$x\rightarrow x_0$ 的方式只有三种（左、右及左右），而在 $\lim\limits_{P\rightarrow P_0}f(P)=A$ 中，$P\rightarrow P_0$ 的方式却有无穷多种.

例 13.2.4　证明极限 $\lim\limits_{\substack{x\rightarrow0\\y\rightarrow0}}\dfrac{xy}{x^2+y^2}$ 不存在.

解　因为当 (x,y) 沿着直线 $y=kx$ 趋于点 $(0,0)$ 时，极限

$$\lim_{\substack{y=kx\\x\rightarrow0,y\rightarrow0}}\frac{xy}{x^2+y^2}=\lim_{x\rightarrow0}\frac{kx^2}{x^2+k^2x^2}=\frac{k}{1+k^2}$$

随着 k 的取值不同（即不同方式）而不同，所以该极限不存在.　　　　$\square$

13.2.2　多元函数的累次极限

以二元函数为例，介绍累次极限的概念.

若对任一固定的 $y\in\mathring{U}(b)$，当 $x\rightarrow a$ 时，$f(x,y)$ 的极限 $\lim\limits_{x\rightarrow a}f(x,y)=\varphi(y)$ 存在，而 $\varphi(y)$ 当 $y\rightarrow b$ 时的极限 $\lim\limits_{y\rightarrow b}\varphi(y)=A$ 也存在，则称 A 为 $f(x,y)$ 先对 x 后对 y 的二次极限或者累次极限，记为

$$\lim_{y\rightarrow b}\lim_{x\rightarrow a}f(x,y)=A.$$

同理，定义 $f(x,y)$ 的先对 y 后对 x 的二次极限为 $\lim\limits_{x\rightarrow a}\lim\limits_{y\rightarrow b}f(x,y)$.

例 13.2.5　求当 $x\rightarrow0$，$y\rightarrow0$ 时，函数 $f(x,y)=\dfrac{x^2-y^2+x^3+y^3}{x^2+y^2}$ 两个累次

极限.

解 当 $y \neq 0$ 时,

$$\lim_{x \to 0} f(x,y) = \lim_{x \to 0} \frac{x^2 - y^2 + x^3 + y^3}{x^2 + y^2} = \frac{-y^2 + y^3}{y^2} = y - 1,$$

所以

$$\lim_{y \to 0} \lim_{x \to 0} f(x,y) = -1.$$

而当 $x \neq 0$ 时,

$$\lim_{y \to 0} f(x,y) = \lim_{y \to 0} \frac{x^2 - y^2 + x^3 + y^3}{x^2 + y^2} = \frac{x^2 + x^3}{x^2} = 1 + x,$$

所以

$$\lim_{x \to 0} \lim_{y \to 0} f(x,y) = 1. \qquad \square$$

一个显然的问题是二次极限与二重极限的关系如何？陈述如下：

（1）两个二次极限都不存在,而二重极限有可能存在,例如,

$$f(x,y) = \begin{cases} x \sin \dfrac{1}{y} + y \sin \dfrac{1}{x}, & x \neq 0, y \neq 0, \\ 0, & \text{其他,} \end{cases}$$

由于函数 $\sin \dfrac{1}{x}$ 和 $\sin \dfrac{1}{y}$ 在 $x = 0$ 和 $y = 0$ 的极限都不存在,故在点 $(0,0)$ 的两个二次极限都不存在,但因为 $|f(x,y)| \leqslant |x| + |y|$,故 $\lim\limits_{x \to 0, y \to 0} f(x,y) = 0$.

（2）两个二次极限存在但可能不相等,见例 13.2.5.

（3）两个二次极限存在且相等,但二重极限仍可能不存在. 例如,$f(x,y) = \dfrac{xy}{x^2 + y^2}$,由例 13.2.4 知 $\lim\limits_{x \to 0, y \to 0} f(x,y)$ 不存在,但容易知道 $f(x,y)$ 的两个二次极限都为零. 今后,若 $f(x,y)$ 的两个二次极限存在并且相等,即 $\lim\limits_{y \to b} \lim\limits_{x \to a} f(x,y) = \lim\limits_{x \to a} \lim\limits_{y \to b} f(x,y)$,称 $f(x,y)$ 的两个二次极限可以交换极限次序.

由此可知二次极限存在与否与二重极限存在与否,二者之间并没有必然的关系. 但下面的定理说明：若二元函数的某个二次极限与二重极限都存在,则二者一定相等. 因此,若两个二次极限存在而不相等,则二重极限一定不存在.

定理 13.2.1 若 $f(x,y)$ 在 (a,b) 点的二重极限为

$$\lim_{\substack{x \to a \\ y \to b}} f(x,y) = A,$$

且对任意靠近 b（可以不等于 b）的 y,当 $x \to a$ 时,$f(x,y)$ 存在有限极限

$$\varphi(y) = \lim_{x \to a} f(x,y),$$

则二次极限

$$\lim_{y\to b}\lim_{x\to a}f(x,y)=\lim_{y\to b}\varphi(y)$$

存在且等于二重极限 A.

证明　由于二重极限存在,故对任意给的 $\varepsilon>0$,存在 $\delta>0$,当 $|x-a|<\delta$, $|y-b|<\delta,(x-a)^2+(y-b)^2\neq0$ 时,恒有

$$|f(x,y)-A|<\varepsilon.$$

现在固定 $y\neq b$,而在上式中令 $x\to a$ 即得

$$|\varphi(y)-A|\leqslant\varepsilon.$$

亦即当 $0<|y-b|<\delta$ 时,上式成立,所以

$$\lim_{y\to b}\varphi(y)=A.\qquad\qquad\Box$$

容易知道,若在定理 13.2.1 中把 $\varphi(y)=\lim\limits_{x\to a}f(x,y)$ 存在改为 $\varphi(x)=\lim\limits_{y\to b}f(x,y)$ 存在,则 $\lim\limits_{x\to a}\lim\limits_{y\to b}f(x,y)$ 也存在且等于 A.

13.2.3　多元函数其他类型的极限

仍以二元函数为例. 二元函数除重极限及累次极限之外,还可以考虑其他形式的极限,例如,

$$\lim_{\substack{x\to\infty\\y\to\infty}}f(x,y),\quad\lim_{\substack{x\to+\infty\\y\to a}}f(x,y),\quad\lim_{|(x,y)|\to+\infty}f(x,y)$$

等. 另外,对于累次极限,还可以考虑

$$\lim_{y\to\infty}\lim_{x\to\infty}f(x,y),\quad\lim_{y\to b}\lim_{x\to\infty}f(x,y)$$

等. 不再一一详述,只给出 $\lim\limits_{\substack{x\to\infty\\y\to\infty}}f(x,y)$ 的定义及例子,其他形式的极限,作为练习,读者可以根据极限的意义,自己给出定义,并举例讨论.

定义 13.2.2　假设函数 $z=f(x,y)$ 在 $U(O;R)$ 外有定义,A 是一个常数. 如果对于任意的 $\varepsilon>0$,存在 $X,Y>0$,当 $|x|>X$ 并且 $|y|>Y$ 时,有 $|f(x,y)-A|<\varepsilon$ 成立,则称 A 为函数 $z=f(x,y)$ 当 x 趋于无穷大并且 y 趋于无穷大时极限. 记为

$$\lim_{\substack{x\to\infty\\y\to\infty}}f(x,y),\quad\lim_{x\to\infty,y\to\infty}f(x,y),\quad\lim_{(x,y)\to(\infty,\infty)}f(x,y),$$

$$\text{或者}\quad f(x,y)\to A\ (x\to\infty,y\to\infty).$$

值得注意的是,如果作变量代换 $x=\dfrac{1}{u},y=\dfrac{1}{v}$,则 $f(x,y)=f\left(\dfrac{1}{u},\dfrac{1}{v}\right):=g(u,v)$,从而 $\lim\limits_{\substack{x\to\infty\\y\to\infty}}f(x,y)=\lim\limits_{\substack{u\to0\\v\to0}}g(u,v)$,即极限 $\lim\limits_{\substack{x\to\infty\\y\to\infty}}f(x,y)$ 可以化为二重极限 $\lim\limits_{\substack{u\to0\\v\to0}}g(u,v)$ 考虑. 例如,因为

$$\lim_{(x,y)\to(\infty,\infty)}\left(1+\frac{1}{xy}\right)^{x\sin y}=\lim_{(u,v)\to(0,0)}(1+uv)^{\frac{\sin\frac{1}{v}}{u}}$$

$$= \lim_{(u,v)\to(0,0)} (1+uv)^{\frac{v\sin\frac{1}{v}}{uv}} = \lim_{(u,v)\to(0,0)} ((1+uv)^{\frac{1}{uv}})^{v\sin\frac{1}{v}},$$

而

$$\lim_{(u,v)\to(0,0)} (1+uv)^{\frac{1}{uv}} = \lim_{t\to 0}(1+t)^{\frac{1}{t}} = e, \quad \lim_{v\to 0} v\sin\frac{1}{v} = 0,$$

所以

$$\lim_{(x,y)\to(\infty,\infty)} \left(1+\frac{1}{xy}\right)^{x\sin y} = e^0 = 1.$$

因此,对此类型极限,无须过多讨论.

还可以给出各类极限值为正无穷大、负无穷大及无穷大的定义,例如,$\lim\limits_{P\to P_0} f(P)$ $=\infty$ 是说:如果对于任意的 $M>0$,存在 $\delta>0$,使得当 $P\in D$ 并且 $0<|P-P_0|<\delta$ 时,$|f(P)|>M.$ 例如,$\lim\limits_{(x,y)\to(0,0)} \dfrac{1}{x\sin\frac{1}{y}} = \infty$ 等,不再赘述.

13.2.4　多元函数极限的性质与运算法则

多元函数极限的性质与运算法则与一元函数类似. 例如,一元函数极限的唯一性、有界性(在定义域的某个范围内)与保序性;四则运算法则;复合函数求极限法则;归结原则;夹逼准则;柯西准则等对多元函数的极限都是成立的. 例如,多元函数极限 $\lim\limits_{P\to P_0} f(P)$ 存在的柯西准则叙述为:

设多元函数 $y=f(P)$ 的定义域为 D,点 P_0 是 D 的一个聚点,则极限 $\lim\limits_{P\to P_0} f(P)$ 存在的充分必要条件是对于任意的 $\varepsilon>0$,存在 $\delta>0$,使得当 $P_1,P_2\in D$ 并且 $0<|P_1-P_0|<\delta,0<|P_2-P_0|<\delta$ 时,$|f(P_1)-f(P_2)|<\varepsilon.$

但一元函数极限的单调有界原理对于多元函数极限不再成立. 因为多元函数没有单调性概念. 读者在使用这些性质与运算法则时,可比照着一元函数极限的相应结论,只要稍作调整,即可运用到多元函数的极限中去. 同时,还可以通过各种变量代换将多元函数的极限化为一元函数的极限,进而充分利用一元函数极限的一切性质与运算规律解决多元函数的极限问题.

13.3　多元函数的连续性

13.3.1　多元函数在一点的连续性

与一元函数 $y=f(x)$ 在 x_0 点的连续性类似,能够定义多元函数 $y=f(P)$ 在 P_0 点的连续性.

定义 13.3.1　设多元函数 $y=f(P)$ 的定义域为 D,点 $P_0 \in D$ 是 D 的一个聚点. 如果

$$\lim_{P \to P_0} f(P) = f(P_0), \tag{13.3.1}$$

则称函数 $y=f(P)$ 在点 P_0 处连续,并称 P_0 为函数 $y=f(P)$ 的一个连续点.

由定义 13.3.1 知,函数 $y=f(P)$ 在 P_0 点连续当且仅当下列三个条件同时成立:

(1) $P_0 \in D$ 是 $y=f(P)$ 定义域 D 的一个聚点,从而 $f(P_0)$ 存在,并且 $\lim_{P \to P_0} f(P)$ 有意义;

(2) 极限 $\lim_{P \to P_0} f(P) = A$ 存在;

(3) $A = f(P_0)$.

例如,在例 13.2.2 中,对于 $f(x,y) = x^2 + xy + y^2$,证明了 $\lim_{(x,y) \to (2,1)} f(x,y) = 7$,而 $f(2,1) = 7$,所以 $\lim_{(x,y) \to (2,1)} f(x,y) = f(2,1)$. 因此 $f(x,y) = x^2 + xy + y^2$ 在 $(2,1)$ 点连续. 又如,对于函数

$$f(x,y) = \begin{cases} xy \dfrac{x^2 - y^2}{x^2 + y^2}, & (x,y) \neq (0,0), \\ 0, & (x,y) = (0,0), \end{cases}$$

由例 13.2.3 知 $\lim_{(x,y) \to (0,0)} f(x,y) = f(0,0)$,所以此函数在 $(0,0)$ 点处连续.

以下以二元函数 $z = f(x,y)$ 为例,介绍用增量概念描述其在点 (x_0, y_0) 连续的方法. 与一元函数一样,因为 $\lim_{\substack{x \to x_0 \\ y \to y_0}} f(x,y) = f(x_0, y_0)$ 等价于 $\lim_{\substack{x - x_0 \to 0 \\ y - y_0 \to 0}} [f(x,y) - f(x_0, y_0)] = 0$,所以,如果记

$$\Delta x = x - x_0, \quad \Delta y = y - y_0,$$

$$\Delta z = f(x,y) - f(x_0, y_0) = f(x_0 + \Delta x, y_0 + \Delta y) - f(x_0, y_0),$$

那么 $\lim_{\substack{x \to x_0 \\ y \to y_0}} f(x,y) = f(x_0, y_0)$ 当且仅当

$$\lim_{(\Delta x, \Delta y) \to (0,0)} \Delta z = 0. \tag{13.3.2}$$

即函数 $z = f(x,y)$ 在点 (x_0, y_0) 处连续当且仅当在 (x_0, y_0) 处点当 $(\Delta x, \Delta y) \to (0,0)$ 时,Δz 是无穷小量. 今后称 Δx 为函数 $z = f(x,y)$ 在点 (x_0, y_0) 处关于自变量 x 的增量,称 Δy 为函数 $z = f(x,y)$ 在点 (x_0, y_0) 处关于自变量 y 的增量;而称 Δz 为函数 $z = f(x,y)$ 在点 (x_0, y_0) 处由自变量的增量 Δx 与 Δy 而产生的函数的全增量.

如果定义在 D 上的函数 $y = f(P)$ 在点 P_0 处连续,像一元函数一样,$y = f(P)$ 也具有

（1）局部有界性：存在邻域 $U(P_0)$，使得函数 $y=f(P)$ 在 $U(P_0)\bigcap D$ 内有界；

（2）局部保号性：如果 $f(P_0)>0(<0)$，则存在邻域 $U(P_0)$，当 $P\in U(P_0)\bigcap D$ 时，$f(P)>0(<0)$.

设 P_0 是多元函数 $y=f(P)$ 定义域 D 的一个聚点. 如果

$$\lim_{P\to P_0}f(P)\neq f(P_0),\tag{13.3.3}$$

则称函数 $y=f(P)$ 在点 P_0 处间断，并称 P_0 为 $y=f(P)$ 的一个间断点.

例如，由例 13.2.4 知极限 $\lim\limits_{\substack{x\to 0\\y\to 0}}\dfrac{xy}{x^2+y^2}$ 不存在，所以 $(0,0)$ 点是函数 $f(x,y)=\dfrac{xy}{x^2+y^2}$ 的间断点. 容易知道函数 $f(x,y)=\dfrac{x^2+y^2}{x-y^2}$ 的间断点构成了 xOy 平面上的抛物线 $y^2=x$.

13.3.2 多元连续函数

如果函数 $y=f(P)$ 在其定义域 D 上每一点都连续，则称 $y=f(P)$ 是 D 上的一个连续函数.

由多元连续函数极限性质可知，多元连续函数的和、差、积、商（分母不为零）仍是连续函数；多元连续的复合函数也是连续函数. 一切多元初等函数在其定义区域内都是连续的. 所谓定义区域是指包含在定义域内的区域. 例如，因为

$$\begin{aligned}\lim_{\substack{x\to 0\\y\to 0}}\frac{x^2+y^2}{\sqrt{1+x^2+y^2}-1}&=\lim_{\substack{x\to 0\\y\to 0}}\frac{(x^2+y^2)(\sqrt{1+x^2+y^2}+1)}{(\sqrt{1+x^2+y^2}-1)(\sqrt{1+x^2+y^2}+1)}\\&=\lim_{\substack{x\to 0\\y\to 0}}(\sqrt{1+x^2+y^2}+1),\end{aligned}$$

而 $(0,0)$ 是初等多元函数 $\sqrt{1+x^2+y^2}+1$ 定义区域内的点，所以

$$\lim_{\substack{x\to 0\\y\to 0}}\frac{x^2+y^2}{\sqrt{1+x^2+y^2}-1}=\sqrt{1+0^2+0^2}+1=2.$$

像一元函数一样，多元函数也有一致连续的概念.

定义 13.3.2 假设函数多元函数 $y=f(P)$ 在 D 上有定义. 如果对任意的 $\varepsilon>0$，存在 $\delta>0$，当 $P_1,P_2\in D$ 并且 $|P_1-P_2|<\delta$ 时，就有 $|f(P_1)-f(P_2)|<\varepsilon$，则称 $y=f(P)$ 在 D 上一致连续.

例 13.3.1 证明 $f(x,y)=\sin xy$ 在 $\mathbb{R}^2$ 的任意有界区域 D 上一致连续. 但在整个 $\mathbb{R}^2$ 内不一致连续.

证明 因为 D 为 $\mathbb{R}^2$ 的有界区域，所以存在 $M>0$，当 $(x,y)\in D$ 时，$|x|\leqslant M$，$|y|\leqslant M$. 所以，当 $(x_1,y_1),(x_2,y_2)\in D$ 时，

$$|f(x_1,y_1)-f(x_2,y_2)|$$
$$=|\sin x_1 y_1-\sin x_2 y_2|\leqslant|x_1 y_1-x_2 y_2|$$
$$\leqslant|x_1 y_1-x_2 y_1|+|x_2 y_2-x_2 y_1|=|y_1||x_1-x_2|+|x_2||y_1-y_2|$$
$$\leqslant M(|x_1-x_2|+|y_1-y_2|)\leqslant\sqrt{2}M\sqrt{(x_1-x_2)^2+(y_1-y_2)^2}.$$

于是,对任意的 $\varepsilon>0$,取 $\delta=\dfrac{\varepsilon}{\sqrt{2}M}$,当 $(x,y)\in D$ 并且 $\sqrt{(x_1-x_2)^2+(y_1-y_2)^2}<\delta$

时,由上式就得到 $|f(x_1,y_1)-f(x_2,y_2)|<\varepsilon$,即 $f(x,y)$ 在 D 上一致连续.

对于 $\varepsilon=\dfrac{1}{2}$,任意的 $\delta>0$,取 $(x_1,y_1)=\left(n,\dfrac{\pi}{2n}\right)$,$(x_2,y_2)=\left(n,\dfrac{\pi}{n}\right)\in\mathbb{R}^2$,则当 n

充分大时,$\sqrt{(x_1-x_2)^2+(y_1-y_2)^2}=\dfrac{\pi}{2n}<\delta$,但

$$|f(x_1,y_1)-f(x_2,y_2)|=|\sin x_1 y_1-\sin x_2 y_2|=1>\varepsilon,$$

所以 $f(x,y)$ 在 $\mathbb{R}^2$ 内不一致连续. □

对于在闭区间 $[a,b]$ 上连续的一元函数 $y=f(x)$,我们已经知道它有许多好的
性质.事实上,这些性质对于多元函数也是正确的,现将它们以定理的形式罗列在
下面,它们的证明与一元函数类似,主要是用到第 12 章中介绍的 $\mathbb{R}^n$ 中点列 $\{P_k\}$ 的
极限性质,不再赘述.

定理 13.3.1 如果多元函数 $y=f(P)$ 在有界闭区域 D 上连续,则下列结论
成立:

(1)(有界性)　$f(P)$ 在 D 上有界;

(2)(最小值和最大值的存在性)　$f(P)$ 在 D 上存在最小值和最大值;

(3)(介值性)　$f(P)$ 在 D 上可以取到介于最小值和最大值之间的一切值;

(4)(一致连续性)　$f(P)$ 在 D 上一致连续.

习 题 13

一、判断题(正确打√并给出证明,错误打×并给出反例)

1. 当点 (x,y) 沿着任意曲线趋于 (x_0,y_0) 时,$f(x,y)$ 都趋于 A,则 $\lim\limits_{(x,y)\to(x_0,y_0)}f(x,y)=A$.

　　　　　　　　　　　　　　　　　　　　　　　　　　　　（　　）

2. $\lim\limits_{(x,y)\to(0,0)}\dfrac{x-y}{x+y}$ 不存在.　　　　　　　　　　　　　　　　（　　）

3. 函数 $f(x,y)=2x-3y+5$ 在 $\mathbb{R}^2$ 内一致连续.　　　　　　　　（　　）

4. 对于定义在 D 上的二元函数 $f(x,y)$,如果当一个变量固定时,它对另一个变量是连续
的,则 $f(x,y)$ 在 D 上连续.　　　　　　　　　　　　　　　　（　　）

5. 若 $\lim\limits_{x\to0}(\lim\limits_{y\to0}f(x,y))=\lim\limits_{y\to0}(\lim\limits_{x\to0}f(x,y))=A$,则 $\lim\limits_{(x,y)\to(x_0,y_0)}f(x,y)=A$.　（　　）

二、填空题(将正确答案填在题中横线之上)

1. $\lim\limits_{(x,y)\to(+\infty,+\infty)}(x^2+y^2)e^{-(x+y)}=$ _____.

2. 函数 $f(x,y)=\begin{cases}x\sin\dfrac{1}{y}, & y\neq0,\\[2mm] 0, & y=0\end{cases}$ 的间断点集合为_____.

3. 设 $z=\sqrt{y}+f(\sqrt{x}-1)$,如果当 $y=1$ 时,$z=x$,则 $f(t)=$ _____.

4. 设一元函数 $f(t)$ 在 (a,b) 内有连续的导数,

$$F(x,y)=\begin{cases}\dfrac{f(x)-f(y)}{x-y}, & x\neq y,\\[2mm] f'(x), & x=y,\end{cases}$$

则对任意 $c\in(a,b)$,$\lim\limits_{(x,y)\to(c,c)}F(x,y)=$ _____.

5. 极限 $\lim\limits_{(x,y)\to(x_0,\infty)}f(x,y)=A$ 的定义为_____.

三、单项选择题(将正确答案的字母填入括号内)

1. 已知 $f\left(x+y,\dfrac{y}{x}\right)=x^2-y^2$,则 $f(x,y)=($ $)$.

(A) $\sqrt{x+y}-\sqrt{\dfrac{y}{x}}$;   (B) $x^2\cdot\dfrac{1-y}{1+y}$;

(C) $y^2\cdot\dfrac{1-x}{x+y}$;   (D) xy.

2. 设 $f(x,y)=x\sin\dfrac{1}{y}+y\sin\dfrac{1}{x}$,则下列结论成立的是(   ).

(A) $\lim\limits_{x\to0}\lim\limits_{y\to0}f(x,y)$存在;   (B) $\lim\limits_{y\to0}\lim\limits_{x\to0}f(x,y)$存在;

(C) $\lim\limits_{(x,y)\to(0,0)}f(x,y)$存在;   (D) 以上结论均不正确.

3. $\lim\limits_{(x,y)\to(0,0)}\dfrac{x^2+y^2}{|x|+|y|}($ $)$.

(A) 不存在且不是无穷大;   (B) 不存在但等于无穷大;

(C) 存在但不等于零;   (D)存在且等于零.

4. 已知 P_0 是有界闭区域 D 外一点,则下列结论正确的是(   ).

(A) D 上存在与 P_0 距离最近的点,也存在与 P_0 距离最远的点;

(B) D 上存在与 P_0 距离最近的点,但不存在与 P_0 距离最远的点;

(C) D 上不存在与 P_0 距离最近的点,但存在与 P_0 距离最远的点;

(D) D 上既不存在与 P_0 距离最近的点,也不存在与 P_0 距离最远的点.

5. 下列函数中具有唯一间断点的是(   ).

(A) $\dfrac{y}{x}$;   (B) $\dfrac{x}{y}$;   (C) $\dfrac{1}{xy}$;   (D) $\dfrac{xy}{x^2+y^2}$.

四、计算题

1. 求下列函数的定义域,画出它的图形并指出其集合特性:

(1) $u=x+\sqrt{y}$;

(2) $u=\sqrt{1-x^2}+\sqrt{y^2-1}$;

(3) $u=\sqrt{1-x^2-y^2}$;

(4) $u=\dfrac{1}{\sqrt{x^2+y^2-1}}$;

(5) $u=\sqrt{(x^2+y^2-1)(4-x^2-y^2)}$;

(6) $u=\sqrt{\dfrac{x^2+y^2-x}{2xx^2-x^2-y^2}}$;

(7) $u=\sqrt{1-(x^2+y)^2}$;

(8) $u=\ln(-x-y)$;

(9) $u=\arcsin\dfrac{y}{x}$;

(10) $u=\arccos\dfrac{x}{x+y}$;

(11) $u=\arccos\dfrac{z}{x^2+y^2}$;

(12) $u=\ln(-1-x^2-y^2+z^2)$.

2. 求函数值：

(1) 已知 $f(x,y)=\dfrac{2xy}{x^2+y^2}$，求 $f\left(1,\dfrac{y}{x}\right)$;

(2) 已知当 $x>0$ 时，$f\left(\dfrac{y}{x}\right)=\dfrac{\sqrt{x^2+y^2}}{x}$，求 $f(x)$;

(3) 已知 $z(x,y)=x+y+f(x-y)$，若当 $y=0$ 时，$z=x^2$，求 $f(x)$ 及 $z(x,y)$;

(4) 已知 $f(x,y)=\dfrac{x^2-y^2}{2xy}$，求 $\dfrac{f(x+h,y)-f(x,y)}{h}$;

(5) 已知 $f(x,y)=\dfrac{\arctan(x+y)}{\arctan(x-y)}$，求 $f\left(\dfrac{1+\sqrt{3}}{2},\dfrac{1-\sqrt{3}}{2}\right)$;

(6) 已知 $f(x,y)=x^2+y^2-xy\tan\dfrac{x}{y}$，求 $f(tx,ty)$.

3. 描绘下列函数的图像：

(1) $z=1-x-y$;

(2) $z=\sqrt{x^2+y^2}$;

(3) $z=1-x^2-y^2$;

(4) $z=xy$;

(5) $z=\dfrac{x^2}{a^2}+\dfrac{y^2}{b^2}$.

4. 写出下列各种极限的定义：

(1) $\lim\limits_{(x,y)\to(+\infty,+\infty)}f(x,y)=A$;

(2) $\lim\limits_{(x,y)\to(a,b)}f(x,y)=\infty$;

(3) $\lim\limits_{(x,y)\to(a,+\infty)} f(x,y) = +\infty$;

(4) $\lim\limits_{(x,y)\to(-\infty,b)} f(x,y) = B.$

5. 求极限:

(1) $\lim\limits_{(x,y)\to(\infty,a)} \left(1+\dfrac{1}{x}\right)^{\frac{x^2}{x+y}}$;

(2) $\lim\limits_{(x,y)\to(0,0)} xy\ln(x^2+y^2)$;

(3) $\lim\limits_{(x,y)\to(0,0)} \dfrac{x^2-2xy+y^2}{|x-y|}$.

6. 求下列函数的间断点:

(1) $\dfrac{1}{x^2-y^2}$;

(2) $\dfrac{\tan\pi y}{\cos\pi x}$;

(3) $\dfrac{1}{\cos xy}$.

7. 如果

$$f(x,y)=\begin{cases} \dfrac{x^2y^2}{x^2+y^2}, & (x,y)\neq(0,0), \\ A, & (x,y)=(0,0) \end{cases}$$

在$\mathbb{R}^2$内连续,求常数 A.

五、证明题

1. 已知

$$f(x,y)=\begin{cases} \dfrac{ye^{-\frac{2}{x^2}}}{e^{-\frac{2}{x^2}}+y^2}, & x\neq 0, \\ 0, & x=0, \end{cases}$$

证明 $\lim\limits_{(x,y)\to(0,0)} f(x,y)$ 不存在.

2. 已知 $f(x,y)$ 在全平面$\mathbb{R}^2$内连续,并且 $\lim\limits_{(x,y)\to(\infty,\infty)} f(x,y)$ 存在,证明 $f(x,y)$ 在$\mathbb{R}^2$内一致连续.

3. 已知

$$f(x,y)=\begin{cases} \dfrac{\sin xy}{y}, & y\neq 0, \\ x, & y=0, \end{cases}$$

证明 $f(x,y)$ 在全平面$\mathbb{R}^2$内连续.

4. 已知 $f(x,y)$ 在某区域 G 内对变量 x 连续,对变量 y 一致连续,证明 $f(x,y)$ 在 G 内连续.

5. 已知 $f(x,y)$ 分别关于变量 x 及 y 都是连续的,并且关于 x 还是单调的,证明 $f(x,y)$ 连续.

第 14 章 偏导数与全微分

为清晰、简明起见,本章主要以二元函数为例,介绍其偏导数与全微分等基本内容.读者理解、掌握之后,很容易将它们推广到一般的多元函数中去.

14.1 偏 导 数

14.1.1 偏导数的定义与计算

对于二元函数 $z=f(x,y)$,一个显然的事实是,如果固定 x,y 中的一个变量,它就退化成为了一元函数.即二元函数 $z=f(x,y)$ 在一点 (x_0,y_0) 可以产生两个一元函数 $f(x,y_0)$ 及 $f(x_0,y)$.称导数 $\dfrac{\mathrm{d}f(x,y_0)}{\mathrm{d}x}\bigg|_{x=x_0}$ 为 $z=f(x,y)$ 在 (x_0,y_0) 点关于变量 x 的偏导数,而称导数 $\dfrac{\mathrm{d}f(x_0,y)}{\mathrm{d}y}\bigg|_{y=y_0}$ 为 $z=f(x,y)$ 在 (x_0,y_0) 点关于变量 y 的偏导数.它们分别反映二元函数 $z=f(x,y)$ 在 (x_0,y_0) 点沿 x 轴方向和 y 轴方向的变化快慢程度(变化率).

定义 14.1.1 设函数 $z=f(x,y)$ 在平面点集 D 内有定义,$(x_0,y_0)\in D$.如果对充分小的 $|\Delta x|$,$(x_0+\Delta x,y_0)\in D$,并且

$$\lim_{\Delta x\to 0}\frac{f(x_0+\Delta x,y_0)-f(x_0,y_0)}{\Delta x} \tag{14.1.1}$$

存在,则称此极限为函数 $z=f(x,y)$ 在点 (x_0,y_0) 处对 x 的偏导数,记为

$$\frac{\partial z}{\partial x}\bigg|_{(x_0,y_0)},\quad \frac{\partial f}{\partial x}\bigg|_{(x_0,y_0)},\quad z_x(x_0,y_0),\quad \text{或者}\quad f_x(x_0,y_0).$$

如果对充分小的 $|\Delta y|$,$(x_0,y_0+\Delta y)\in D$,并且

$$\lim_{\Delta y\to 0}\frac{f(x_0,y_0+\Delta y)-f(x_0,y_0)}{\Delta y} \tag{14.1.2}$$

存在,则称此极限为函数 $z=f(x,y)$ 在点 (x_0,y_0) 处对 y 的偏导数,记为

$$\frac{\partial z}{\partial y}\bigg|_{(x_0,y_0)},\quad \frac{\partial f}{\partial y}\bigg|_{(x_0,y_0)},\quad z_y(x_0,y_0),\quad \text{或者}\quad f_y(x_0,y_0).$$

由于

$$f_x(x_0,y_0)=\frac{\mathrm{d}f(x,y_0)}{\mathrm{d}x}\bigg|_{x=x_0}, \tag{14.1.3}$$

$$f_y(x_0,y_0)=\frac{\mathrm{d}f(x_0,y)}{\mathrm{d}y}\bigg|_{y=y_0}, \tag{14.1.4}$$

所以偏导数的计算,事实上划归为一元函数导数的计算. 从而利用一元函数导数的计算方法就可方便地求出偏导数.

例 14.1.1 求函数 $z=f(x,y)=x^3+x^2y^2+y^4$ 在点 $(1,2)$ 的两个偏导数.

解 因为 $f(x,2)=x^3+4x^2+16$,所以 $\dfrac{\mathrm{d}f(x,2)}{\mathrm{d}x}=3x^2+8x$,从而

$$f_x(1,2)=\frac{\mathrm{d}f(x,2)}{\mathrm{d}x}\bigg|_{x=1}=(3x^2+8x)\big|_{x=1}=11.$$

同理,因为 $f(1,y)=1+y^2+y^4$,所以 $\dfrac{\mathrm{d}f(1,y)}{\mathrm{d}y}=2y+4y^3$,从而

$$f_y(1,2)=\frac{\mathrm{d}f(1,y)}{\mathrm{d}y}\bigg|_{y=2}=(2y+4y^3)\big|_{y=2}=36.$$

例 14.1.2 求函数

$$f(x,y)=\begin{cases}\dfrac{xy}{x^2+y^2}, & x^2+y^2\neq0,\\[2mm] 0, & x^2+y^2=0\end{cases}$$

在点 $(0,0)$ 处的两个偏导数.

解 因为

$$f_x(0,0)=\lim_{\Delta x\to0}\frac{f(0+\Delta x,0)-f(0,0)}{\Delta x}=\lim_{\Delta x\to0}\frac{f(\Delta x,0)}{\Delta x},$$

注意到当 $\Delta x\to0$ 时,$\Delta x\neq0$,所以 $f(\Delta x,0)=\dfrac{(\Delta x)\cdot0}{(\Delta x)^2+0^2}=0$,所以 $f_x(0,0)=0$.

同理可得

$$f_y(0,0)=\lim_{\Delta y\to0}\frac{f(0,0+\Delta y)-f(0,0)}{\Delta y}=\lim_{\Delta x\to0}\frac{f(0,\Delta y)}{\Delta y}=\lim_{\Delta y\to0}\frac{0\cdot(\Delta y)}{0^2+(\Delta y)^2}=0.$$

或者,因为对任意的 $x,y,f(x,y)=f(y,x)$,所以也可以由 $f_x(0,0)=0$ 直接得出 $f_y(0,0)=0$.

在第 13 章中,称 $\Delta z=f(x_0+\Delta x,y_0+\Delta y)-f(x_0,y_0)$ 为 $z=f(x,y)$ 在 (x_0,y_0) 点的全增量,所以与之对应地,分别称

$$\Delta_x z=f(x_0+\Delta x,y_0)-f(x_0,y_0)$$

及

$$\Delta_y z=f(x_0,y_0+\Delta y)-f(x_0,y_0)$$

为 $z=f(x,y)$ 在 (x_0,y_0) 点关于 x 及 y 的偏增量. 于是,由定义 14.1.1 知

$$f_x(x_0,y_0)=\lim_{\Delta x\to0}\frac{\Delta_x z}{\Delta x}; \quad f_y(x_0,y_0)=\lim_{\Delta y\to0}\frac{\Delta_y z}{\Delta y}.$$

　　如果函数 $z=f(x,y)$ 在 D 内每一点 (x,y) 处都有偏导数 $f_x(x,y)$ 及 $f_y(x,y)$，则它们仍为 D 内的二元函数. 分别称 $f_x(x,y)$ 和 $f_y(x,y)$ 为函数 $z=f(x,y)$ 对自变量 x 及 y 的偏导函数，也常简称为偏导数. 这时也将 $f_x(x,y)$ 记为

$$\frac{\partial z}{\partial x}, \quad \frac{\partial f}{\partial x}, \quad \text{或者} \quad z_x;$$

而将 $f_y(x,y)$ 也记为

$$\frac{\partial z}{\partial y}, \quad \frac{\partial f}{\partial y}, \quad \text{或者} \quad z_y.$$

与一元函数类似，如果偏导函数存在，那么

$$f_x(x_0,y_0)=f_x(x,y)\Big|_{\substack{x=x_0\\y=y_0}}; \tag{14.1.5}$$

$$f_y(x_0,y_0)=f_y(x,y)\Big|_{\substack{x=x_0\\y=y_0}}, \tag{14.1.6}$$

即 $z=f(x,y)$ 在点 (x_0,y_0) 处的偏导数等于其偏导函数在此点处的函数值. 按定义，求 $z=f(x,y)$ 的偏导函数时，只要将一个变量固定，即视其为常数，而对另一个变量求导数即可.

　　例如，在例 14.1.1 中，对于函数 $z=f(x,y)=x^3+x^2y^2+y^4$，将 y 看成常数，对 x 求导数，得到偏导函数 $f_x(x,y)=3x^2+2xy^2$，所以 $f_x(1,2)=(3x^2+2xy^2)\big|_{\substack{x=1\\y=2}}=11$. 而将 x 看成常数，对 y 求导数，得到偏导函数 $f_y(x,y)=2x^2y+4y^3$，所以 $f_y(1,2)=(2x^2y+4y^3)\big|_{\substack{x=1\\y=2}}=36$. 这与用例 14.1.1 的方法计算结果一致，而且方法简单，是求偏导数的常规方法. 所以，一般来说，求偏导数时，至少有三种方法可供选择，即

　　(1) 按定义，见式 (14.1.1) 及 (14.1.2)；

　　(2) 先将一个变量的值代入函数中，再求导数，见式 (14.1.3) 及 (14.1.4)；

　　(3) 先求偏导函数，再将两个变量的值代入，见式 (14.1.5) 及 (14.1.6).

例 14.1.3　求 $z=\dfrac{x^2y}{x-y}$ 在点 $(1,2)$ 处的偏导数.

解　因为

$$\frac{\partial z}{\partial x}=\frac{2xy(x-y)-x^2y}{(x-y)^2}=\frac{x^2y-2xy^2}{(x-y)^2}, \quad \frac{\partial z}{\partial y}=\frac{x^2(x-y)-x^2y(-1)}{(x-y)^2}=\frac{x^3}{(x-y)^2},$$

所以 $\dfrac{\partial z}{\partial x}\Big|_{(1,2)}=-6,\dfrac{\partial z}{\partial y}\Big|_{(1,2)}=1$. □

例 14.1.4　求 $z=\arctan\dfrac{x}{y}$ 的偏导数.

解　$\dfrac{\partial z}{\partial x}=\dfrac{1}{1+\left(\dfrac{x}{y}\right)^2}\cdot\dfrac{1}{y}=\dfrac{y}{x^2+y^2};\dfrac{\partial z}{\partial y}=\dfrac{1}{1+\left(\dfrac{x}{y}\right)^2}\cdot\dfrac{-x}{y^2}=\dfrac{-x}{x^2+y^2}$. □

例 14.1.5 求 $z=x^y\sin2y$ 的偏导数.

解 $\dfrac{\partial z}{\partial x}=yx^{y-1}\sin2y;\dfrac{\partial z}{\partial y}=x^y\ln x\sin2y+2x^y\cos2y.$ □

例 14.1.6 如果分别用 P,V 及 T 表示气缸内理想气体状态时的压强、体积及温度,那么其状态方程为

$$PV=RT,$$

其中 R 为常数. 证明

$$\frac{\partial P}{\partial V}\cdot\frac{\partial V}{\partial T}\cdot\frac{\partial T}{\partial P}=-1.$$

证明 因为 $P=\dfrac{RT}{V}$,所以 $\dfrac{\partial P}{\partial V}=-\dfrac{RT}{V^2}$;同理,因为 $V=\dfrac{RT}{P}$,所以 $\dfrac{\partial V}{\partial T}=\dfrac{R}{P}$;因为 $T=\dfrac{PV}{R}$,所以 $\dfrac{\partial T}{\partial P}=\dfrac{V}{R}$. 于是,结合 $PV=RT$,得到

$$\frac{\partial P}{\partial V}\cdot\frac{\partial V}{\partial T}\cdot\frac{\partial T}{\partial P}=\left(-\frac{RT}{V^2}\right)\left(\frac{R}{P}\right)\left(\frac{V}{R}\right)=-\frac{RT}{VP}=-1.$$ □

例 14.1.6 的结论说明,在偏导数的记号 $\dfrac{\partial f}{\partial x}$ 与 $\dfrac{\partial f}{\partial y}$ 中,记号 $\partial x,\partial y$ 与 ∂f 没有独立意义,它们只能作为整体看待,这一点与一元函数 $f(x)$ 的导数记号 $\dfrac{\mathrm{d}f}{\mathrm{d}x}$ 不同.

理解、掌握了二元函数偏导数的定义与计算,则容易将它们推广到一般的 n 元函数中. 对于 n 元函数 $y=f(x_1,x_2,\cdots,x_{n-1},x_n)$,在定点 $(x_1^{(0)},x_2^{(0)},\cdots,x_{n-1}^{(0)},x_n^{(0)})$ 处对应着 n 个一元函数:

$$y=f(x,x_2^{(0)},\cdots,x_{n-1}^{(0)},x_n^{(0)});$$
$$y=f(x_1^{(0)},x,\cdots,x_{n-1}^{(0)},x_n^{(0)});$$
$$\cdots\cdots$$
$$y=f(x_1^{(0)},x_2^{(0)},\cdots,x_{n-1}^{(0)},x),$$

分别对 x 求导数,并分别令 $x=x_1^{(0)},x=x_2^{(0)},\cdots,x=x_n^{(0)}$,得到

$$\frac{\mathrm{d}f(x,x_2^{(0)},\cdots,x_{n-1}^{(0)},x_n^{(0)})}{\mathrm{d}x}\bigg|_{x=x_1^{(0)}};$$

$$\frac{\mathrm{d}f(x_1^{(0)},x,\cdots,x_{n-1}^{(0)},x_n^{(0)})}{\mathrm{d}x}\bigg|_{x=x_2^{(0)}};$$

$$\cdots\cdots$$

$$\frac{\mathrm{d}f(x_1^{(0)},x_2^{(0)},\cdots,x_{n-1}^{(0)},x)}{\mathrm{d}x}\bigg|_{x=x_n^{(0)}},$$

分别称为 n 元函数 $y=f(x_1,x_2,\cdots,x_{n-1},x_n)$ 在点 $(x_1^{(0)},x_2^{(0)},\cdots,x_{n-1}^{(0)},x_n^{(0)})$ 处关于变量 $x_1,x_2,\cdots,x_n$ 的偏导数. 所以 n 元函数 $y=f(x_1,x_2,\cdots,x_{n-1},x_n)$ 在点 $(x_1^{(0)},$

$x_2^{(0)}, \cdots, x_{n-1}^{(0)}, x_n^{(0)}$)处共有 n 个偏导数. 因此,在求 n 元函数 $y = f(x_1, x_2, \cdots, x_{n-1}, x_n)$ 的偏导函数时,只要将其中的 $n-1$ 变量看作常数,而对一个变量求导数即可.

例 14.1.7　求三元函数 $u = f(x, y, z) = (1+xy)^z$ 的偏导数.

解　将变量 y, z 看作常数,对 x 求导数,得到

$$\frac{\partial u}{\partial x} = z(1+xy)^{z-1} \cdot y = yz(1+xy)^{z-1}.$$

同理,将变量 x, z 看作常数,对 y 求导数,得到

$$\frac{\partial u}{\partial y} = z(1+xy)^{z-1} \cdot x = xz(1+xy)^{z-1}.$$

而将变量 x, y 看作常数,对 z 求导数,得到

$$\frac{\partial u}{\partial y} = (1+xy)^z \cdot \ln(1+xy). \qquad\qquad \square$$

例 14.1.8　如果 $f(x_1, x_2, \cdots, x_n) = \dfrac{1}{\sqrt{x_1^2 + x_2^2 + \cdots + x_n^2}}$,证明

$$\left(\frac{\partial f}{\partial x_1}\right)^2 + \left(\frac{\partial f}{\partial x_2}\right)^2 + \cdots + \left(\frac{\partial f}{\partial x_n}\right)^2 = \frac{1}{(x_1^2 + x_2^2 + \cdots + x_n^2)^2}.$$

证明　因为 $f(x_1, x_2, \cdots, x_n) = \dfrac{1}{\sqrt{x_1^2 + x_2^2 + \cdots + x_n^2}}$,所以,对于 $i = 1, 2, \cdots, n$,有

$$\frac{\partial f}{\partial x_i} = -\frac{1}{x_1^2 + x_2^2 + \cdots + x_n^2} \cdot \frac{1}{2\sqrt{x_1^2 + x_2^2 + \cdots + x_n^2}} \cdot 2x_i = -\frac{x_i}{(x_1^2 + x_2^2 + \cdots + x_n^2)^{\frac{3}{2}}},$$

所以 $\left(\dfrac{\partial f}{\partial x_i}\right)^2 = \dfrac{x_i^2}{(x_1^2 + x_2^2 + \cdots + x_n^2)^3}$, $i = 1, 2, \cdots, n$. 于是

$$\left(\frac{\partial f}{\partial x_1}\right)^2 + \left(\frac{\partial f}{\partial x_2}\right)^2 + \cdots + \left(\frac{\partial f}{\partial x_n}\right)^2$$

$$= \frac{x_1^2}{(x_1^2 + x_2^2 + \cdots + x_n^2)^3} + \frac{x_2^2}{(x_1^2 + x_2^2 + \cdots + x_n^2)^3} + \cdots + \frac{x_n^2}{(x_1^2 + x_2^2 + \cdots + x_n^2)^3}$$

$$= \frac{x_1^2 + x_2^2 + \cdots + x_n^2}{(x_1^2 + x_2^2 + \cdots + x_n^2)^3} = \frac{1}{(x_1^2 + x_2^2 + \cdots + x_n^2)^2}. \qquad \square$$

14.1.2　偏导数的几何意义

考虑二元函数 $z = f(x, y)$ 在 (x_0, y_0) 的两个偏导数 $f_x(x_0, y_0)$ 及 $f_y(x_0, y_0)$ 的几何意义.

因为二元函数 $z = f(x, y)$ 的图形可以看作 $Oxyz$ 空间的一张曲面 S,现在过曲面 S 上的点 $M_0(x_0, y_0, f(x_0, y_0))$,作平行于 xOz 坐标面的平面 $y = y_0$,它与曲

面 S 相交,得到一条空间曲线 C_x,则 C_x 的方程为

$$\begin{cases} z=f(x,y), \\ y=y_0. \end{cases}$$

显然点 M_0 在 C_x 上,于是,由一元函数导数的几何意义知道,$f_x(x_0,y_0)=\dfrac{\mathrm{d}}{\mathrm{d}x}f(x,$

$y_0)\Big|_{x=x_0}$ 表示曲线 C_x 在 M_0 点的切线 T_x 关于 x 轴的斜率 $\tan\alpha$. 同理,偏导数 $f_y(x_0,y_0)$ 在几何上表示曲面 $z=f(x,y)$ 被平面 $x=x_0$ 所截的曲线 C_y 在点 M_0 处的切线 T_y 关于 y 轴的斜率 $\tan\beta$(图 14-1).

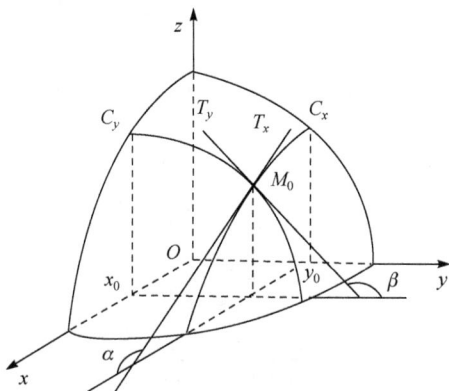

图 14-1

例 14.1.9 求空间曲线

$$\begin{cases} z=\sqrt{1+x^2+y^2}, \\ y=1 \end{cases}$$

在点 $(1,1,\sqrt{3})$ 处的切线与 x 轴正向所成的夹角 α.

解 该曲线在点 $(1,1,\sqrt{3})$ 处的切线关于 x 轴的斜率为

$$\tan\alpha=\frac{\partial z}{\partial x}\Big|_{(1,1)}=\frac{x}{\sqrt{1+x^2+y^2}}\Big|_{(1,1)}=\frac{\sqrt{3}}{3},$$

所以 $\alpha=\dfrac{\pi}{6}$. □

14.1.3 偏导数存在而函数不连续的例子

与一元函数不同的是,多元函数 $y=f(P)=f(x_1,x_2,\cdots,x_{n-1},x_n)$ 在某点的偏导数存在,不能保证它在该点连续. 其理由是因为偏导数 $\dfrac{\partial f}{\partial x_i}$ 只反映多元函数沿坐

标轴 x_i 方向的变化率,而多元函数极限 $\lim\limits_{P \to P_0} f(P)$ 中,则要求 $P \to P_0$ 是沿着任意方向的. 下面具体给出一个例子. 例如,

$$f(x,y) = \begin{cases} \dfrac{xy}{x^2+y^2}, & x^2+y^2 \neq 0, \\ 0, & x^2+y^2 = 0, \end{cases}$$

由例 14.1.2 知,$f(x,y)$ 在 $(0,0)$ 点的两个偏导数 $f_x(0,0) = f_y(0,0) = 0$,而由例 13.2.4 知极限 $\lim\limits_{\substack{x \to 0 \\ y \to 0}} f(x,y) = \lim\limits_{\substack{x \to 0 \\ y \to 0}} \dfrac{xy}{x^2+y^2}$ 不存在,所以 $f(x,y)$ 在 $(0,0)$ 点不连续.

14.1.4　高阶偏导数

与一元函数类似,假设 $z = f(x,y)$ 存在偏导函数 $f_x(x,y)$,如果二元函数 $f_x(x,y)$ 仍然具有偏导数,例如,$\dfrac{\partial}{\partial y} f_x(x,y)$ 存在,就称它为 $z = f(x,y)$ 的一个二阶偏导数. 对 $f_y(x,y)$ 也是如此. 因此,二元函数最多有四个二阶偏导数,分别记为

$$\frac{\partial}{\partial x} f_x(x,y) = \frac{\partial}{\partial x}\left(\frac{\partial z}{\partial x}\right) = \frac{\partial^2 z}{\partial x^2} = f_{xx}(x,y);$$

$$\frac{\partial}{\partial y} f_x(x,y) = \frac{\partial}{\partial y}\left(\frac{\partial z}{\partial x}\right) = \frac{\partial^2 z}{\partial x \partial y} = f_{xy}(x,y);$$

$$\frac{\partial}{\partial x} f_y(x,y) = \frac{\partial}{\partial x}\left(\frac{\partial z}{\partial y}\right) = \frac{\partial^2 z}{\partial y \partial x} = f_{yx}(x,y);$$

$$\frac{\partial}{\partial y} f_y(x,y) = \frac{\partial}{\partial y}\left(\frac{\partial z}{\partial y}\right) = \frac{\partial^2 z}{\partial y^2} = f_{yy}(x,y),$$

其中 $f_{xx}(x,y)$ 及 $f_{yy}(x,y)$ 称为二阶纯偏导数;而 $f_{xy}(x,y)$ 及 $f_{yx}(x,y)$ 称为二阶混合偏导数. 同理,可以定义 $z = f(x,y)$ 的三阶,四阶,$\cdots$,k 阶偏导数. 记号上也与二阶偏导数一致,例如,$\dfrac{\partial^3 z}{\partial x \partial y \partial x} = f_{xyx}(x,y)$,$\dfrac{\partial^3 z}{\partial y \partial x^2} = f_{yxx}(x,y)$ 等. 当然这一定义对于一般的多元函数 $y = f(x_1, x_2, \cdots, x_n)$ 也是适合的. 例如,

$$\frac{\partial^k y}{\partial x_1^{a_1} \partial x_2^{a_2} \cdots \partial x_n^{a_n}}$$

表示函数 $y = f(x_1, x_2, \cdots, x_n)$ 的一个 k 阶偏导数,它依次对变量 x_i 求了 a_i 次偏导数,$i = 1, 2, \cdots, n$,并且 $a_1 + a_2 + \cdots + a_n = k$,其中每个 a_i 都是非负整数,并且 $0 \leqslant a_i \leqslant k$. 一般地,$n$ 元函数的 k 阶偏导数最多有 n^k 个. 称二阶及二阶以上的偏导数为高阶偏导数.

例 14.1.10　求 $z = \sin xy^3$ 的二阶偏导数.

解 $z=\sin xy^3$ 的一阶偏导数为

$$\frac{\partial z}{\partial x}=y^3\cos xy^3,\quad \frac{\partial z}{\partial y}=3xy^2\cos xy^3,$$

从而,其二阶偏导数为

$$\frac{\partial^2 z}{\partial x^2}=-y^6\sin xy^3,$$

$$\frac{\partial^2 z}{\partial y^2}=6xy\cos xy^3-9x^2y^4\sin xy^3,$$

$$\frac{\partial^2 z}{\partial x\partial y}=3y^2\cos xy^3-3xy^5\sin xy^3,$$

$$\frac{\partial^2 z}{\partial y\partial x}=3y^2\cos xy^3-3xy^5\sin xy^3.\qquad\square$$

例 14.1.11 证明函数 $u=\dfrac{1}{\sqrt{x^2+y^2+z^2}}$ 满足拉普拉斯(Laplace)方程 $\Delta u=0$,

其中

$$\Delta u=\frac{\partial^2 u}{\partial x^2}+\frac{\partial^2 u}{\partial y^2}+\frac{\partial^2 u}{\partial z^2}.$$

证明 因为

$$\frac{\partial u}{\partial x}=-\frac{x}{(x^2+y^2+z^2)^{\frac{3}{2}}},$$

$$\frac{\partial^2 u}{\partial x^2}=-\frac{(x^2+y^2+z^2)^{\frac{3}{2}}-x\frac{3}{2}(x^2+y^2+z^2)^{\frac{1}{2}}\cdot 2x}{(x^2+y^2+z^2)^3}=\frac{2x^2-y^2-z^2}{(x^2+y^2+z^2)^{\frac{5}{2}}},$$

由 x,y,z 的轮换对称性知

$$\frac{\partial^2 u}{\partial y^2}=\frac{2y^2-x^2-z^2}{(x^2+y^2+z^2)^{\frac{5}{2}}},\quad \frac{\partial^2 u}{\partial z^2}=\frac{2z^2-y^2-x^2}{(x^2+y^2+z^2)^{\frac{5}{2}}},$$

于是

$$\frac{\partial^2 u}{\partial x^2}+\frac{\partial^2 u}{\partial y^2}+\frac{\partial^2 u}{\partial z^2}=\frac{2x^2-y^2-z^2+2y^2-x^2-z^2+2z^2-y^2-x^2}{(x^2+y^2+z^2)^{\frac{5}{2}}}=0.\qquad\square$$

我们注意到,在例 14.1.10 中,对于 $z=f(x,y)=\sin xy^3$,它的两个二阶混合偏导数相等,即 $f_{xy}(x,y)=f_{yx}(x,y)$,但这一结论不具有一般性,例如,

$$f(x,y)=\begin{cases}xy\dfrac{x^2-y^2}{x^2+y^2},& x,y\neq 0,\\ 0,& x=y=0,\end{cases}$$

因为

$$f_x(0,y)=\lim_{x\to 0}\frac{f(x,y)-f(0,y)}{x}=\lim_{x\to 0}\frac{xy\dfrac{x^2-y^2}{x^2+y^2}}{x}=\lim_{x\to 0}y\,\frac{x^2-y^2}{x^2+y^2}=-y;$$

$$f_y(x,0)=\lim_{y\to 0}\frac{f(x,y)-f(x,0)}{y}=\lim_{y\to 0}\frac{xy\dfrac{x^2-y^2}{x^2+y^2}}{y}=\lim_{y\to 0}x\,\frac{x^2-y^2}{x^2+y^2}=x,$$

从而

$$f_{xy}(0,0)=\left[\frac{\mathrm d}{\mathrm dy}f_x(0,y)\right]\Bigg|_{y=0}=-1;\quad f_{yx}(0,0)=\left[\frac{\mathrm d}{\mathrm dx}f_y(x,0)\right]\Bigg|_{x=0}=1,$$

所以 $f_{xy}(0,0)\neq f_{yx}(0,0)$. 如果 $f_{xy}(x,y)=f_{yx}(x,y)$，通常称之为两个混合偏导数可以交换次序，这为求偏导数带来了一定的方便. 本质上讲，因为偏导数是一种特殊形式的极限，所以它事实上是反映了这两个极限可以交换次序.

定理 14.1.1　假设二元函数 $z=f(x,y)$ 的混合偏导数 $f_{xy}(x,y)$ 及 $f_{yx}(x,y)$ 在点 (x_0,y_0) 处存在，并且 $f_{xy}(x,y)$ 及 $f_{yx}(x,y)$ 中至少有一个在 (x_0,y_0) 点连续，那么在 (x_0,y_0) 点，$f_{xy}(x_0,y_0)=f_{yx}(x_0,y_0)$.

证明　因为

$$f_{xy}(x_0,y_0)=\lim_{y\to y_0}\frac{f_x(x_0,y)-f_x(x_0,y_0)}{y-y_0}$$

$$=\lim_{y\to y_0}\frac{1}{y-y_0}\left[\lim_{x\to x_0}\frac{f(x,y)-f(x_0,y)}{x-x_0}-\lim_{x\to x_0}\frac{f(x,y_0)-f(x_0,y_0)}{x-x_0}\right]$$

$$=\lim_{y\to y_0}\frac{1}{y-y_0}\lim_{x\to x_0}\frac{1}{x-x_0}\left[f(x,y)-f(x_0,y)-f(x,y_0)+f(x_0,y_0)\right]$$

$$=\lim_{y\to y_0}\lim_{x\to x_0}\frac{f(x,y)-f(x_0,y)-f(x,y_0)+f(x_0,y_0)}{(x-x_0)(y-y_0)};$$

同理有

$$f_{yx}(x_0,y_0)=\lim_{x\to x_0}\frac{f_y(x,y_0)-f_y(x_0,y_0)}{x-x_0}$$

$$=\lim_{x\to x_0}\frac{1}{x-x_0}\left[\lim_{y\to y_0}\frac{f(x,y)-f(x,y_0)}{y-y_0}-\lim_{y\to y_0}\frac{f(x_0,y)-f(x_0,y_0)}{y-y_0}\right]$$

$$=\lim_{x\to x_0}\frac{1}{x-x_0}\lim_{y\to y_0}\frac{1}{y-y_0}\left[f(x,y)-f(x,y_0)-f(x_0,y)+f(x_0,y_0)\right]$$

$$=\lim_{x\to x_0}\lim_{y\to y_0}\frac{f(x,y)-f(x,y_0)-f(x_0,y)+f(x_0,y_0)}{(x-x_0)(y-y_0)},$$

所以只要证明二重极限

$$\lim_{\substack{x\to x_0\\y\to y_0}}\frac{f(x,y)-f(x,y_0)-f(x_0,y)+f(x_0,y_0)}{(x-x_0)(y-y_0)}$$

存在,则以上两个累次极限相等,从而结论成立. 我们假设 $f_{yx}(x,y)$ 在 (x_0,y_0) 点连续. 注意到

$$f(x,y)-f(x,y_0)-f(x_0,y)+f(x_0,y_0)$$
$$=[f(x,y)-f(x_0,y)]-[f(x,y_0)-f(x_0,y_0)],$$

记 $F(t)=f(x,t)-f(x_0,t)$,那么由一元函数的微分中值定理知,存在 ξ,η 分别介于 x_0 与 x 及 y_0 与 y 之间使得

$$f(x,y)-f(x,y_0)-f(x_0,y)+f(x_0,y_0)$$
$$=F(y)-F(y_0)=F'(\eta)(y-y_0)$$
$$=[f_y(x,\eta)-f_y(x_0,\eta)](y-y_0)$$
$$=f_{yx}(\xi,\eta)(x-x_0)(y-y_0),$$

于是由 $f_{yx}(x,y)$ 在 (x_0,y_0) 点连续得到

$$\lim_{\substack{x\to x_0\\y\to y_0}}\frac{f(x,y)-f(x,y_0)-f(x_0,y)+f(x_0,y_0)}{(x-x_0)(y-y_0)}=\lim_{\substack{x\to x_0\\y\to y_0}}f_{yx}(\xi,\eta)=f_{yx}(x_0,y_0). \quad \square$$

当然,定理 14.1.1 可以推广到一般的多元函数的任意阶偏导数中去,要说明某两个 k 阶混合偏导数相等,只要说明一切 k 阶混合偏导数都连续即可.

14.2 全 微 分

14.2.1 全微分的定义

对照着一元函数的微分概念,给出二元函数的全微分定义.

定义 14.2.1 设函数 $z=f(x,y)$ 在点 (x,y) 的某邻域内有定义,如果存在与 Δx 及 Δy 均无关的常数 A,B,使得

$$\Delta z=f(x+\Delta x,y+\Delta y)-f(x,y)=A\Delta x+B\Delta y+o(\rho) \qquad (14.2.1)$$

成立,则称 $z=f(x,y)$ 在点 (x,y) 处是可微分的,并称

$$dz:=A\Delta x+B\Delta y \qquad (14.2.2)$$

为 $z=f(x,y)$ 在点 (x,y) 的全微分,其中 $\rho=\sqrt{(\Delta x)^2+(\Delta y)^2}$.

如果 $z=f(x,y)$ 在区域 D 内各点处都可微分,则称函数 $z=f(x,y)$ 在区域 D 内可微分. 将自变量的增量 $\Delta x,\Delta y$ 分别记为 dx,dy,那么函数 $z=f(x,y)$ 的全微分可表示为

$$dz=Adx+Bdy. \qquad (14.2.3)$$

注意到 $dz=A\Delta x+B\Delta y$,而且 A,B 与 Δx 及 Δy 均无关,所以 $z=f(x,y)$ 在点 $P(x,y)$ 可微分就是 $z=f(x,y)$ 的全增量 Δz 可以表示为 Δx 及 Δy 的二元线性函数与一个高阶无穷小的和,这与一元函数的微分定义一致. 例如,当 $z=f(x,y)$ 本身就是二元线性函数时,即 $z=f(x,y)=Ax+By$ 时,显然有

$$\Delta z = f(x+\Delta x, y+\Delta y) - f(x,y) = A\Delta x + B\Delta y.$$

所以 $f(x,y)=Ax+By$ 在任意一点 $P(x,y)$ 处都是可微分的,并且还有 $A=\dfrac{\partial z}{\partial x}$, $B=\dfrac{\partial z}{\partial y}$.

14.2.2　函数可微分的条件

定理 14.2.1(必要条件 I)　如果函数 $z=f(x,y)$ 在点 (x,y) 可微分,则 $z=f(x,y)$ 在点 (x,y) 的偏导数存在,且有 $\mathrm{d}z=f_x(x,y)\Delta x+f_y(x,y)\Delta y$.

证明　因为 $z=f(x,y)$ 在点 (x,y) 可微分,所以 $\Delta z=A\Delta x+B\Delta y+o(\rho)$,令 $\Delta y=0$,即有 $\Delta_x z=A\Delta x+o(|\Delta x|)$,于是

$$f_x(x,y)=\lim_{\Delta x\to 0}\frac{\Delta_x z}{\Delta x}=A+\lim_{\Delta x\to 0}\frac{o(|\Delta x|)}{\Delta x}=A.$$

同理可证 $f_y(x,y)=B$. □

当函数 $z=f(x,y)$ 的偏导数 $f_x(x,y)$, $f_y(x,y)$ 存在时,虽然可以写出式子 $f_x(x,y)\Delta x+f_y(x,y)\Delta y$,但它与全增量 Δz 之差不一定等于 $o(\rho)$,即函数未必可微分.这一点与一元函数不同,请读者注意.我们给出一个具体例子.考虑函数

$$z=f(x,y)=\sqrt{|xy|},$$

容易知道在点 $(0,0)$ 处,$f_x(0,0)=f_y(0,0)=0$,于是

$$\frac{\Delta z-[f_x(0,0)\Delta x+f_y(0,0)\Delta y]}{\rho}=\frac{\sqrt{|\Delta x\Delta y|}}{\sqrt{(\Delta x)^2+(\Delta y)^2}}=\sqrt{\frac{|\Delta x\Delta y|}{(\Delta x)^2+(\Delta y)^2}}.$$

但由例 13.2.4 知极限 $\lim\limits_{\Delta x\to 0\atop \Delta y\to 0}\dfrac{\Delta x\Delta y}{(\Delta x)^2+(\Delta y)^2}$ 不存在,故 $\Delta z-[f_x(0,0)\Delta x+f_y(0,0)\Delta y]$ 不是比 ρ 高阶的无穷小,因此该函数在 $(0,0)$ 处不可微.今后,当函数 $z=f(x,y)$ 的偏导数 $f_x(x,y)$, $f_y(x,y)$ 存在时,因为

$$\Delta_x z=f(x+\Delta x,y)-f(x,y)=f_x(x,y)\Delta x+o(\Delta x);$$
$$\Delta_y z=f(x,y+\Delta y)-f(x,y)=f_y(x,y)\Delta x+o(\Delta y),$$

分别称

$$\mathrm{d}_x z=f_x(x,y)\mathrm{d}x \quad 与 \quad \mathrm{d}_y z=f_y(x,y)\mathrm{d}y$$

为函数 $f(x,y)$ 在点 (x,y) 关于 x 与 y 的偏微分.那么由定理 14.2.1 知,一般来说,$\mathrm{d}z\neq\mathrm{d}_x z+\mathrm{d}_y z$.

注意到当 $z=f(x,y)$ 在点 (x,y) 可微分时,

$$\lim_{\Delta x\to 0,\Delta y\to 0}\Delta z=\lim_{\rho\to 0}\Delta z=\lim_{\rho\to 0}[A\Delta x+B\Delta y+o(\rho)]=0,$$

于是,又有如下定理.

定理 14.2.2（必要条件Ⅱ） 如果函数 $z=f(x,y)$ 在点 (x,y) 可微分,则 $z=f(x,y)$ 在点 (x,y) 的连续.

下面仔细分析全增量 Δz,从而给出函数可微分的充分条件.

利用一元函数的拉格朗日微分中值定理,将全增量 Δz 改写为

$$\Delta z = f(x+\Delta x,y+\Delta y)-f(x,y)$$
$$=[f(x+\Delta x,y+\Delta y)-f(x,y+\Delta y)]+[f(x,y+\Delta y)-f(x,y)]$$
$$=f_x(x+\theta_1\Delta x,y+\Delta y)\Delta x+f_y(x,y+\theta_2\Delta y)\Delta y \quad (0<\theta_1,\theta_2<1) \quad (14.2.4)$$
$$=f_x(x,y)\Delta x+f_y(x,y)\Delta y+[f_x(x+\theta_1\Delta x,y+\Delta y)-f_x(x,y)]\Delta x$$
$$+[f_y(x,y+\theta_2\Delta y)-f_y(x,y)]\Delta y$$
$$=f_x(x,y)\Delta x+f_y(x,y)\Delta y+\varepsilon_1\Delta x+\varepsilon_2\Delta y, \quad (14.2.5)$$

其中

$$\varepsilon_1=f_x(x+\theta_1\Delta x,y+\Delta y)-f_x(x,y),\quad \varepsilon_2=f_y(x,y+\theta_2\Delta y)-f_y(x,y),$$

那么

$$\left|\frac{\Delta z-f_x(x,y)\Delta x-f_y(x,y)\Delta y}{\rho}\right|=\left|\frac{\varepsilon_1\Delta x+\varepsilon_2\Delta y}{\rho}\right|\leqslant|\varepsilon_1|+|\varepsilon_2|,$$

所以,当 $\lim\limits_{\substack{\Delta x\to0\\\Delta y\to0}}\varepsilon_1=\lim\limits_{\Delta y\to0}\varepsilon_2=0$ 时,函数 $z=f(x,y)$ 就在点 (x,y) 处可微分.

定理 14.2.3（充分条件） 如果函数 $z=f(x,y)$ 的两个偏导数在点 (x,y) 处连续,则 $z=f(x,y)$ 在点 (x,y) 可微分.

例 14.2.1 求函数 $z=x^2y+xe^{xy}$ 在点 $(1,2)$ 处的全微分.

解 因为 $\dfrac{\partial z}{\partial x}=2xy+e^{xy}+xye^{xy}$ 与 $\dfrac{\partial z}{\partial y}=x^2+x^2e^{xy}$ 都在点 $(1,2)$ 处连续,并且

$$\left.\frac{\partial z}{\partial x}\right|_{(1,2)}=4+3e^2;\quad \left.\frac{\partial z}{\partial y}\right|_{(1,2)}=1+e^2,$$

所以 $\left.\mathrm{d}z\right|_{(1,2)}=(4+3e^2)\mathrm{d}x+(1+e^2)\mathrm{d}y.$ □

结合定理 14.2.2 与定理 14.2.3,又可以得到如下定理.

定理 14.2.4（函数连续的充分条件） 若函数 $z=f(x,y)$ 的两个偏导数在点 (x,y) 连续,则 $z=f(x,y)$ 也在点 (x,y) 连续.

以上关于二元函数可微分的定义、记号与结论等均可以平行地推广到一般的多元函数中.

例 14.2.2 求三元函数 $u=e^x\sin yz$ 的全微分.

解 因为 $\dfrac{\partial u}{\partial x}=e^x\sin yz,\dfrac{\partial u}{\partial y}=ze^x\cos yz$ 及 $\dfrac{\partial u}{\partial z}=ye^x\cos yz$ 在任意点 (x,y,z) 处连续,所以

$$\mathrm{d}z=(e^x\sin yz)\mathrm{d}x+(ze^x\cos yz)\mathrm{d}y+(ye^x\cos yz)\mathrm{d}z.$$ □

14.2.3　高阶全微分

当函数 $z=f(x,y)$ 可微分时,知道其全微分为
$$\mathrm{d}z=f_x(x,y)\mathrm{d}x+f_y(x,y)\mathrm{d}y.$$
由此,可以定义 $z=f(x,y)$ 的二阶全微分,即
$$\mathrm{d}^2z=\mathrm{d}(\mathrm{d}z)=\mathrm{d}(f_x(x,y)\mathrm{d}x)+\mathrm{d}(f_y(x,y)\mathrm{d}y)$$
$$=f_{xx}(x,y)\mathrm{d}x^2+f_{xy}(x,y)\mathrm{d}x\mathrm{d}y+f_{yx}(x,y)\mathrm{d}y\mathrm{d}x+f_{yy}(x,y)\mathrm{d}y^2.$$
如果 $z=f(x,y)$ 具有二阶连续偏导数,那么
$$\mathrm{d}^2z=f_{xx}(x,y)\mathrm{d}x^2+2f_{xy}(x,y)\mathrm{d}x\mathrm{d}y+f_{yy}(x,y)\mathrm{d}y^2.$$
当 $z=f(x,y)$ 具有 n 阶连续偏导数时,可以证明其 n 阶全微分为
$$\mathrm{d}^nz=\mathrm{d}(\mathrm{d}^{n-1}z)=\sum_{k=0}^{n}C_n^k\frac{\partial^n}{\partial x^k\partial y^{n-k}}f(x,y)\mathrm{d}x^k\mathrm{d}y^{n-k}.$$

14.3　复合函数微分法

14.3.1　一个自变量与多个中间变量的情形

对于一元函数 $z=\varphi(t)\psi(t)$,有求导法则
$$\frac{\mathrm{d}z}{\mathrm{d}t}=\psi(t)\varphi'(t)+\varphi(t)\psi'(t).$$

如果令 $z=uv,u=\varphi(t),v=\psi(t)$,上式就是 $\dfrac{\mathrm{d}z}{\mathrm{d}t}=\dfrac{\partial z}{\partial u}\cdot\dfrac{\mathrm{d}u}{\mathrm{d}t}+\dfrac{\partial z}{\partial v}\cdot\dfrac{\mathrm{d}v}{\mathrm{d}t}$. 这一结论对一般复合函数 $z=f[\varphi(t),\psi(t)]$,在一定的假设条件下,也是正确的.

定理 14.3.1　若函数 $u=\varphi(t)$ 及 $v=\psi(t)$ 都在 t 点可导,函数 $z=f(u,v)$ 在对应点 (u,v) 具有连续偏导数,则一元函数 $z=f[\varphi(t),\psi(t)]$ 在 t 点可导,并且
$$\frac{\mathrm{d}z}{\mathrm{d}t}=\frac{\partial z}{\partial u}\cdot\frac{\mathrm{d}u}{\mathrm{d}t}+\frac{\partial z}{\partial v}\cdot\frac{\mathrm{d}v}{\mathrm{d}t}. \tag{14.3.1}$$

证明　因为二元函数 $z=f(u,v)$ 在对应点 (u,v) 具有连续偏导数,由式(14.2.5)可知
$$\Delta z=\frac{\partial z}{\partial u}\Delta u+\frac{\partial z}{\partial v}\Delta v+\varepsilon_1\Delta u+\varepsilon_2\Delta v,$$
其中 $\lim\limits_{\substack{\Delta u\to 0\\ \Delta v\to 0}}\varepsilon_1=\lim\limits_{\substack{\Delta u\to 0\\ \Delta v\to 0}}\varepsilon_2=0.$ 于是
$$\frac{\Delta z}{\Delta t}=\frac{\partial z}{\partial u}\frac{\Delta u}{\Delta t}+\frac{\partial z}{\partial v}\frac{\Delta v}{\Delta t}+\varepsilon_1\frac{\Delta u}{\Delta t}+\varepsilon_2\frac{\Delta v}{\Delta t}, \tag{14.3.2}$$
又因为一元函数 $u=\varphi(t)$ 及 $v=\psi(t)$ 都在 t 点连续、可导,所以

$$\lim_{\Delta t \to 0}\Delta u = \lim_{\Delta t \to 0}\Delta v = 0, \quad \lim_{\Delta t \to 0}\frac{\Delta u}{\Delta t}=\frac{\mathrm{d}u}{\mathrm{d}t}, \quad \lim_{\Delta t \to 0}\frac{\Delta v}{\Delta t}=\frac{\mathrm{d}v}{\mathrm{d}t},$$

所以,在式(14.3.2)中,令 $\Delta t \to 0$ 即得式(14.3.1). □

　　称形如式(14.3.1)的导数为 z 关于 t 的全导数. 此结论可推广到中间变量为两个以上的情形. 即如果 $y=f(x_1,x_2,\cdots,x_n)$ 具有连续偏导数,而 $x_i=\varphi_i(t)$ 可导,$i=1,2,\cdots,n$,那么

$$\frac{\mathrm{d}z}{\mathrm{d}t}=\frac{\partial z}{\partial x_1}\cdot\frac{\mathrm{d}x_1}{\mathrm{d}t}+\frac{\partial z}{\partial x_2}\cdot\frac{\mathrm{d}x_2}{\mathrm{d}t}+\cdots+\frac{\partial z}{\partial x_n}\cdot\frac{\mathrm{d}x_n}{\mathrm{d}t}. \tag{14.3.3}$$

　　例 14.3.1　如果 $z=f(u,v,t)$ 具有连续偏导数,$u=\varphi(t)$ 与 $v=\psi(t)$ 可导,求 $z=f[\varphi(t),\psi(t),t]$ 的全导数.

　　解　记 $z=f(u,v,w),u=\varphi(t),v=\psi(t),w=t$,因为 $z=f(u,v,t)$ 具有连续偏导数,所以 $z=f(u,v,w)$ 具有连续偏导数,而 w 显然关于 t 可导,于是,由式(14.3.3)知

$$\frac{\mathrm{d}z}{\mathrm{d}t}=\frac{\partial z}{\partial u}\cdot\frac{\mathrm{d}u}{\mathrm{d}t}+\frac{\partial z}{\partial v}\cdot\frac{\mathrm{d}v}{\mathrm{d}t}+\frac{\partial z}{\partial w}\cdot\frac{\mathrm{d}w}{\mathrm{d}t}=\frac{\partial z}{\partial u}\cdot\frac{\mathrm{d}u}{\mathrm{d}t}+\frac{\partial z}{\partial v}\cdot\frac{\mathrm{d}v}{\mathrm{d}t}+\frac{\partial z}{\partial t},$$

其中 $\dfrac{\partial z}{\partial t}$ 是复合前将 u,v 看作常量对 t 求导,$\dfrac{\mathrm{d}z}{\mathrm{d}t}$ 是复合后的函数 $z=f[\varphi(t),\psi(t),t]$ 对 t 的导数. □

14.3.2　多个自变量与多个中间变量的情形

　　对于 $z=f[\varphi(x,y),\psi(x,y)]$,由于计算 $\dfrac{\partial z}{\partial x}$ 时,视变量 y 为常数,所以 $\varphi(x,y)$,$\psi(x,y)$ 都是关于 x 的一元函数,从而可以利用公式(14.3.1),只不过现在 z,φ,ψ 都是二元函数,所以要将式(14.3.1)中的导数记号改为偏导数记号. 于是得到如下定理.

　　定理 14.3.2　若函数 $u=\varphi(x,y)$ 及 $v=\psi(x,y)$ 在点 (x,y) 的两个偏导数都存在,函数 $z=f(u,v)$ 在对应点 (u,v) 具有连续偏导数,则二元复合函数 $z=f[\varphi(x,y),\psi(x,y)]$ 在点 (x,y) 的两个偏导数也存在,并且

$$\frac{\partial z}{\partial x}=\frac{\partial z}{\partial u}\cdot\frac{\partial u}{\partial x}+\frac{\partial z}{\partial v}\cdot\frac{\partial v}{\partial x}, \quad \frac{\partial z}{\partial y}=\frac{\partial z}{\partial u}\cdot\frac{\partial u}{\partial y}+\frac{\partial z}{\partial v}\cdot\frac{\partial v}{\partial y}. \tag{14.3.4}$$

　　容易将公式(14.3.4)推广到中间变量或自变量不只是两个的情形,例如,对于 $z=f(u,v,w),u=\varphi(x,y),v=\psi(x,y),w=\omega(x,y)$ 有

$$\frac{\partial z}{\partial x}=\frac{\partial z}{\partial u}\cdot\frac{\partial u}{\partial x}+\frac{\partial z}{\partial v}\cdot\frac{\partial v}{\partial x}+\frac{\partial z}{\partial w}\cdot\frac{\partial w}{\partial x}, \quad \frac{\partial z}{\partial y}=\frac{\partial z}{\partial u}\cdot\frac{\partial u}{\partial y}+\frac{\partial z}{\partial v}\cdot\frac{\partial v}{\partial y}+\frac{\partial z}{\partial w}\cdot\frac{\partial w}{\partial y}.$$

与例 14.3.1 做法同理,如果 $z=f[\varphi(x,y),x,y]$,记 $u=\varphi(x,y)$,则有

$$\frac{\partial z}{\partial x}=\frac{\partial f}{\partial u}\cdot\frac{\partial u}{\partial x}+\frac{\partial f}{\partial x},\qquad\frac{\partial z}{\partial y}=\frac{\partial z}{\partial u}\cdot\frac{\partial u}{\partial y}+\frac{\partial f}{\partial y};$$

如果 $z=f[\varphi(x,y),\psi(x,y),x,y]$，记 $u=\varphi(x,y),v=\psi(x,y)$，则有

$$\frac{\partial z}{\partial x}=\frac{\partial f}{\partial u}\cdot\frac{\partial u}{\partial x}+\frac{\partial f}{\partial v}\cdot\frac{\partial v}{\partial x}+\frac{\partial f}{\partial x},\qquad\frac{\partial z}{\partial y}=\frac{\partial z}{\partial u}\cdot\frac{\partial u}{\partial y}+\frac{\partial z}{\partial v}\cdot\frac{\partial v}{\partial y}+\frac{\partial f}{\partial y}.$$

例 14.3.2　已知 $z=\left(\dfrac{x}{y}\right)^2\ln(2x-3y)$，求 $\dfrac{\partial z}{\partial x},\dfrac{\partial z}{\partial y}$.

解　方法一　将一个变量视为常数，对另一个变量求导数，得到

$$\frac{\partial z}{\partial x}=\frac{2x}{y^2}\ln(2x-3y)+\frac{2x^2}{(2x-3y)y^2};$$

$$\frac{\partial z}{\partial y}=\frac{-2x^2}{y^3}\ln(2x-3y)-\frac{3x^2}{(2x-3y)y^2}.$$

方法二　令 $u=\dfrac{x}{y},v=2x-3y$，那么 $z=u^2\ln v$，利用公式(14.3.4)，得到

$$\frac{\partial z}{\partial x}=2u\ln v\cdot\frac{1}{y}+\frac{u^2}{v}\cdot 2=\frac{2x}{y^2}\ln(2x-3y)+\frac{2x^2}{(2x-3y)y^2};$$

$$\frac{\partial z}{\partial y}=2u\ln v\cdot\frac{-x}{y^2}+\frac{u^2}{v}\cdot(-3)=\frac{-2x^2}{y^3}\ln(2x-3y)-\frac{3x^2}{(2x-3y)y^2}.\qquad\square$$

例 14.3.3　设 $z=f(u,x,y)=(x-y)^u$，而 $u=xy$，求 $\dfrac{\partial z}{\partial x},\dfrac{\partial z}{\partial y}$.

解
$$\begin{aligned}
\frac{\partial z}{\partial x}&=\frac{\partial f}{\partial u}\cdot\frac{\partial u}{\partial x}+\frac{\partial f}{\partial x}\\
&=(x-y)^u\ln(x-y)\cdot y+u(x-y)^{u-1}\\
&=y(x-y)^{xy}\ln(x-y)+xy(x-y)^{xy-1};\\
\frac{\partial z}{\partial y}&=\frac{\partial f}{\partial u}\cdot\frac{\partial u}{\partial y}+\frac{\partial f}{\partial y}\\
&=(x-y)^u\ln(x-y)\cdot x+u(x-y)^{u-1}(-1)\\
&=x(x-y)^{xy}\ln(x-y)-xy(x-y)^{xy-1}.
\end{aligned}$$

$$\qquad\square$$

与一元函数一样，二元函数也具有一阶全微分的形式不变性. 即如果 $z=f(u,v)$，不论 u,v 是自变量还是中间变量，都有

$$\mathrm{d}z=\frac{\partial z}{\partial u}\mathrm{d}u+\frac{\partial z}{\partial v}\mathrm{d}v.$$

事实上，如果 $u=\varphi(x,y),v=\psi(x,y)$，利用复合函数求导公式(14.3.4)，也得到

$$\mathrm{d}z=\frac{\partial z}{\partial x}\mathrm{d}x+\frac{\partial z}{\partial y}\mathrm{d}y$$

$$= \left(\frac{\partial z}{\partial u} \cdot \frac{\partial u}{\partial x} + \frac{\partial z}{\partial v} \cdot \frac{\partial v}{\partial x} \right) \mathrm{d}x + \left(\frac{\partial z}{\partial u} \cdot \frac{\partial u}{\partial y} + \frac{\partial z}{\partial v} \cdot \frac{\partial v}{\partial y} \right) \mathrm{d}y$$

$$= \left(\frac{\partial u}{\partial x} \mathrm{d}x + \frac{\partial u}{\partial y} \mathrm{d}y \right) \frac{\partial z}{\partial u} + \left(\frac{\partial v}{\partial x} \mathrm{d}x + \frac{\partial v}{\partial y} \mathrm{d}y \right) \frac{\partial z}{\partial v}$$

$$= \frac{\partial z}{\partial u} \mathrm{d}u + \frac{\partial z}{\partial v} \mathrm{d}v.$$

例 14.3.4 利用全微分的形式不变性,求函数 $z = f\left(\frac{y}{x}, xy \right)$ 的全微分及偏导数,其中 f 具有连续的偏导数.

解 令 $u = \frac{y}{x}, v = xy$,则有

$$\mathrm{d}z = f_u \mathrm{d}u + f_v \mathrm{d}v = f_u \left(-\frac{y}{x^2} \mathrm{d}x + \frac{1}{x} \mathrm{d}y \right) + f_v (y \mathrm{d}x + x \mathrm{d}y)$$

$$= \left(y f_v - \frac{y}{x^2} f_u \right) \mathrm{d}x + \left(x f_v + \frac{1}{x} f_u \right) \mathrm{d}y,$$

所以

$$\frac{\partial z}{\partial x} = y f_v - \frac{y}{x^2} f_u, \quad \frac{\partial z}{\partial y} = x f_v + \frac{1}{x} f_u. \qquad \square$$

下面考虑如何利用复合函数求导公式,求高阶偏导数.

对于 $z = f(u, v)$,引入记号

$$f_1(u, v) := \frac{\partial f(u, v)}{\partial u}, \quad f_{12}(u, v) := \frac{\partial^2 f(u, v)}{\partial u \partial v}, \quad f_2(u, v) := \frac{\partial f(u, v)}{\partial v}.$$

即用下标 i 表示它对第 i 个变量求偏导数. 以后对一般的多元函数也采用这样的记号,因为它们不需要写出中间变量,并且非常直观、简明.

现在以

$$z = f(xy, x^2 + y^2)$$

为例,假设 $f(u, v)$ 具有二阶连续偏导数,求 $\frac{\partial^2 z}{\partial x^2}$ 及 $\frac{\partial^2 z}{\partial x \partial y}$.

将 xy 视为 f 的第一个变量,而将 $x^2 + y^2$ 视为 f 的第二个变量,那么

$$\frac{\partial z}{\partial x} = f_1 \cdot y + f_2 \cdot 2x.$$

注意到 $f_1 = f_1(xy, x^2 + y^2), f_2 = f_2(xy, x^2 + y^2)$,所以

$$\frac{\partial^2 z}{\partial x^2} = y(f_{11} y + f_{12} 2x) + 2 f_2 + 2x(f_{21} y + f_{22} 2x).$$

又因为 $f(u, v)$ 具有二阶连续偏导数,所以 $f_{12} = f_{21}$,于是,

$$\frac{\partial^2 z}{\partial x^2} = y^2 f_{11} + 4xy f_{12} + 4x^2 f_{22} + 2 f_2.$$

同理，

$$\frac{\partial^2 z}{\partial x \partial y} = f_1 + y(f_{11}x + f_{12}2y) + 2x(f_{21}x + f_{22}2y)$$

$$= xyf_{11} + 2(x^2 + y^2)f_{12} + 4xyf_{22} + f_1.$$

例 14.3.5　设 $z = f(\sin x, 2x + y, x^2 y)$，$f$ 具有二阶连续偏导数，求 $\dfrac{\partial^2 z}{\partial x \partial y}$.

解　因为 $\dfrac{\partial z}{\partial x} = f_1 \cdot \cos x + f_2 \cdot 2 + f_3 \cdot 2xy$，所以

$$\frac{\partial^2 z}{\partial x \partial y} = \cos x(f_{11} \cdot 0 + f_{12} \cdot 1 + f_{13}x^2) + 2(f_{21} \cdot 0 + f_{22} \cdot 1 + f_{23} \cdot x^2)$$

$$+ 2xf_3 + 2xy(f_{31} \cdot 0 + f_{32} \cdot 1 + f_{33} \cdot x^2)$$

$$= \cos x f_{12} + x^2 \cos x f_{13} + 2f_{22} + 2(x^2 + xy)f_{23} + 2x^3 y f_{33} + 2xf_3. \qquad \square$$

例 14.3.6　设 $z = f(x, y)$ 在点 (x_0, y_0) 的某一邻域内具有直到 n 阶的连续偏导数，$(x_0 + h, y_0 + k)$ 为此邻域内任一点，定义一元函数

$$\varphi(t) = f(x_0 + ht, y_0 + kt), \quad t \in [0, 1].$$

证明

$$\varphi^{(i)}(t) = \left(h\frac{\partial}{\partial x} + k\frac{\partial}{\partial y}\right)^i f(x_0 + ht, y_0 + kt), \quad i = 0, 1, 2, \cdots, n,$$

其中

$$\left(h\frac{\partial}{\partial x} + k\frac{\partial}{\partial y}\right)^i f(x_0 + ht, y_0 + kt) := \sum_{p=0}^{i} C_i^p h^p k^{i-p} f_{x^p y^{i-p}}(x_0 + ht, y_0 + kt).$$

证明　用数学归纳法证明. 当 $i = 0$ 时，因为

$$\left(h\frac{\partial}{\partial x} + k\frac{\partial}{\partial y}\right)^0 f(x_0 + ht, y_0 + kt) = f(x_0 + ht, y_0 + kt),$$

所以结论成立. 假设 $i = m$ 时结论成立，于是

$$\varphi^{(m+1)}(t) = \frac{\mathrm{d}}{\mathrm{d}t}\varphi^{(m)}(t)$$

$$= \frac{\mathrm{d}}{\mathrm{d}t}\left[\left(h\frac{\partial}{\partial x} + k\frac{\partial}{\partial y}\right)^m f(x_0 + ht, y_0 + kt)\right]$$

$$= \sum_{p=0}^{m} C_m^p \left[f_{x^{p+1}y^{m-p}}(x_0 + ht, y_0 + kt)h + f_{x^p y^{m+1-p}}(x_0 + ht, y_0 + kt)k\right]h^p k^{m-p}$$

$$= \sum_{p=0}^{m} C_m^p \left[f_{x^{p+1}y^{m-p}}(x_0 + ht, y_0 + kt)h^{p+1}k^{m-p} + f_{x^p y^{m+1-p}}(x_0 + ht, y_0 + kt)h^p k^{m+1-p}\right]$$

$$= \sum_{p=0}^{m} C_m^p f_{x^p y^{m+1-p}}(x_0 + ht, y_0 + kt)h^p k^{m+1-p} + \sum_{p=0}^{m} C_m^p f_{x^{p+1}y^{m-p}}(x_0 + ht, y_0 + kt)h^{p+1}k^{m-p}.$$

于是,利用公式 $C_m^p + C_m^{p-1} = C_{m+1}^p$ 得到

$$\sum_{p=0}^{m} C_m^p f_{x^p y^{m+1-p}} (x_0 + ht, y_0 + kt) h^p k^{m+1-p}$$

$$= f_{y^{m+1}} (x_0 + ht, y_0 + kt) k^{m+1} + \sum_{p=1}^{m} C_m^p f_{x^p y^{m+1-p}} (x_0 + ht, y_0 + kt) h^p k^{m+1-p}$$

$$= f_{y^{m+1}} (x_0 + ht, y_0 + kt) k^{m+1} + \sum_{p=1}^{m} (C_{m+1}^p - C_m^{p-1}) f_{x^p y^{m+1-p}} (x_0 + ht, y_0 + kt) h^p k^{m+1-p}$$

$$= f_{y^{m+1}} (x_0 + ht, y_0 + kt) k^{m+1} + \sum_{p=1}^{m} C_{m+1}^p f_{x^p y^{m+1-p}} (x_0 + ht, y_0 + kt) h^p k^{m+1-p}$$

$$- \sum_{p=1}^{m} C_m^{p-1} f_{x^p y^{m+1-p}} (x_0 + ht, y_0 + kt) h^p k^{m+1-p},$$

而

$$\sum_{p=0}^{m} C_m^p f_{x^{p+1} y^{m-p}} (x_0 + ht, y_0 + kt) h^{p+1} k^{m-p}$$

$$\xlongequal{p+1=q} \sum_{q=1}^{m+1} C_m^{q-1} f_{x^q y^{m+1-q}} (x_0 + ht, y_0 + kt) h^q k^{m+1-q}$$

$$= f_{x^{m+1}} (x_0 + ht, y_0 + kt) h^{m+1} + \sum_{q=1}^{m} C_m^{q-1} f_{x^q y^{m+1-q}} (x_0 + ht, y_0 + kt) h^q k^{m+1-q},$$

所以

$$\varphi^{(m)}(t)$$

$$= f_{y^{m+1}} (x_0 + ht, y_0 + kt) k^{m+1} + \sum_{p=1}^{m} C_{m+1}^p f_{x^p y^{m+1-p}} (x_0 + ht, y_0 + kt) h^p k^{m+1-p}$$

$$+ f_{x^{m+1}} (x_0 + ht, y_0 + kt) h^{m+1}$$

$$= \sum_{p=0}^{m+1} C_{m+1}^p f_{x^p y^{m+1-p}} (x_0 + ht, y_0 + kt) h^p k^{m+1-p},$$

即当 $i = m+1$ 时,结论成立. $\qquad\square$

14.4 隐函数微分法

本节只给出隐函数的微分方法,关于隐函数的存在性,将在第 15 章证明.

14.4.1 单个方程所确定的隐函数

定理 14.4.1 设函数 $F(x, y)$ 在点 (x_0, y_0) 的某个邻域内具有连续的偏导数,且 $F(x_0, y_0) = 0$,$F_y(x_0, y_0) \neq 0$,则方程 $F(x, y) = 0$ 在点 (x_0, y_0) 的某个邻域内唯一地确定一个具有连续导数的一元函数 $y = f(x)$,满足 $y_0 = f(x_0)$,且

$$\frac{\mathrm{d}y}{\mathrm{d}x} = -\frac{F_x}{F_y}. \tag{14.4.1}$$

事实上,因为 $y=f(x)$ 满足方程 $F(x,y)=0$,所以 $F(x,f(x))\equiv 0$,两端同时对 x 求导数得

$$F_x + F_y \frac{\mathrm{d}y}{\mathrm{d}x} = 0,$$

由于 F_y 连续且 $F_y(x_0,y_0)\neq 0$,所以存在点 (x_0,y_0) 的某个邻域,在该邻域内 $F_y \neq 0$,于是得到式(14.4.1).

例 14.4.1　求由方程 $y-\frac{1}{2}\sin y=x^2$ 确定的函数 $y=f(x)$ 的一、二阶导数.

解　令 $F(x,y)=y-\frac{1}{2}\sin y-x^2$,则 $F_x=-2x$;$F_y=1-\frac{1}{2}\cos y$,所以

$$\frac{\mathrm{d}y}{\mathrm{d}x} = -\frac{F_x}{F_y} = -\frac{-2x}{1-\frac{1}{2}\cos y} = \frac{4x}{2-\cos y}.$$

上式两端再对 x 求导,得

$$\frac{\mathrm{d}^2 y}{\mathrm{d}x^2} = \frac{4(2-\cos y)-4x\dfrac{\mathrm{d}}{\mathrm{d}y}(2-\cos y)\dfrac{\mathrm{d}y}{\mathrm{d}x}}{(2-\cos y)^2} = \frac{4(2-\cos y)^2-16x^2\sin y}{(2-\cos y)^3}. \qquad \square$$

定理 14.4.2　设函数 $F(x,y,z)$ 在点 (x_0,y_0,z_0) 的某个邻域内具有连续的偏导数,且 $F(x_0,y_0,z_0)=0$,$F_z(x_0,y_0,z_0)\neq 0$,则方程 $F(x,y,z)=0$ 在点 (x_0,y_0,z_0) 的某个邻域内唯一地确定一个具有连续偏导数的二元函数 $z=f(x,y)$,满足 $z_0=f(x_0,y_0)$,且

$$\frac{\partial z}{\partial x} = -\frac{F_x}{F_z}; \quad \frac{\partial z}{\partial y} = -\frac{F_y}{F_z}. \tag{14.4.2}$$

因为 $F(x,y,f(x,y))\equiv 0$,两端分别同时对 x 及 y 求偏导数得

$$F_x + F_z \frac{\partial z}{\partial x} = 0, \quad F_y + F_z \frac{\partial z}{\partial y} = 0.$$

由于 F_z 连续且 $F_z(x_0,y_0,z_0)\neq 0$,所以存在点 (x_0,y_0,z_0) 的某个邻域,使在该邻域内 $F_z \neq 0$,于是得到式(14.4.2).

例 14.4.2　已知由方程 $yz^2-xz^3-1=0$ 确定函数 $z=f(x,y)$,求 $\dfrac{\partial z}{\partial x}$,$\dfrac{\partial z}{\partial y}$,$\dfrac{\partial^2 z}{\partial y^2}$.

解　设 $F(x,y,z)=yz^2-xz^3-1$,则 $F_x=-z^3$;$F_y=z^2$;$F_z=2yz-3xz^2$. 所以

$$\frac{\partial z}{\partial x} = -\frac{F_x}{F_z} = \frac{z^2}{2y-3xz}; \quad \frac{\partial z}{\partial y} = -\frac{F_y}{F_z} = \frac{z}{3xz-2y};$$

$$\frac{\partial^2 z}{\partial y^2} = \frac{\dfrac{\partial z}{\partial y}(3xz-2y) - z\left(3x\dfrac{\partial z}{\partial y}-2\right)}{(3xz-2y)^2} = \frac{2z - 2y\dfrac{\partial z}{\partial y}}{(3xz-2y)^2} = \frac{6xz^2 - 6yz}{(3xz-2y)^3}. \qquad \square$$

14.4.2 由方程组所确定的隐函数

定理 14.4.3 设函数 $F(x,y,u,v)$ 及 $G(x,y,u,v)$ 均在点 (x_0, y_0, u_0, v_0) 的某个邻域内具有连续偏导数,且 $F(x_0, y_0, u_0, v_0) = 0, G(x_0, y_0, u_0, v_0) = 0$,以及由偏导数组成的行列式(雅可比(Jacobi)行列式)

$$J = \frac{\partial(F,G)}{\partial(u,v)} = \begin{vmatrix} F_u & F_v \\ G_u & G_v \end{vmatrix}$$

在点 (x_0, y_0, u_0, v_0) 的某个邻域内不为零,则方程组

$$\begin{cases} F(x,y,u,v) = 0, \\ G(x,y,u,v) = 0 \end{cases}$$

在点 (x_0, y_0, u_0, v_0) 的某个邻域内唯一地确定两个具有连续偏导数的二元函数

$$u = u(x,y), \quad v = v(x,y),$$

满足 $u_0 = u(x_0, y_0), v_0 = v(x_0, y_0)$ 且

$$\frac{\partial u}{\partial x} = -\frac{1}{J}\frac{\partial(F,G)}{\partial(x,v)} = -\frac{\begin{vmatrix} F_x & F_v \\ G_x & G_v \end{vmatrix}}{\begin{vmatrix} F_u & F_v \\ G_u & G_v \end{vmatrix}}; \quad \frac{\partial v}{\partial x} = -\frac{1}{J}\frac{\partial(F,G)}{\partial(u,x)} = -\frac{\begin{vmatrix} F_u & F_x \\ G_u & G_x \end{vmatrix}}{\begin{vmatrix} F_u & F_v \\ G_u & G_v \end{vmatrix}};$$

$$\tag{14.4.3}$$

$$\frac{\partial u}{\partial y} = -\frac{1}{J}\frac{\partial(F,G)}{\partial(y,v)} = -\frac{\begin{vmatrix} F_y & F_v \\ G_y & G_v \end{vmatrix}}{\begin{vmatrix} F_u & F_v \\ G_u & G_v \end{vmatrix}}; \quad \frac{\partial v}{\partial y} = -\frac{1}{J}\frac{\partial(F,G)}{\partial(u,y)} = -\frac{\begin{vmatrix} F_u & F_y \\ G_u & G_y \end{vmatrix}}{\begin{vmatrix} F_u & F_v \\ G_u & G_v \end{vmatrix}}.$$

$$\tag{14.4.4}$$

该公式不容易记忆,下面对其作推导,推导过程可以作为求偏导数的过程.

由于

$$\begin{cases} F(x,y,u(x,y),v(x,y)) \equiv 0, \\ G(x,y,u(x,y),v(x,y)) \equiv 0, \end{cases} \tag{14.4.5}$$

两端同时对 x 求偏导数得到

$$\begin{cases} F_x + F_u \dfrac{\partial u}{\partial x} + F_v \dfrac{\partial v}{\partial x} = 0, \\ G_x + G_u \dfrac{\partial u}{\partial x} + G_v \dfrac{\partial v}{\partial x} = 0, \end{cases}$$

也即

$$\begin{cases} F_u \dfrac{\partial u}{\partial x} + F_v \dfrac{\partial v}{\partial x} = -F_x, \\[2mm] G_u \dfrac{\partial u}{\partial x} + G_v \dfrac{\partial v}{\partial x} = -G_x. \end{cases}$$

这是关于 $\dfrac{\partial u}{\partial x}, \dfrac{\partial v}{\partial x}$ 的线性方程组，由假设可知在点 $P_0(x_0, y_0, u_0, v_0)$ 的某一邻域内，

系数行列式 $J = \begin{vmatrix} F_u & F_v \\ G_u & G_v \end{vmatrix} \neq 0$，从而由高等代数中的克拉默法则知，该方程组有唯

一解并且有式(14.4.3)．同理，在方程组(14.4.5)两端对 y 求偏导数得到

$$\begin{cases} F_y + F_u \dfrac{\partial u}{\partial y} + F_v \dfrac{\partial v}{\partial y} = 0, \\[2mm] G_y + G_u \dfrac{\partial u}{\partial y} + G_v \dfrac{\partial v}{\partial y} = 0. \end{cases}$$

进而利用克拉默法则得到式(14.4.4)．

　　例 14.4.3　已知 $u = u(x, y), v = v(x, y)$ 由方程组 $\begin{cases} xu - yv = 0, \\ yu + xv = 1 \end{cases}$ 确定，求 $\dfrac{\partial u}{\partial x}$,

$\dfrac{\partial v}{\partial x}, \dfrac{\partial u}{\partial y}, \dfrac{\partial v}{\partial y}$.

　　解　在方程组 $\begin{cases} xu - yv = 0, \\ yu + xv = 1 \end{cases}$ 两端同时对 x 求偏导数，得到

$$\begin{cases} x \dfrac{\partial u}{\partial x} - y \dfrac{\partial v}{\partial x} = -u, \\[2mm] y \dfrac{\partial u}{\partial x} + x \dfrac{\partial v}{\partial x} = -v, \end{cases}$$

解此方程组可得

$$\frac{\partial u}{\partial x} = -\frac{xu + yv}{x^2 + y^2}; \quad \frac{\partial v}{\partial x} = \frac{yu - xv}{x^2 + y^2}.$$

同理，在方程组 $\begin{cases} xu - yv = 0, \\ yu + xv = 1 \end{cases}$ 两端同时对 y 求偏导数，得到

$$\begin{cases} x \dfrac{\partial u}{\partial y} - y \dfrac{\partial v}{\partial y} = v, \\[2mm] y \dfrac{\partial u}{\partial y} + x \dfrac{\partial v}{\partial y} = -u, \end{cases}$$

解此方程组可得

$$\frac{\partial u}{\partial y} = \frac{xv - yu}{x^2 + y^2}; \quad \frac{\partial v}{\partial y} = -\frac{xu + yv}{x^2 + y^2}.$$

推论 14.4.1 设函数 $x=x(u,v)$，$y=y(u,v)$ 在点 (u_0,v_0) 的某个邻域内具有连续的偏导数，且 $x_0=x(u_0,v_0)$，$y_0=y(u_0,v_0)$，$J=\dfrac{\partial(x,y)}{\partial(u,v)}\Big|_{(u_0,v_0)}\neq 0$，则方程组

$$\begin{cases} x=x(u,v), \\ y=y(u,v), \end{cases}$$

在点 (x_0,y_0) 的某个邻域内唯一地确定两个具有连续偏导数的函数

$$u=u(x,y), \quad v=v(x,y),$$

并有

$$\frac{\partial u}{\partial x}=\frac{1}{J}\frac{\partial y}{\partial v}, \quad \frac{\partial v}{\partial x}=-\frac{1}{J}\frac{\partial y}{\partial u}, \tag{14.4.6}$$

$$\frac{\partial u}{\partial y}=-\frac{1}{J}\frac{\partial x}{\partial v}, \quad \frac{\partial v}{\partial y}=\frac{1}{J}\frac{\partial x}{\partial u}. \tag{14.4.7}$$

这只要考虑方程组

$$\begin{cases} F(x,y,u,v)=x-x(u,v)=0, \\ G(x,y,u,v)=y-y(u,v)=0. \end{cases}$$

由式 (14.4.3) 及 (14.4.4) 即得式 (14.4.6) 及 (14.4.7).

例 14.4.4 设 $u=u(x,y)$，$v=v(x,y)$ 由 $x=\mathrm{e}^u\cos v$，$y=\mathrm{e}^u\sin v$ 确定，求 $\dfrac{\partial u}{\partial x}$，$\dfrac{\partial v}{\partial x}$.

解 由 $x=\mathrm{e}^u\cos v$，$y=\mathrm{e}^u\sin v$，得

$$\begin{cases} \mathrm{e}^u\cos v\,\dfrac{\partial u}{\partial x}-\mathrm{e}^u\sin v\,\dfrac{\partial v}{\partial x}=1, \\ \mathrm{e}^u\sin v\,\dfrac{\partial u}{\partial x}+\mathrm{e}^u\cos v\,\dfrac{\partial v}{\partial x}=0, \end{cases}$$

由于

$$J=\frac{\partial(x,y)}{\partial(u,v)}=\begin{vmatrix} \mathrm{e}^u\cos v & -\mathrm{e}^u\sin v \\ \mathrm{e}^u\sin v & \mathrm{e}^u\cos v \end{vmatrix}=\mathrm{e}^{2u}\neq 0,$$

所以

$$\frac{\partial u}{\partial x}=\frac{1}{J}\begin{vmatrix} 1 & -\mathrm{e}^u\sin v \\ 0 & \mathrm{e}^u\cos v \end{vmatrix}=\mathrm{e}^{-u}\cos v;$$

$$\frac{\partial v}{\partial x}=\frac{1}{J}\begin{vmatrix} \mathrm{e}^u\cos v & 1 \\ \mathrm{e}^u\sin v & 0 \end{vmatrix}=-\mathrm{e}^{-u}\sin v. \qquad \square$$

在计算由方程组确定的隐函数的偏导数时，雅克比行列式起着非常大的作用，下面给出雅克比行列式的两个性质，它们是一元函数复合函数和反函数求导公式的推广.

定理 14.4.4　如果 $u=u(x,y),v=v(x,y),x=x(s,t),y=y(s,t)$ 均具有连续的偏导数,那么

$$\frac{\partial(u,v)}{\partial(s,t)}=\frac{\partial(u,v)}{\partial(x,y)}\cdot\frac{\partial(x,y)}{\partial(s,t)}. \tag{14.4.8}$$

证明　利用复合函数求偏导数的公式及矩阵行列式的性质得到

$$\frac{\partial(u,v)}{\partial(s,t)}=\begin{vmatrix} u_s & u_t \\ v_s & v_t \end{vmatrix}=\begin{vmatrix} u_x x_s+u_y y_s & u_x x_t+u_y y_t \\ v_x x_s+v_y y_s & v_x x_t+v_y y_t \end{vmatrix}$$

$$=\left|\begin{pmatrix} u_x & u_y \\ v_x & v_y \end{pmatrix}\begin{pmatrix} x_s & x_t \\ y_s & y_t \end{pmatrix}\right|=\begin{vmatrix} u_x & u_y \\ v_x & v_y \end{vmatrix}\begin{vmatrix} x_s & x_t \\ y_s & y_t \end{vmatrix}=\frac{\partial(u,v)}{\partial(x,y)}\cdot\frac{\partial(x,y)}{\partial(s,t)}.$$

$\square$

推论 14.4.2　如果 $u=u(x,y),v=v(x,y)$ 均具有连续的偏导数,并且 $\dfrac{\partial(u,v)}{\partial(x,y)}\neq 0$,那么

$$\frac{\partial(x,y)}{\partial(u,v)}=\frac{1}{\dfrac{\partial(u,v)}{\partial(x,y)}}. \tag{14.4.9}$$

最后给出雅克比行列式的一个几何解释.

设 D' 是 uv 平面上一个由分段光滑的闭曲线所围成的闭区域,函数 $x=x(u,v)$,$y=y(u,v)$ 在 D' 上具有一阶连续偏导数,它们将 D' 一对一地映成 xy 平面上的闭区域 D,如果 $(u,v)\in D'$,对应的 $(x,y)\in D$,那么

$$\lim_{d\to 0}\frac{S_D}{S_{D'}}=\left|\frac{\partial(x,y)}{\partial(u,v)}\right|, \tag{14.4.10}$$

其中 $S_{D'}$ 及 S_D 分别为闭区域 D' 与 D 的面积,而 d 是闭区域 D 的直径.

我们知道,对于一元映射 $y=f(x)$,当自变量的增量为 Δx 时,假设此函数的增量为 Δy,那么 $\lim\limits_{\Delta x\to 0}\left|\dfrac{\Delta y}{\Delta x}\right|=|f'(x)|$,即 $|f'(x)|$ 反映了长度 $|\Delta x|$ 与 $|\Delta y|$ 在点 x 处的伸缩比. 公式(14.4.10)正是这一事实在二元映射 $x=x(u,v)\,y=y(u,v)$ 中的推广.

14.5　方　向　导　数

偏导数刻画了函数沿着平行于坐标轴方向的变化率,如果要考虑函数沿任意指定方向的变化率,则需要方向导数的概念.

定义 14.5.1　设函数 $z=f(x,y)$ 在点 $P_0(x_0,y_0)$ 的某一邻域内有定义,以点 $P_0(x_0,y_0)$ 为端点作一条射线 l,又设点 $P(x_0+\Delta x,y_0+\Delta y)$ 在射线 l 上,且在点

$P_0(x_0, y_0)$的邻域内,如图 14-2 所示.

如果当动点 P 沿着射线 l 趋近于点 P_0 时,比值

$$\frac{f(x_0 + \Delta x, y_0 + \Delta y) - f(x_0, y_0)}{\rho}$$

的极限存在,其中 $\rho = \sqrt{(\Delta x)^2 + (\Delta y)^2}$,则称此极限为函数 $z = f(x, y)$ 在点 $P_0(x_0, y_0)$ 处沿方向 l 的方向导数,记为 $\left.\dfrac{\partial f}{\partial l}\right|_{(x_0, y_0)}$ 或者 $\left.\dfrac{\partial z}{\partial l}\right|_{(x_0, y_0)}$,即

$$\left.\frac{\partial f}{\partial l}\right|_{(x_0, y_0)} = \lim_{\rho \to 0^+} \frac{f(x_0 + \Delta x, y_0 + \Delta y) - f(x_0, y_0)}{\rho}.$$

$$(14.5.1)$$

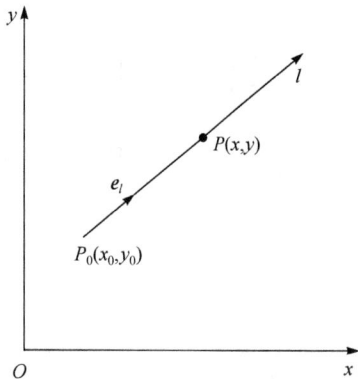

图 14-2

若记 α, β 分别为射线 l 所确定向量的两个方向角,则有 $\Delta x = \rho\cos\alpha$,$\Delta y = \rho\cos\beta$. 于是式(14.5.1)可改写为

$$\left.\frac{\partial f}{\partial l}\right|_{(x_0, y_0)} = \lim_{\rho \to 0^+} \frac{f(x_0 + \rho\cos\alpha, y_0 + \rho\cos\beta) - f(x_0, y_0)}{\rho}. \qquad (14.5.2)$$

称 $e_l = (\cos\alpha, \cos\beta) = (\cos\alpha, \sin\alpha)$ 为射线 l 的单位方向向量,其中 α 为从 x 轴正向到射线 l 沿逆时针方向旋转所成的角.

例 14.5.1 求函数 $z = f(x, y) = \sqrt{x^2 + y^2}$ 在$(0, 0)$点沿任意方向 l 的方向导数.

解 由式(14.5.2)知

$$\left.\frac{\partial f}{\partial l}\right|_{(0,0)} = \lim_{\rho \to 0^+} \frac{f(\rho\cos\alpha, \rho\cos\beta) - f(0, 0)}{\rho}$$

$$= \lim_{\rho \to 0^+} \frac{\sqrt{(\rho\cos\alpha)^2 + (\rho\cos\beta)^2}}{\rho} = 1. \qquad \square$$

现在考虑函数 $z = f(x, y)$ 在(x_0, y_0)点分别沿着 x 轴正向 l_x^+ 与负向 l_x^- 的方向导数. 注意到 $l_x^+ = (1, 0)$,$l_x^- = (-1, 0)$,所以

$$\left.\frac{\partial f}{\partial l_x^+}\right|_{(x_0, y_0)} = \lim_{\rho \to 0^+} \frac{f(x_0 + \rho\cos\alpha, y_0 + \rho\cos\beta) - f(x_0, y_0)}{\rho}$$

$$= \lim_{\rho \to 0^+} \frac{f(x_0 + \rho, y_0) - f(x_0, y_0)}{\rho}.$$

同理,

$$\left.\frac{\partial f}{\partial l_x^-}\right|_{(x_0, y_0)} = \lim_{\rho \to 0^+} \frac{f(x_0 - \rho, y_0) - f(x_0, y_0)}{\rho} = -\lim_{t \to 0^-} \frac{f(x_0 + t, y_0) - f(x_0, y_0)}{t},$$

即

$$\frac{\partial f}{\partial l_x^+}\bigg|_{(x_0,y_0)} \quad \text{等于 } z=f(x,y)\text{在点}(x_0,y_0)\text{关于 } x \text{ 的右偏导数;}$$

$$\frac{\partial f}{\partial l_x^-}\bigg|_{(x_0,y_0)} \quad \text{等于 } z=f(x,y)\text{在点}(x_0,y_0)\text{关于 } x \text{ 的左偏导数的负值.}$$

同理可知

$$\frac{\partial f}{\partial l_y^+}\bigg|_{(x_0,y_0)} \quad \text{等于 } z=f(x,y)\text{在点}(x_0,y_0)\text{关于 } y \text{ 的右偏导数;}$$

$$\frac{\partial f}{\partial l_y^-}\bigg|_{(x_0,y_0)} \quad \text{等于 } z=f(x,y)\text{在点}(x_0,y_0)\text{关于 } y \text{ 的左偏导数的负值.}$$

结合例 14.5.1,我们知道,对 $z=f(x,y)$ 在 (x_0,y_0) 点而言,沿任意方向的方向导数存在时,偏导数不一定存在;偏导数 $f_x(x_0,y_0)$ 存在时,函数沿 x 轴正向 l_x^+ 与负向 l_x^- 的方向导数都存在;偏导数 $f_y(x_0,y_0)$ 存在时,函数沿 y 轴正向 l_y^+ 与负向 l_y^- 的方向导数都存在.但是,如果 $z=f(x,y)$ 在 (x_0,y_0) 点可微分,则可保证它在该点处沿任意方向的方向导数存在.

定理 14.5.1   如果函数 $z=f(x,y)$ 在点 (x_0,y_0) 处可微分,则该函数沿任意方向 $e_l=(\cos\alpha,\cos\beta)$ 的方向导数均存在,并且

$$\frac{\partial f}{\partial l}=\frac{\partial f}{\partial x}\cos\alpha+\frac{\partial f}{\partial y}\cos\beta. \tag{14.5.3}$$

证明   函数 $z=f(x,y)$ 在点 (x_0,y_0) 处可微分,所以在 (x_0,y_0) 点,

$$\Delta z=\frac{\partial f}{\partial x}\Delta x+\frac{\partial f}{\partial y}\Delta y+o(\rho),$$

而 $\Delta x=\rho\cos\alpha$,$\Delta y=\rho\cos\beta$,所以

$$\frac{\Delta z}{\rho}=\frac{\partial f}{\partial x}\frac{\Delta x}{\rho}+\frac{\partial f}{\partial y}\frac{\Delta y}{\rho}+\frac{o(\rho)}{\rho}=\frac{\partial f}{\partial x}\cos\alpha+\frac{\partial f}{\partial y}\cos\beta+\frac{o(\rho)}{\rho},$$

于是,令 $\rho\to0^+$,即得式(14.5.3).   □

利用式(14.5.3),可以方便地计算函数沿任意方向的方向导数.

例 14.5.2   求函数 $z=x^2-xy+y^2$ 在点 $(1,1)$ 处沿与 x 轴正向成 $\frac{\pi}{4}$ 的方向导数.

解   因为 $\dfrac{\partial z}{\partial x}=2x-y$ 及 $\dfrac{\partial z}{\partial y}=-x+2y$ 在点 $(1,1)$ 处连续,所以函数在点 $(1,1)$ 处可微分.而

$$\frac{\partial z}{\partial x}\bigg|_{(1,1)}=1,\quad \frac{\partial z}{\partial y}\bigg|_{(1,1)}=1,$$

$$\boldsymbol{e}_l=(\cos\alpha,\cos\beta)=(\cos\alpha,\sin\alpha)=\left(\cos\frac{\pi}{4},\sin\frac{\pi}{4}\right)=\left(\frac{\sqrt{2}}{2},\frac{\sqrt{2}}{2}\right),$$

所以

$$\frac{\partial z}{\partial l}=\frac{\partial z}{\partial x}\cos\alpha+\frac{\partial z}{\partial y}\sin\alpha=1\cdot\frac{\sqrt{2}}{2}+1\cdot\frac{\sqrt{2}}{2}=\sqrt{2}.\qquad\square$$

容易将上述方向导数的概念及计算方法推广到一般的多元函数中,例如,对于三元函数 $u=f(x,y,z)$,它在空间一点 (x_0,y_0,z_0) 处,沿方向 l 的方向导数定义为

$$\frac{\partial f}{\partial l}\bigg|_{(x_0,y_0,z_0)}=\lim_{\rho\to0^+}\frac{f(x_0+\Delta x,y_0+\Delta y,z_0+\Delta z)-f(x_0,y_0,z_0)}{\rho}$$
$$=\lim_{\rho\to0^+}\frac{f(x_0+\rho\cos\alpha,y_0+\rho\cos\beta,z_0+\rho\cos\gamma)-f(x_0,y_0,z_0)}{\rho}.$$

并且当 $u=f(x,y,z)$ 在点 (x_0,y_0,z_0) 处可微分时,就有

$$\frac{\partial u}{\partial l}=\frac{\partial f}{\partial x}\cos\alpha+\frac{\partial f}{\partial y}\cos\beta+\frac{\partial f}{\partial z}\cos\gamma,$$

其中 $\{\cos\alpha,\cos\beta,\cos\gamma\}$ 是 l 的单位方向向量,$\rho=\sqrt{(\Delta x)^2+(\Delta y)^2+(\Delta z)^2}$.

例 14.5.3　求三元函数 $u=x^y+\mathrm{e}^z$ 在点 $P(1,1,0)$ 处沿着由点 $P(1,1,0)$ 到 $P'(2,0,1)$ 的向量所确定方向的方向导数.

解　因为 $\dfrac{\partial u}{\partial x}=yx^{y-1},\dfrac{\partial u}{\partial y}=x^y\ln x$ 及 $\dfrac{\partial u}{\partial z}=\mathrm{e}^z$ 在点 $P(1,1,0)$ 连续,所以函数在点 $P(1,1,0)$ 处可微分,而

$$\frac{\partial u}{\partial x}\bigg|_{(1,1,0)}=1,\quad\frac{\partial u}{\partial y}\bigg|_{(1,1,0)}=0,\quad\frac{\partial u}{\partial z}\bigg|_{(1,1,0)}=1,$$

$\overrightarrow{PP'}=\{1,-1,1\}$ 的方向余弦

$$\cos\alpha=\frac{1}{\sqrt{3}},\quad\cos\beta=-\frac{1}{\sqrt{3}},\quad\cos\gamma=\frac{1}{\sqrt{3}},$$

所以

$$\frac{\partial u}{\partial l}\bigg|_{(1,1,0)}=1\cdot\frac{1}{\sqrt{3}}+0\cdot\left(-\frac{1}{\sqrt{3}}\right)+1\cdot\frac{1}{\sqrt{3}}=\frac{2}{\sqrt{3}}.\qquad\square$$

习　题　14

一、判断题(正确打√并给出证明,错误打×并给出反例)

1. 如果函数 $f(x,y)$ 在点 (x_0,y_0) 处沿任意方向的方向导数都存在,则在点 (x_0,y_0) 处 $f(x,y)$ 的两个偏导数 $f_x(x_0,y_0)$ 及 $f_y(x_0,y_0)$ 也都存在.　　　　　　　　　　　　　（　　）

2. 如果函数 $z=f(x,y)$ 在点 (x_0,y_0) 处存在偏导数,则 $z=f(x,y)$ 在 (x_0,y_0) 点连续.
　　　　　　　　　　　　　　　　　　　　　　　　　　　　　　　　　　（　　）

3. 函数 $z=f(x,y)$ 可微是其偏导数存在的充要条件.　　　　　　　　　　　（　　）

4. 设 $z=f(x,y)$ 的偏导数 $\dfrac{\partial z}{\partial x}$ 在任意点 (x,y) 处都存在，那么 $\dfrac{\partial z}{\partial x}\Big|_{(x_0,y_0)}=$
$\left[\dfrac{\mathrm{d}}{\mathrm{d}x}f(x,y_0)\right]\Big|_{x=x_0}$.　　　　　　　　　　　　　　　　　　　　　　　　（　　）

5. 存在二元函数 $z=f(x,y)$ 满足条件 $\dfrac{\partial z}{\partial x}=y$ 及 $\dfrac{\partial z}{\partial y}=2x$.　　　　（　　）

二、填空题（将正确答案填在题中横线之上）

1. 设 $z=f(x,y)$ 为可微函数，如果当 $y=x^2$ 时，$f(x,y)=1$，$\dfrac{\partial f}{\partial x}=x$，则此时
$\dfrac{\partial f}{\partial y}=$ _____ .

2. 已知 $f(x,y)=x+(y-1)\arcsin\sqrt{\dfrac{x}{y}}$，则 $f_x(x,1)=$ _____ .

3. 设 $z=f(x,y)$ 在 (x,y) 处可微，则 $\lim\limits_{h\to0}\dfrac{f(x+h,y+h)-f(x,y)}{h}=$ _____ .

4. 如果方程 $F(x,y,z)=0$ 关于 x,y,z 分别满足隐函数存在定理，并且 F_x,F_y,F_z 均不为
零，那么 $\dfrac{\partial x}{\partial y}\cdot\dfrac{\partial y}{\partial z}\cdot\dfrac{\partial z}{\partial x}=$ _____ .

5. 已知一元函数 $f(t)$ 任意阶可导，如果 $u=f(x+y+z)$，那么 $\mathrm{d}^n u=$ _____ .

三、单项选择题（将正确答案的字母填入括号内）

1. 如果 $f(x_1,x_2,\cdots,x_n)$ 在点 $P(x_1,x_2,\cdots,x_n)$ 处可微分，那么下列结论错误的是（　　）.
(A) $f(x_1,x_2,\cdots,x_n)$ 在点 $P(x_1,x_2,\cdots,x_n)$ 处连续；
(B) $f(x_1,x_2,\cdots,x_n)$ 在点 $P(x_1,x_2,\cdots,x_n)$ 处的所有一阶偏导数都存在；
(C) $f(x_1,x_2,\cdots,x_n)$ 在点 $P(x_1,x_2,\cdots,x_n)$ 处沿任意方向的方向导数都存在；
(D) 以上结论均不正确.

2. 已知 $f_{xy}(x_0,y_0)$ 及 $f_{yx}(x_0,y_0)$ 均存在，那么（　　）.
(A) $f_{xy}(x_0,y_0)=f_{yx}(x_0,y_0)$；
(B) 当 $f(x,y)=f(y,x)$ 时，$f_{xy}(x_0,y_0)=f_{yx}(x_0,y_0)$；
(C) 当 $f_x(x_0,y_0)=f_y(x_0,y_0)$ 时，$f_{xy}(x_0,y_0)=f_{yx}(x_0,y_0)$；
(D) 当 $f_{xy}(x,y)$ 或者 $f_{yx}(x,y)$ 在 (x_0,y_0) 处连续时，$f_{xy}(x_0,y_0)=f_{yx}(x_0,y_0)$.

3. 设 $z=f(x,y)$ 且 $\mathrm{d}z=0$，则下列结论正确的是（　　）.
(A) $\dfrac{\partial z}{\partial x}=\dfrac{\partial z}{\partial y}=0$；　　(B) $\mathrm{d}x=\mathrm{d}y=0$；　　(C) $\mathrm{d}x=\dfrac{\partial z}{\partial y}=0$；　　(D) $\mathrm{d}y=\dfrac{\partial z}{\partial x}=0$.

4. 如果 $F(x_0,y_0)=0$，并且 $F_x(x_0,y_0)$ 及 $F_y(x_0,y_0)$ 均存在，那么（　　）.
(A) $F_x(x_0,y_0)=0$，$F_y(x_0,y_0)=0$；
(B) $F_x(x_0,y_0)+F_y(x_0,y_0)\cdot\dfrac{\mathrm{d}y}{\mathrm{d}x}\Big|_{(x_0,y_0)}=0$；
(C) $F_x(x_0,y_0)\cdot\dfrac{\mathrm{d}x}{\mathrm{d}y}\Big|_{(x_0,y_0)}+F_y(x_0,y_0)=0$；
(D) 以上结论均不正确.

5. 如果函数 $f(s)$ 在实轴上连续,则 $\dfrac{\partial}{\partial x}\displaystyle\int f(3x+2t)\mathrm{d}t =$ (　　).

(A) $\dfrac{3}{2}f(3x+2t)$;　　　　　　(B) $\dfrac{2}{3}f(3x+2t)$;

(C) $\dfrac{3}{2}f(2x+3t)$;　　　　　　(D) $\dfrac{2}{3}f(2x+3t)$.

四、计算题

1. 求空间曲线 $\begin{cases} x=1, \\ z=\sqrt{1+x^2+y^2} \end{cases}$ 在点 $(1,1,\sqrt{3})$ 处的切线与 Oy 轴正项所成的夹角.

2. 分别求下列函数的一阶及二阶偏导数:

(1) $u=xy+\dfrac{x}{y}$;

(2) $u=\arctan\dfrac{y}{x}$.

3. 求下列函数在给定点的全微分:

(1) $z=x^4+y^4-4x^2y^2$,点为 $(0,0)$ 及 $(1,1)$;

(2) $z=\dfrac{x}{\sqrt{x^2+y^2}}$,点为 $(1,0)$ 及 $(0,1)$.

4. 已知 $u=z\arctan\dfrac{x}{y}$,计算 $\dfrac{\partial^2 u}{\partial x^2}+\dfrac{\partial^2 u}{\partial y^2}+\dfrac{\partial^2 u}{\partial z^2}$.

5. 设 $z=f(\mathrm{e}^x\sin y)$ 满足 $\dfrac{\partial^2 z}{\partial x^2}+\dfrac{\partial^2 z}{\partial y^2}=z\mathrm{e}^{2x}$,且 $f(x)$ 具有连续的二阶导数,求 $z=f(u)$ 所满足的方程.

6. 已知 $u=f(x,2x-y,xyz)$,其中三元函数 $f(r,s,t)$ 具有二阶连续偏导数,求 $\dfrac{\partial^2 u}{\partial x^2}$,$\dfrac{\partial^2 u}{\partial x\partial z}$.

7. 令 $\xi=x,\eta=y-x,\zeta=z-x$,化简方程 $u_x+u_y+u_z=0$,其中 $u=u(x,y,z)$.

8. 设 $z=z(x,y)$ 由 $F(x+mz,y+nz)=0$ 确定,其中 F 是可微函数,m,n 是常数,求 $m\cdot\dfrac{\partial z}{\partial x}+n\cdot\dfrac{\partial z}{\partial y}$.

9. 求由方程 $\displaystyle\int_0^x \mathrm{e}^{t^2}\mathrm{d}t+\int_1^{y^2} t^2\mathrm{d}t+\int_z^{z^2}\dfrac{\sin t}{t}\mathrm{d}t=0$ 所确定的函数 $z=f(x,y)$ 的全微分.

10. 设 $\begin{cases} z=x^2+y^2, \\ x^2+2y^2+3z^2=10, \end{cases}$ 求 $\dfrac{\mathrm{d}y}{\mathrm{d}x},\dfrac{\mathrm{d}z}{\mathrm{d}x}$.

11. 设 $\begin{cases} u^2-v+x=0, \\ u+v^2-y=0, \end{cases}$ 求 $\dfrac{\partial u}{\partial x},\dfrac{\partial v}{\partial x},\dfrac{\partial u}{\partial y},\dfrac{\partial v}{\partial y}$.

12. 设函数 $z=f(x,y)$ 在某区域内有二阶连续偏导数,且
$$f(x,2x)=x,\quad f_x(x,2x)=x^2,\quad f_{xy}(x,2x)=x^3,$$
求 $f_{yy}(x,2x)$.

13. 设 $f(x),g(x)$ 是可微函数,且满足

$$\begin{cases} u(x,y)=f(2x+5y)+g(2x-5y), \\ u(x,0)=\sin 2x, \\ u_y(x,0)=0, \end{cases}$$

求 $f(x),g(x)$ 及 $u(x,y)$ 的表达式.

五、证明题

1. 证明函数

$$f(x,y)=\begin{cases} (x^2+y^2)\sin\dfrac{1}{x^2+y^2}, & x^2+y^2\neq 0, \\ 0, & x^2+y^2=0 \end{cases}$$

存在偏导数 $f_x(x,y)$ 及 $f_y(x,y)$；它们在点 $(0,0)$ 不连续；在点 $(0,0)$ 的任何邻域内无界；但函数 $f(x,y)$ 在点 $(0,0)$ 可微分.

2. 已知 $z=f(x,y)$ 具有二阶连续偏导数，且 $f_y\neq 0$，证明对任意常数 c，$f(x,y)=c$ 为直线方程的充分必要条件是 $f_y^2 \cdot f_{xx}-2f_x \cdot f_y \cdot f_{xy}+f_x^2 \cdot f_{yy}=0$.

3. 已知 $z=\sin(x-ay)+\cos(x+ay)$，证明 $z_{yy}-a^2 z_{xx}=0$.

4. 如果 $z=f(x,y)$ 在任意点 (x,y) 处满足条件 $\Delta z=\mathrm{d}z$，证明存在常数 A,B,C，使得 $f(x,y)=Ax+By+C$.

5. 如果二元函数 $f(x,y)$ 的两个偏导数 $f_x(x,y),f_y(x,y)$ 在点 P 的某邻域 $U(P)$ 内均有界，证明 $f(x,y)$ 在 $U(P)$ 内连续.

6. 证明函数 $u(x,t)=\dfrac{1}{2a\sqrt{\pi t}}\mathrm{e}^{-\frac{x^2}{4a^2 t}}$ 满足热传导方程 $u_t-a^2 u_{xx}=0$，其中 a 为正常数，变量 $x\in\mathbb{R}$，$t>0$.

7. 若存在自然数 n 使函数 $f(x,y)$ 当 $t>0$ 时满足条件 $f(tx,ty)=t^n f(x,y)$，则称 $f(x,y)$ 为 n 次齐次函数. 证明如果 $f(x,y)$ 具有连续偏导数，则 $f(x,y)$ 是 n 次齐次函数的充分必要条件是 $xf_x(x,y)+yf_y(x,y)=nf(x,y)$.

8. 证明具有二阶连续偏导数的函数 $u=u(x,y,z)$ 在正交变换 $\begin{cases} x=a_1 r+b_1 s+c_1 t, \\ y=a_2 r+b_2 s+c_2 t, \\ z=a_3 r+b_3 s+c_3 t \end{cases}$ 下满足关系式 $\dfrac{\partial^2 u}{\partial x^2}+\dfrac{\partial^2 u}{\partial y^2}+\dfrac{\partial^2 u}{\partial z^2}=\dfrac{\partial^2 u}{\partial r^2}+\dfrac{\partial^2 u}{\partial s^2}+\dfrac{\partial^2 u}{\partial t^2}$.

9. 若具有二阶连续偏导数的函数 $u(x,t)$ $(x\in\mathbb{R},t>0)$ 满足波动方程 $u_{tt}-a^2 u_{xx}=0$，证明在自变量的变换 $\begin{cases} \xi=x-at, \\ \eta=x+at \end{cases}$ 下，该函数满足方程 $\dfrac{\partial^2 u}{\partial\xi\partial\eta}=0$，其中常数 $a>0$.

10. 已知函数 $u(x,y,z)$ 在 $\mathbb{R}^3$ 上满足方程 $-\Delta u=|u|^{p-1}u$，令 $v=t^\alpha u(t^\beta x,t^\beta y,t^\beta z)$，其中常数 $t,\alpha,\beta,p>0$. 如果 $v(x,y,z)$ 也是该方程的解，证明 $p=1+\dfrac{2\beta}{\alpha}$.

第 15 章　多元函数微分学应用

本章介绍多元函数微分学的一些具体应用,主要包括多元函数的导数、多元函数的微分中值定理与泰勒公式、隐函数存在定理、空间曲线的切线与法平面、曲面的切平面与法线、多元函数的极值等内容.

15.1　多元函数的导数

我们知道,一元函数 $y=f(x)$ 在点 x 处的微分

$$\mathrm{d}y=f'(x)\Delta x, \tag{15.1.1}$$

即微分是一元线性函数 $y=ax$ 的形式,并且 x 前面的系数 a 就是函数 $y=f(x)$ 在点 x 处的导数 $f'(x)$.

对于二元函数 $z=f(x,y)$,如果 $z=f(x,y)$ 在点 (x,y) 处可微分,那么全微分 $\mathrm{d}z=f_x(x,y)\Delta x+f_y(x,y)\Delta y$,如果引入向量记号

$$f'(x,y):=(f_x(x,y),f_y(x,y)),\quad \Delta(x,y)=\begin{pmatrix}\Delta x\\\Delta y\end{pmatrix},$$

那么

$$\mathrm{d}z=f_x(x,y)\Delta x+f_y(x,y)\Delta y=f'(x,y)\Delta(x,y).$$

特别地,如果再记 $P=(x,y)$,则

$$\mathrm{d}z=f'(P)\Delta P, \tag{15.1.2}$$

于是,公式(15.1.2)就与(15.1.1)完全一致了.因此,有理由称 $f'(x,y)$ 为函数 $z=f(x,y)$ 在点 (x,y) 处的导数.

定义 15.1.1　如果二元函数 $z=f(x,y)$ 在点 (x,y) 处可微分,则称向量 $(f_x(x,y),f_y(x,y))$ 为 $z=f(x,y)$ 在点 (x,y) 处的导数或者梯度,记为

$$f'(x,y),\quad \mathbf{grad}f(x,y),\quad 或者\quad \nabla f(x,y),$$

即

$$f'(x,y)=\mathbf{grad}f(x,y)=\nabla f(x,y)=(f_x(x,y),f_y(x,y)). \tag{15.1.3}$$

容易证明,下列结论正确:

(1) $\mathbf{grad}(u+v)=\mathbf{grad}(u)+\mathbf{grad}(v)$;

(2) $\mathbf{grad}(u-v)=\mathbf{grad}(u)-\mathbf{grad}(v)$;

(3) $\mathbf{grad}(uv)=u\mathbf{grad}(v)+v\mathbf{grad}(u)$;

（4）$\mathbf{grad}\left(\dfrac{v}{u}\right)=\dfrac{u\mathbf{grad}(v)-v\mathbf{grad}(u)}{u^2}.$

这说明 $\mathbf{grad}(u)$ 确实满足一元函数导数的某些运算法则. 以（4）为例给出证明. 事实上, 因为

$$\frac{\partial}{\partial x}\left(\frac{v}{u}\right)=\frac{uv_x-u_xv}{u^2}, \quad \frac{\partial}{\partial y}\left(\frac{v}{u}\right)=\frac{uv_y-u_yv}{u^2},$$

所以

$$\mathbf{grad}\left(\frac{v}{u}\right)=\left(\frac{\partial}{\partial x}\left(\frac{v}{u}\right),\frac{\partial}{\partial y}\left(\frac{v}{u}\right)\right)$$

$$=\left(\frac{uv_x-u_xv}{u^2},\frac{uv_y-u_yv}{u^2}\right)=\frac{1}{u^2}\left(uv_x-u_xv,uv_y-u_yv\right)$$

$$=\frac{1}{u^2}\left(\left(uv_x,uv_y\right)-\left(u_xv,u_yv\right)\right)=\frac{1}{u^2}\left(u\left(v_x,v_y\right)-v\left(u_x,u_y\right)\right)$$

$$=\frac{u\mathbf{grad}(v)-v\mathbf{grad}(u)}{u^2}.$$

下面给出 $\mathbf{grad}(f)$ 的几何意义.

如果二元函数 $z=f(x,y)$ 在点 (x,y) 处可微分, 那么在点 (x,y) 处, 沿任意方向 $\boldsymbol{l}=(\cos\alpha,\cos\beta)$ 的方向导数 $\dfrac{\partial f}{\partial l}=\dfrac{\partial f}{\partial x}\cos\alpha+\dfrac{\partial f}{\partial y}\cos\beta$, 于是, 引入向量 $\mathbf{grad}(f)$ 后, 方向导数可表示为

$$\frac{\partial f}{\partial l}=\mathbf{grad}(f)\cdot\boldsymbol{l}=|\mathbf{grad}(f)||\boldsymbol{l}|\cos\theta=|\mathbf{grad}(f)|\cos\theta, \tag{15.1.4}$$

其中 θ 为向量 $\mathbf{grad}(f)$ 与向量 $\boldsymbol{l}=(\cos\alpha,\cos\beta)$ 的夹角. 那么, 式（15.1.4）说明当 $\boldsymbol{l}$ 为梯度方向（即 $\theta=0$）时, 函数 $z=f(x,y)$ 在点 (x,y) 处的方向导数最大, 最大值为梯度的模 $|\mathbf{grad}(f)|$. 而方向导数 $\dfrac{\partial f}{\partial l}$ 反映了 $z=f(x,y)$ 在点 (x,y) 处沿方向 $\boldsymbol{l}$ 的变化率, 所以梯度方向是函数在该点增长最快的方向. 当然也说明, 负梯度的方向是函数在该点减小最快的方向. 另一方面, 注意到二元函数 $z=f(x,y)$ 的图形是 $Oxyz$ 空间的一张曲面, 如果用平面 $z=c$（c 为适当的常数）截此曲面, 所得交线 L 的方程为

$$\begin{cases} z=f(x,y), \\ z=c. \end{cases}$$

记曲线 L 在 xOy 平面的投影曲线为 L^*（图 15-1）, 它在 Oxy 坐标系下的方程为 $f(x,y)=c$, 也即函数 $z=f(x,y)$ 在 L^* 上任意点处的函数值都等于 c, 称曲线 L^* 为函数 $z=f(x,y)$ 的一条等值线或者等高线. 由 $f(x,y)=c$ 可知

$$f_x(x,y)+f_y(x,y)\frac{\mathrm{d}y}{\mathrm{d}x}=0,$$

于是,等值线 L^* 上任一点 $P(x,y)$ 处的切线斜率为

$$\frac{\mathrm{d}y}{\mathrm{d}x}=-\frac{f_x(x,y)}{f_y(x,y)},$$

从而,法线斜率为

$$k=-\frac{1}{\dfrac{\mathrm{d}y}{\mathrm{d}x}}=\frac{f_y(x,y)}{f_x(x,y)},$$

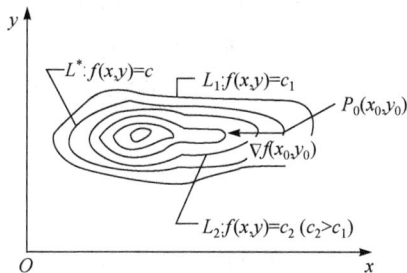

图 15-1

此式表明函数的梯度方向与过该点的等值线的一个法线方向一致,它的指向为从数值低的等值线指向数值高的等值线.

上述梯度概念可推广到三元函数乃至一般的多元函数中去,不再赘述.

例 15.1.1　求函数 $f(x,y)=x^2\sin y+y^2\cos x$ 的梯度,并确定在点 $P\left(\dfrac{\pi}{2},0\right)$ 处沿什么方向的方向导数最大? 并求此方向导数.

解　因为

$$\frac{\partial f}{\partial x}=2x\sin y-y^2\sin x,\quad \frac{\partial f}{\partial y}=x^2\cos y+2y\cos x$$

都是连续函数,所以

$$\mathbf{grad}f(x,y)=(2x\sin y-y^2\sin x,x^2\cos y+2y\cos x),$$

所以 $\mathbf{grad}f\left(\dfrac{\pi}{2},0\right)=\left(0,\dfrac{\pi^2}{4}\right)$,因此该函数在点 $P\left(\dfrac{\pi}{2},0\right)$ 处沿方向 $\left(0,\dfrac{\pi^2}{4}\right)$ 的方向导数最大,并且最大的方向导数为 $\dfrac{\pi^2}{4}$.　　　　　□

例 15.1.2　求三元函数 $u=xy^2+z^3-xyz$ 在 $P(1,0,2)$ 处的梯度.

解　因为

$$\frac{\partial u}{\partial x}=y^2-yz,\quad \frac{\partial u}{\partial y}=2xy-xz,\quad \frac{\partial u}{\partial z}=3z^2-xy$$

都是连续函数,所以 $\mathbf{grad}u(1,0,2)=(0,-2,12)$.　　　　　□

15.2　微分中值定理与泰勒公式

15.2.1　微分中值定理

直接利用式(14.2.4),就得到如下定理.

定理 15.2.1（二元函数微分中值定理Ⅰ）　如果函数 $z=f(x,y)$ 在点 (x,y) 的某邻域内具有偏导数,则存在 $\theta_1,\theta_2\in(0,1)$,使得

$$f(x+\Delta x,y+\Delta y)-f(x,y)=f_x(x+\theta_1\Delta x,y+\Delta y)\Delta x+f_y(x,y+\theta_2\Delta y)\Delta y.$$

$$(15.2.1)$$

例 15.2.1　如果函数 $z=f(x,y)$ 在区域 D 内的两个偏导数恒等于零,则 $z=f(x,y)$ 在 D 内是常函数.

证明　在 D 内任取两点 (x,y) 和 $(x+\Delta x,y+\Delta y)$,由假设条件及定理 15.2.1知

$$f(x+\Delta x,y+\Delta y)-f(x,y)=f_x(x+\theta_1\Delta x,y+\Delta y)\Delta x+f_y(x,y+\theta_2\Delta y)\Delta y=0,$$

即 $f(x+\Delta x,y+\Delta y)=f(x,y)$,从而 $z=f(x,y)$ 在 D 内是常函数.　　□

如果区域 D 是凸的,即 D 内任意两点间的直线段也完全包含在 D 内,那么公式(15.2.1)中两个点的偏导数可以在同一个点取到.

定理 15.2.2（二元函数微分中值定理Ⅱ）　如果函数 $z=f(x,y)$ 在凸区域 D 内具有连续的偏导数,那么对 D 内的任意两点 (x,y) 与 $(x+\Delta x,y+\Delta y)$,存在 $(\xi,\eta)\in D$,使得

$$f(x+\Delta x,y+\Delta y)-f(x,y)=f_x(\xi,\eta)\Delta x+f_y(\xi,\eta)\Delta y. \qquad (15.2.2)$$

证明　令 $F(t)=f(x+t\Delta x,y+t\Delta y)-f(x,y),t\in[0,1]$. 因为 $z=f(x,y)$ 在凸区域 D 内具有连续的偏导数,所以一元函数 $F(t)$ 在闭区间 $[0,1]$ 上可导,于是,由拉格朗日微分中值定理知,存在 $\theta\in(0,1)$ 使得

$$F(1)-F(0)=F'(\theta). \qquad (15.2.3)$$

注意到 $F(1)=f(x+\Delta x,y+\Delta y)-f(x,y),F(0)=0$,而由复合函数求导法则知

$$F'(\theta)=f_x(x+\theta\Delta x,y+\theta\Delta y)\Delta x+f_y(x+\theta\Delta x,y+\theta\Delta y)\Delta y,$$

于是,分别取 $\xi=x+\theta\Delta x,\eta=y+\theta\Delta y$,由式(15.2.3)即得式(15.2.2).　　□

15.2.2　泰勒公式

定理 15.2.3（二元函数泰勒公式）　设 $z=f(x,y)$ 在点 (x_0,y_0) 的某一邻域内具有直到 $n+1$ 阶的连续偏导数,(x_0+h,y_0+k) 为该邻域内任一点,则存在 $\theta\in(0,1)$ 使得

$$f(x_0+h,y_0+k)=\sum_{m=0}^{n}\frac{1}{m!}\left(h\frac{\partial}{\partial x}+k\frac{\partial}{\partial y}\right)^m f(x_0,y_0)$$

$$+\frac{1}{(n+1)!}\left(h\frac{\partial}{\partial x}+k\frac{\partial}{\partial y}\right)^{n+1}f(x_0+\theta h,y_0+\theta k). \quad (15.2.4)$$

证明　注意到点 (x_0,y_0) 的邻域是凸区域,从而一元函数

$$\varphi(t)=f(x_0+ht,y_0+kt), \quad t\in[0,1]$$

有定义. 并且由假设条件可知, $\varphi(t)$ 在 $[0,1]$ 上满足一元函数泰勒公式的条件, 于是存在 $\theta\in(0,1)$ 使得

$$\varphi(1)=\varphi(0)+\varphi'(0)+\frac{\varphi''(0)}{2!}+\cdots+\frac{\varphi^{(n)}(0)}{n!}+\frac{\varphi^{(n+1)}(\theta)}{(n+1)!}. \qquad (15.2.5)$$

由例 14.3.6 知

$$\varphi^{(i)}(t)=\left(h\frac{\partial}{\partial x}+k\frac{\partial}{\partial y}\right)^i f(x_0+ht,y_0+kt), \quad i=1,2,\cdots,n+1,$$

将它们代入式 (15.2.5) 中, 即得公式 (15.2.4). □

公式 (15.2.4) 称为二元函数 $z=f(x,y)$ 在 (x_0,y_0) 的 n 阶泰勒公式, 注意到

$$\left(h\frac{\partial}{\partial x}+k\frac{\partial}{\partial y}\right)^i f(x_0,y_0)$$

是关于两个变量 h,k 的 i 次多项式, 所以二元函数的 n 阶泰勒公式表示当用两个变量 h,k 的 0 次多项式, 1 次多项式, $\cdots$, n 次多项式之和近似二元函数 $g(h,k)=f(x_0+h,y_0+k)$ 时, 仅相差

$$R_n(h,k)=\frac{1}{(n+1)!}\left(h\frac{\partial}{\partial x}+k\frac{\partial}{\partial y}\right)^{n+1} f(x_0+\theta h,y_0+\theta k). \qquad (15.2.6)$$

称 (15.2.6) 式为拉格朗日型余项. 由于函数 $z=f(x,y)$ 的各 $n+1$ 阶偏导数都连续, 所以, 它们的绝对值在 (x_0,y_0) 的某邻域内都不超过某一正常数 M. 于是, 若记 $\rho=\sqrt{h^2+k^2}$, 那么

$$|R_n(h,k)|\leqslant\frac{M}{(n+1)!}(|h|+|k|)^{n+1}=\frac{M}{(n+1)!}\rho^{n+1}\left(\frac{|h|+|k|}{\rho}\right)^{n+1}$$

$$\leqslant\frac{M(\sqrt{2})^{n+1}}{(n+1)!}\rho^{n+1},$$

由此可知, 当 $\rho\to 0$ 时, 余项是比 ρ^n 高阶的无穷小. 所以, 也有

$$f(x_0+h,y_0+k)=\sum_{m=0}^{n}\frac{1}{m!}\left(h\frac{\partial}{\partial x}+k\frac{\partial}{\partial y}\right)^m f(x_0,y_0)+o((\sqrt{h^2+k^2})^n).$$

$$(15.2.7)$$

这时

$$R_n(h,k)=o((\sqrt{h^2+k^2})^n) \qquad (15.2.8)$$

称为佩亚诺型余项. 当然, 如果仅仅是要得到式 (15.2.7), 只需要 $z=f(x,y)$ 在点 (x_0,y_0) 的某一邻域内具有直到 n 阶的连续偏导数即可. 在泰勒公式 (15.2.4) 中, 取 $x_0=0,y_0=0$, 则得到 n 阶麦克劳林公式

$$f(h,k)=\sum_{m=0}^{n}\frac{1}{m!}\left(h\frac{\partial}{\partial x}+k\frac{\partial}{\partial y}\right)^m f(0,0)+\frac{1}{(n+1)!}\left(h\frac{\partial}{\partial x}+k\frac{\partial}{\partial y}\right)^{n+1} f(\theta h,\theta k).$$

$$(15.2.9)$$

当 $n=0$ 时,式(15.2.4)就是中值公式

$$f(x_0+h,y_0+k)-f(x_0,y_0)=hf_x(x_0+\theta h,y_0+\theta k)+kf_y(x_0+\theta h,y_0+\theta k).$$

当 $n=1$ 时,式(15.2.7)就是可微分函数的全增量公式

$$f(x_0+h,y_0+k)-f(x_0,y_0)=hf_x(x_0,y_0)+kf_y(x_0,y_0)+o\left(\sqrt{h^2+k^2}\right).$$

当 $n=2$ 时,式(15.2.7)就是

$$f(x_0+h,y_0+k)=f(x_0,y_0)+hf_x(x_0,y_0)+kf_y(x_0,y_0)$$
$$+\frac{1}{2}\big[f_{xx}(x_0,y_0)h^2+2f_{xy}(x_0,y_0)hk+f_{yy}(x_0,y_0)k^2\big]$$
$$+o(h^2+k^2), \tag{15.2.10}$$

如果引入矩阵

$$f''(x_0,y_0)=\begin{bmatrix} f_{xx}(x_0,y_0) & f_{xy}(x_0,y_0) \\ f_{xy}(x_0,y_0) & f_{yy}(x_0,y_0) \end{bmatrix}, \tag{15.2.11}$$

则式(15.2.10)可以改写为

$$f(x_0+h,y_0+k)=f(x_0,y_0)+f'(x_0,y_0)\binom{h}{k}+\frac{1}{2}(h,k)f''(x_0,y_0)\binom{h}{k}+o(h^2+k^2),$$
$$\tag{15.2.12}$$

所以,有理由称矩阵(15.2.11)为函数 $z=f(x,y)$ 在点 (x_0,y_0) 处的二阶导数. 通常也称式(15.2.11)为函数 $z=f(x,y)$ 在 (x_0,y_0) 点的黑塞(Hessian)矩阵.

例 15.2.2　求函数 $f(x,y)=\ln(1+x+y)$ 的三阶麦克劳林公式.

解　因为

$$f_x(x,y)=f_y(x,y)=\frac{1}{1+x+y},$$

$$f_{xx}(x,y)=f_{xy}(x,y)=f_{yy}(x,y)=-\frac{1}{(1+x+y)^2},$$

$$\frac{\partial^3 f}{\partial x^p \partial y^{3-p}}=\frac{2!}{(1+x+y)^3},\quad p=0,1,2,3,$$

$$\frac{\partial^4 f}{\partial x^p \partial y^{4-p}}=-\frac{3!}{(1+x+y)^4},\quad p=0,1,2,3,4,$$

所以

$$\left(x\frac{\partial}{\partial x}+y\frac{\partial}{\partial y}\right)f(0,0)=x+y,$$

$$\left(x\frac{\partial}{\partial x}+y\frac{\partial}{\partial y}\right)^2 f(0,0)=-(x+y)^2,$$

$$\left(x\frac{\partial}{\partial x}+y\frac{\partial}{\partial y}\right)^3 f(0,0)=2(x+y)^3,$$

$$\left(x\frac{\partial}{\partial x}+y\frac{\partial}{\partial y}\right)^4 f(\theta x,\theta y)=-3!\ (x+y)^4\frac{1}{(1+\theta x+\theta y)^4},$$

所以

$$\ln(1+x+y)=x+y-\frac{1}{2}(x+y)^2+\frac{1}{3}(x+y)^3$$

$$-\frac{1}{4}(x+y)^4\frac{1}{(1+\theta(x+y))^4},\quad 0<\theta<1.\qquad\square$$

事实上,如果记 $t=x+y$,利用一元函数的麦克劳林公式展开函数 $f(t)=$ $\ln(1+t)$,则容易得到例 15.2.2 的结论.本节主要定理的证明也采用了这一思想,即引入适当的变换,将多元函数问题转化为一元函数问题而得到解决.读者在学习多元函数时,应注意、体会这种手法.

例 15.2.3 如果定义在全平面上的二元函数 $f(x,y)$ 的四个二阶偏导数全为零,证明 $f(x,y)=Ax+By+C$,其中 A,B,C 为常数.

证明 因为 $f(x,y)$ 的四个二阶偏导数全为零,从而三阶及其以上的偏导数也全为零,所以由泰勒公式得到

$$f(x,y)-f(0,0)=f_x(0,0)x+f_y(0,0)y,$$

即存在常数 A,B,C,使得 $f(x,y)=Ax+By+C$.　　　　　　　　　$\square$

例 15.2.4 将多项式 $f(x,y)=x^2-2xy+y^2-x+y+1$ 写成 $(x-1)$ 与 $(y+1)$ 的幂.

解 注意到 $f(1,-1)=3$,而

$$f_x(x,y)=2x-2y-1,\quad f_y(x,y)=-2x+2y+1,$$

所以

$$f_x(1,-1)=3,\quad f_y(1,-1)=-3.$$

又

$$f_{xx}(x,y)=2,\quad f_{xy}(x,y)=-2,\quad f_{yy}(x,y)=2,$$

因此,由泰勒公式得到

$$f(h+1,k-1)=f(1,-1)+f_x(1,-1)h+f_y(1,-1)k$$

$$+\frac{1}{2}[f_{xx}(1,-1)h^2+2f_{xy}(1,-1)hk+f_{yy}(1,-1)k^2]$$

$$=3+3h-3k+\frac{1}{2}[2h^2-4hk+2k^2]$$

$$=3+3h-3k+h^2-2hk+k^2,$$

于是

$$f(x,y)=3+3(x-1)-3(y+1)+(x-1)^2-2(x-1)(y+1)+(y+1)^2.\quad\square$$

与二元函数泰勒公式的证明同理,能够得到一般的 k 元函数的泰勒公式.

设 k 元函数 $z=f(P)$ 在点 P_0 的某一邻域内具有直到 $n+1$ 阶的连续偏导数,

$P_0 + \Delta P$ 为该邻域内任一点,则存在 $\theta \in (0,1)$ 使得

$$f(P_0 + \Delta P) = \sum_{m=0}^{n} \frac{1}{m!} \left(\Delta x_1 \frac{\partial}{\partial x_1} + \Delta x_2 \frac{\partial}{\partial x_2} + \cdots + \Delta x_k \frac{\partial}{\partial x_k} \right)^m f(P_0)$$

$$+ \frac{1}{(n+1)!} \left(\Delta x_1 \frac{\partial}{\partial x_1} + \Delta x_2 \frac{\partial}{\partial x_2} + \cdots + \Delta x_k \frac{\partial}{\partial x_k} \right)^{n+1} f(P_0 + \theta \Delta P),$$

$$(15.2.13)$$

其中 $\Delta P = (\Delta x_1, \Delta x_2, \cdots, \Delta x_k)$.

例 15.2.5　当 $|x|, |y|, |z|$ 都很小时,试用 x, y, z 的多项式近似表示函数
$$f(x,y,z) = \cos(x+y+z) - \cos x \cos y \cos z.$$

解　将函数 $f(x,y,z) = \cos(x+y+z) - \cos x \cos y \cos z$ 用二阶麦克劳林公式
近似,即

$$f(x,y,z) \approx f(O) + x f_x(O) + y f_y(O) + z f_z(O)$$

$$+ \frac{1}{2} \Big[x^2 f_{xx}(O) + y^2 f_{yy}(O) + z^2 f_{zz}(O)$$

$$+ 2xy f_{xy}(O) + 2xz f_{xz}(O) + 2yz f_{yz}(O) \Big],$$

其中 $O = (0,0,0)$. 容易计算得到

$$f(O) = f_x(O) = f_y(O) = f_z(O) = f_{xx}(O) = f_{yy}(O) = f_{zz}(O) = 0,$$

$$f_{xy}(O) = f_{xz}(O) = f_{yz}(O) = -1,$$

所以

$$\cos(x+y+z) - \cos x \cos y \cos z \approx -(xy + xz + yz). \qquad \square$$

15.3　隐函数存在定理

在第 14 章中,我们给出了隐函数求导公式. 本节主要给出隐函数存在定理的
证明,以 $F(x,y) = 0$ 为例,证明的主要依据是闭区间上一元连续函数的介值定理.

考虑由方程

$$F(x,y) = 0 \qquad\qquad (15.3.1)$$

所确定的隐函数.

首先应该明白的是,并不是对任意的二元函数 $F(x,y)$,由式(15.3.1)都可以
确定一个隐函数 $y = f(x)$. 考虑例子

$$F(x,y) = x^2 + y^2 - 1 = 0.$$

一个显然的事实是,对于圆 $x^2 + y^2 = 1$ 上每一点 $P(x,y)$,当 $(x,y) = (1,0)$ 或者
$(-1,0)$ 时,在点 P 的任何邻域内,方程 $F(x,y) = 0$ 都不能确定一个函数 $y = f(x)$;而对其他的点 $P(x,y)$,总存在点 P 的一个邻域 $U(P)$,在此邻域内,可由方

程 $x^2+y^2=1$ 确定唯一的一个函数 $y=\sqrt{1-x^2}$，或者 $y=-\sqrt{1-x^2}$. 所以，要保证由式(15.3.1)确定唯一的隐函数 $y=f(x)$，函数 $F(x,y)$ 必须满足一定的条件.

定理 15.3.1（隐函数的存在唯一性与连续性） 设函数 $F(x,y)$ 满足下列条件：

(1) $F(x_0,y_0)=0$；

(2) $F(x,y)$ 在以点 $P_0(x_0,y_0)$ 为内点的某一区域 $D \subset \mathbb{R}^2$ 内连续；

(3) $F(x,y)$ 在 D 内关于 y 是严格单调的，

则在点 P_0 的某邻域 $U(P_0) \subset D$ 内，由方程 $F(x,y)=0$ 可以唯一地确定一个定义在某区间内的连续隐函数 $y=f(x)$，即对此区间内的任意 x 都有 $F(x,f(x))=0$.

证明 （1）证明隐函数的存在唯一性.

不妨假设 $F(x,y)$ 在区域 D 内关于 y 是严格递增的，并且存在 $\beta>0$，使得

$$[x_0-\beta,x_0+\beta] \times [y_0-\beta,y_0+\beta] \subset U(P_0) \subset D.$$

任意取定 $x \in [x_0-\beta,x_0+\beta]$，作为 y 的一元函数 $F(x,y)$ 在 $[y_0-\beta,y_0+\beta]$ 上是严格递增的连续函数. 特别地，取 $x=x_0$，由条件（1）知

$$F(x_0,y_0-\beta)<0<F(x_0,y_0+\beta). \tag{15.3.2}$$

F 的连续性条件（2）表明作为 x 的一元函数 $F(x,y_0-\beta)$ 和 $F(x,y_0+\beta)$ 在 $[x_0-\beta,x_0+\beta]$ 上也是连续的，因此，由连续函数局部保号性，结合式(15.3.2)知，存在正数 $\alpha \leqslant \beta$，使得

$$F(x,y_0-\beta)<0<F(x,y_0+\beta) \tag{15.3.3}$$

对于每一个 $x \in (x_0-\alpha,x_0+\alpha)$ 都成立. 于是，由连续函数的介值性及 F 关于 y 的严格递增性可知，对于每一个 $x \in (x_0-\alpha,x_0+\alpha)$，存在唯一的一点 $y \in (y_0-\beta,y_0+\beta)$，使得 $F(x,y)=0$，y 依赖于 x，记其为 $f(x)$，因此，就得到了唯一的隐函数

$$y=f(x), \quad x \in (x_0-\alpha,x_0+\alpha),$$

并且其值域含在 $(y_0-\beta,y_0+\beta)$ 内.

（2）证明隐函数的连续性.

任意取定 $\bar{x} \in (x_0-\alpha,x_0+\alpha)$，记 $\bar{y}=f(\bar{x})$，那么 $\bar{y} \in (y_0-\beta,y_0+\beta)$，因此，当 $\varepsilon>0$ 充分小时，$[\bar{y}-\varepsilon,\bar{y}+\varepsilon] \subset (y_0-\beta,y_0+\beta)$. 而根据 F 关于 y 的严格递增性可知

$$F(\bar{x},\bar{y}-\varepsilon)<F(\bar{x},\bar{y})<F(\bar{x},\bar{y}+\varepsilon).$$

注意到 $F(\bar{x},\bar{y})=0$，由连续函数的保号性，存在 $\bar{x}$ 的邻域 $(\bar{x}-\delta,\bar{x}+\delta) \subset (x_0-\alpha,x_0+\alpha)$，使得

$$F(x,\bar{y}-\varepsilon)<0<F(x,\bar{y}+\varepsilon), \quad x \in (\bar{x}-\delta,\bar{x}+\delta).$$

因此，存在唯一的 y，使得 $F(x,y)=0$，$|y-\bar{y}|<\varepsilon$. 由 y 的唯一性可知 $y=f(x)$，即得当 $|x-\bar{x}|<\delta$ 时，$|f(x)-f(\bar{x})|<\varepsilon$，即 $f(x)$ 在点 $\bar{x}$ 连续，由 $\bar{x}$ 的任意性证得 $y=f(x)$ 在区间 $(x_0-\alpha,x_0+\alpha)$ 内是连续的. $\square$

下面给出定理 14.4.1 的证明.

证明　不妨设 $F_y(x_0,y_0)>0$. 由于 $F_y(x,y)$ 在 D 内连续, 根据连续函数的局部保号性知, 存在点 P_0 的邻域 $U(P_0)=[x_0-\beta,x_0+\beta]\times[y_0-\beta,y_0+\beta]\subset D$, 使得 $F_y(x,y)$ 在 $U(P_0)$ 内的每一点都是正的, 因此, F 关于 y 是严格递增的. 利用定理 15.3.1 的结论可知由方程 $F(x,y)=0$ 可以唯一地确定一个定义在区间 $(x_0-\alpha,x_0+\alpha)$ 内的连续隐函数 $y=f(x)$.

下面证明 $y=f(x)$ 的连续可微性. 设 $x,x+\Delta x\in(x_0-\alpha,x_0+\alpha)$, 所对应的函数值满足 $y=f(x),y+\Delta y=f(x+\Delta x)\in(y_0-\beta,y_0+\beta)$. 注意到

$$F(x,y)=0,\quad F(x+\Delta x,y+\Delta y)=0,$$

由 F_x,F_y 的连续性, 利用二元函数的中值定理有

$$0=F(x+\Delta x,y+\Delta y)-F(x,y)$$
$$=F_x(x+\theta\Delta x,y+\theta\Delta y)\Delta x+F_y(x+\theta\Delta x,y+\theta\Delta y)\Delta y,$$

其中 $0<\theta<1$. 因此得到

$$\frac{\Delta y}{\Delta x}=-\frac{F_x(x+\theta\Delta x,y+\theta\Delta y)}{F_y(x+\theta\Delta x,y+\theta\Delta y)}.$$

利用 F_x,F_y 的连续性, 又 $F_y(x,y)$ 在 $U(P_0)$ 内不为零, 故有

$$f'(x)=\lim_{\Delta x\to 0}\frac{\Delta y}{\Delta x}=-\frac{F_x(x,y)}{F_y(x,y)}.$$

进而由 F_x,F_y 的连续性知 $f'(x)$ 在 $(x_0-\alpha,x_0+\alpha)$ 内是连续的.　　　□

第 14 章中关于隐函数存在与可微的其他定理, 可以仿照以上方法证明, 不再赘述.

再考虑例子 $F(x,y)=x^2+y^2-1=0$, 如果 $(x_0,y_0)\neq(1,0)$ 及 $(-1,0)$, 而 $F(x_0,y_0)=0$, 注意到 $F(x,y)$ 具有连续的偏导数, 同时 $F_y(x_0,y_0)=2y_0\neq0$, 所以由定理 14.4.1 知在点 (x_0,y_0) 附近方程 $F(x,y)=0$ 可以确定一个具有连续导数的一元函数 $y=f(x)$.

利用定理 14.4.1, 考虑函数 $y=f(x)$ 的反函数, 记 $F(x,y)=f(x)-y=0$, 注意到 $F_x(x,y)=f'(x),F_y(x,y)=-1$, 所以只要 $f'(x)$ 连续, 并且 $f'(x_0)\neq0$, 则 $y=f(x)$ 在点 (x_0,y_0) 的某个邻域内就唯一确定一个具有连续导数的反函数 $x=f^{-1}(y)$, 并且

$$\frac{\mathrm{d}x}{\mathrm{d}y}=-\frac{F_y}{F_x}=\frac{1}{f'(x)}=\frac{1}{\dfrac{\mathrm{d}y}{\mathrm{d}x}},$$

这与以前得到的结论是一致的.

例 15.3.1　证明方程 $\sin y+\cos x=e^{xy}$ 在点 $(0,0)$ 附近能够唯一确定一个具有连续导数的一元函数 $y=f(x)$.

证明 记 $F(x,y)=\sin y+\cos x-e^{xy}$，那么 $F(0,0)=0$，显然 $F(x,y)$ 具有连续的偏导数，而 $F_y(0,0)=1\neq0$，所以由定理 14.4.1 知，在点 $(0,0)$ 附近方程 $F(x,y)=0$ 能够唯一确定一个具有连续导数的一元函数 $y=f(x)$. □

例 15.3.2 证明函数组 $\begin{cases} x=r\cos\theta, \\ y=r\sin\theta, \end{cases}$ 当 $r>0$，$-\infty<\theta<+\infty$ 时存在反函数组

$\begin{cases} r=r(x,y), \\ \theta=\theta(x,y). \end{cases}$ 但在整个 $r\theta$ 平面上不存在反函数组.

证明 显然 x,y 具有连续的偏导数，并且

$$J=\frac{\partial(x,y)}{\partial(r,\theta)}=\begin{vmatrix} \cos\theta & -r\sin\theta \\ \sin\theta & r\cos\theta \end{vmatrix}=r>0.$$

所以由推论 14.4.1 知，当 $r>0$，$-\infty<\theta<+\infty$ 时存在反函数组 $\begin{cases} r=r(x,y), \\ \theta=\theta(x,y). \end{cases}$

注意到在 $r\theta$ 平面上的点 $(0,\theta)$ 全部对应到 xOy 平面上的点 $(0,0)$，即在点 $(0,\theta)$ 附近不存在反函数组，所以在整个 $r\theta$ 平面上不存在反函数组. □

15.4 空间曲线的切线与法平面

15.4.1 空间曲线以参数方程给出的情形

设空间曲线 Γ 的参数方程为

$$\begin{cases} x=\varphi(t), \\ y=\psi(t), \quad \alpha\leqslant t\leqslant\beta, \\ z=\omega(t), \end{cases}$$

其中 $\varphi(t),\psi(t),\omega(t)$ 在 $[\alpha,\beta]$ 上的 t_0 点可导，且导数不全为零.

假设当 $t=t_0$ 及 $t_0+\Delta t$ 时，Γ 上对应的点分别为 $M_0(x_0,y_0,z_0)$ 及 $M(x_0+\Delta x, y_0+\Delta y,z_0+\Delta z)$，则割线 M_0M 的方程为

$$\frac{x-x_0}{\Delta x}=\frac{y-y_0}{\Delta y}=\frac{z-z_0}{\Delta z},$$

于是当 $\Delta t\neq0$ 时就有

$$\frac{x-x_0}{\dfrac{\Delta x}{\Delta t}}=\frac{y-y_0}{\dfrac{\Delta y}{\Delta t}}=\frac{z-z_0}{\dfrac{\Delta z}{\Delta t}},$$

与平面曲线一样，当动点 M 沿曲线 Γ 趋于定点 M_0 时，割线 M_0M 的极限位置称为曲线 Γ 在点 M_0 处的切线，此时 $\Delta t\to0$，对上式取极限就得到

$$\frac{x-x_0}{\varphi'(t_0)}=\frac{y-y_0}{\psi'(t_0)}=\frac{z-z_0}{\omega'(t_0)}, \tag{15.4.1}$$

此即为曲线 Γ 在点 M_0 处的切线方程. 也称切线的方向向量 $\boldsymbol{T}=(\varphi'(t_0),\psi'(t_0),\omega'(t_0))$ 为曲线 Γ 在点 M_0 处的切向量.

过点 M_0 而与切线垂直的平面称为曲线 Γ 在点 M_0 处的法平面, 于是法平面的方程为

$$\varphi'(t_0)(x-x_0)+\psi'(t_0)(y-y_0)+\omega'(t_0)(z-z_0)=0. \tag{15.4.2}$$

例 15.4.1　已知空间曲线 Γ 的参数方程为

$$\begin{cases} x=2\cos t, \\ y=3\sin t, \\ z=4t, \end{cases}$$

求 Γ 上对应于 $t=\dfrac{\pi}{4}$ 处的切线与法平面方程.

解　易知参数 $t=\dfrac{\pi}{4}$ 对应的点为 $\left(\sqrt{2},\dfrac{3}{2}\sqrt{2},\pi\right)$, 又 $x'(t)=-2\sin t, y'(t)=3\cos t, z'(t)=4$, 所以切向量 $\boldsymbol{T}=\left(-\sqrt{2},\dfrac{3\sqrt{2}}{2},4\right)$, 因此, 切线方程为

$$\frac{x-\sqrt{2}}{-\sqrt{2}}=\frac{y-\dfrac{3\sqrt{2}}{2}}{\dfrac{3\sqrt{2}}{2}}=\frac{z-\pi}{4}.$$

法平面方程为

$$-\sqrt{2}\left(x-\sqrt{2}\right)+\frac{3\sqrt{2}}{2}\left(y-\frac{3\sqrt{2}}{2}\right)+4(z-\pi)=0,$$

即

$$2\sqrt{2}x-3\sqrt{2}y-8z+8\pi+5=0. \qquad \square$$

15.4.2　空间曲线作为两柱面交线的情形

设空间曲线 Γ 的方程为

$$\begin{cases} y=\psi(x), \\ z=\omega(x), \end{cases} \quad \alpha\leqslant x\leqslant\beta,$$

其中 $\psi(x),\omega(x)$ 在 $[\alpha,\beta]$ 上可导.

取 x 为参数, 得到空间曲线 Γ 的参数方程为

$$\begin{cases} x=x, \\ y=\psi(x), \\ z=\omega(x). \end{cases}$$

于是由公式 (15.4.1) 知, 曲线 Γ 在点 $M_0(x_0,y_0,z_0)$ 处的切线方程

$$\frac{x-x_0}{1}=\frac{y-y_0}{\psi'(x_0)}=\frac{z-z_0}{\omega'(x_0)}. \tag{15.4.3}$$

法平面方程为

$$(x-x_0)+\psi'(x_0)(y-y_0)+\omega'(x_0)(z-z_0)=0. \tag{15.4.4}$$

如果空间曲线 Γ 的方程为

$$\begin{cases} x=\varphi(y), \\ z=\omega(y), \end{cases} \quad \text{或者} \quad \begin{cases} x=\varphi(z), \\ y=\psi(z), \end{cases}$$

则分别取 y 及 z 作为参数,即可得到 Γ 的切线方程与法平面方程.

例 15.4.2 求曲线 $\Gamma:\begin{cases} y=2x^2, \\ z=x+3 \end{cases}$ 在点 $(1,2,4)$ 处的切线与法平面方程.

解 因为 $\dfrac{\mathrm{d}y}{\mathrm{d}x}=4x,\dfrac{\mathrm{d}z}{\mathrm{d}x}=1$,所以曲线 Γ 在点 $(1,2,4)$ 处的切线方程为

$$\frac{x-1}{1}=\frac{y-2}{4}=\frac{z-4}{1}.$$

法平面方程为

$$(x-1)+4(y-2)+(z-4)=0,$$

即

$$x+4y+z=13. \qquad \square$$

15.4.3 空间曲线作为两曲面交线的情形

设空间曲线 Γ 的方程为

$$\begin{cases} F(x,y,z)=0, \\ G(x,y,z)=0, \end{cases} \tag{15.4.5}$$

其中 F,G 具有连续的偏导数,$M_0(x_0,y_0,z_0)$ 是曲线 Γ 上的点,并且

$$\begin{vmatrix} F_y & F_z \\ G_y & G_z \end{vmatrix}_{M_0} \neq 0. \tag{15.4.6}$$

根据定理 14.4.3,此时,在点 $M_0(x_0,y_0,z_0)$ 的某个邻域内,方程组(15.4.5)确定了一组隐函数 $y=\psi(x),z=\omega(x)$. 于是,要求曲线 Γ 在点 M_0 处的切线和法平面方程,只需求出 $\psi'(x_0),\omega'(x_0)$ 后,代入方程(15.4.3)和(15.4.4)即可. 由定理 14.4.3,可求得

$$\psi'(x_0)=\frac{\begin{vmatrix} F_z & F_x \\ G_z & G_x \end{vmatrix}_{M_0}}{\begin{vmatrix} F_y & F_z \\ G_y & G_z \end{vmatrix}_{M_0}}, \quad \omega'(x_0)=\frac{\begin{vmatrix} F_x & F_y \\ G_x & G_y \end{vmatrix}_{M_0}}{\begin{vmatrix} F_y & F_z \\ G_y & G_z \end{vmatrix}_{M_0}}.$$

于是曲线 Γ 在点 M_0 处的一个切向量为 $(1,\psi'(x_0),\omega'(x_0))$. 从而

$$\left(\left| \begin{matrix} F_y & F_z \\ G_y & G_z \end{matrix} \right|_{M_0}, \left| \begin{matrix} F_z & F_x \\ G_z & G_x \end{matrix} \right|_{M_0}, \left| \begin{matrix} F_x & F_y \\ G_x & G_y \end{matrix} \right|_{M_0} \right)$$

也为曲线 Γ 在点 M_0 处的一个切向量. 所以,曲线 Γ 在点 $M_0(x_0,y_0,z_0)$ 处的切线方程为

$$\frac{x-x_0}{\left| \begin{matrix} F_y & F_z \\ G_y & G_z \end{matrix} \right|_{M_0}} = \frac{y-y_0}{\left| \begin{matrix} F_z & F_x \\ G_z & G_x \end{matrix} \right|_{M_0}} = \frac{z-z_0}{\left| \begin{matrix} F_x & F_y \\ G_x & G_y \end{matrix} \right|_{M_0}}, \tag{15.4.7}$$

在点 $M_0(x_0,y_0,z_0)$ 处的法平面方程为

$$\left| \begin{matrix} F_y & F_z \\ G_y & G_z \end{matrix} \right|_{M_0}(x-x_0) + \left| \begin{matrix} F_z & F_x \\ G_z & G_x \end{matrix} \right|_{M_0}(y-y_0) + \left| \begin{matrix} F_x & F_y \\ G_x & G_y \end{matrix} \right|_{M_0}(z-z_0) = 0.$$

$$\tag{15.4.8}$$

当 $\left| \begin{matrix} F_x & F_z \\ G_x & G_z \end{matrix} \right|_{M_0} \neq 0$,或者 $\left| \begin{matrix} F_x & F_y \\ G_x & G_y \end{matrix} \right|_{M_0} \neq 0$ 时,同理,可以写出曲线 Γ 在点 $M_0(x_0,y_0,z_0)$ 处的切线方程和法平面方程.

例 15.4.3 求球面 $x^2+y^2+z^2=4$ 与柱面 $x^2+y^2=2x$ 的交线在点 $\left(1,1,\sqrt{2}\right)$ 处的切线与法平面方程.

解 将方程两端分别对 x 求导并联立得到

$$\begin{cases} y\dfrac{\mathrm{d}y}{\mathrm{d}x} + z\dfrac{\mathrm{d}z}{\mathrm{d}x} = -x, \\ y\dfrac{\mathrm{d}y}{\mathrm{d}x} = 1-x. \end{cases}$$

解得 $\dfrac{\mathrm{d}y}{\mathrm{d}x} = \dfrac{1-x}{y}, \dfrac{\mathrm{d}z}{\mathrm{d}x} = -\dfrac{1}{z}$,故 $\dfrac{\mathrm{d}y}{\mathrm{d}x}\Big|_{(1,1,\sqrt{2})}=0, \dfrac{\mathrm{d}z}{\mathrm{d}x}\Big|_{(1,1,\sqrt{2})}=-\dfrac{1}{\sqrt{2}}$. 所以切线方程为

$$\frac{x-1}{1} = \frac{y-1}{0} = \frac{z-\sqrt{2}}{-\dfrac{1}{\sqrt{2}}},$$

法平面方程为

$$\sqrt{2}(x-1) - (z-\sqrt{2}) = 0,$$

即

$$\sqrt{2}x - z = 0. \qquad\qquad \square$$

15.5 曲面的切平面与法线

15.5.1 曲面的方程为 $F(x,y,z)=0$

设曲面 Σ 的方程为

$$F(x,y,z)=0, \qquad\qquad (15.5.1)$$

$M_0(x_0,y_0,z_0)$ 为曲面 Σ 上一点,函数 $F(x,y,z)$ 在 M_0 点具有对各个自变量的连续偏导数,并且不同时为零.

在曲面 Σ 上过点 $M_0(x_0,y_0,z_0)$ 任意作一条曲线 Γ,并设曲线 Γ 的参数方程为

$$\begin{cases} x=\varphi(t), \\ y=\psi(t), \\ z=\omega(t). \end{cases}$$

因为 Γ 在曲面 Σ 上,所以 $F(\varphi(t),\psi(t),\omega(t))\equiv 0$,由此得到

$$F_x(x_0,y_0,z_0)\varphi'(t_0)+F_y(x_0,y_0,z_0)\psi'(t_0)+F_z(x_0,y_0,z_0)\omega'(t_0)=0,$$

$$(15.5.2)$$

则式(15.5.2)说明向量 $\boldsymbol{n}=(F_x(x_0,y_0,z_0),F_y(x_0,y_0,z_0),F_z(x_0,y_0,z_0))$ 与向量 $\boldsymbol{T}=(\varphi'(t_0),\psi'(t_0),\omega'(t_0))$ 垂直,而 $\boldsymbol{n}$ 是由点 $M_0(x_0,y_0,z_0)$ 确定的向量,所以曲面 Σ 上过点 $M_0(x_0,y_0,z_0)$ 的任一曲线的切线都在与 $\boldsymbol{n}$ 垂直的平面上且过点 $M_0(x_0,y_0,z_0)$.该平面称为曲面 Σ 在 $M_0(x_0,y_0,z_0)$ 的切平面,称 $\boldsymbol{n}$ 为切平面的法向量. 于是,曲面 Σ 上点 $M_0(x_0,y_0,z_0)$ 的切平面的方程为

$$F_x(x_0,y_0,z_0)(x-x_0)+F_y(x_0,y_0,z_0)(y-y_0)+F_z(x_0,y_0,z_0)(z-z_0)=0.$$

$$(15.5.3)$$

过点 $M_0(x_0,y_0,z_0)$ 与切平面垂直的直线称为曲面 Σ 在 $M_0(x_0,y_0,z_0)$ 处的法线.从而法线方程为

$$\frac{x-x_0}{F_x(x_0,y_0,z_0)}=\frac{y-y_0}{F_y(x_0,y_0,z_0)}=\frac{z-z_0}{F_z(x_0,y_0,z_0)}. \qquad (15.5.4)$$

例 15.5.1 求曲面 $3x^2+y^2+z^2=16$ 在点 $(-1,-2,3)$ 处的切平面及法线方程.

解 令 $F(x,y,z)=3x^2+y^2+z^2-16$,则切平面的法向量 $\boldsymbol{n}=(3x,y,z)$,从而 $\boldsymbol{n}\Big|_{(-1,-2,3)}=(-3,-2,3)$,所以切平面方程为

$$-3(x+1)-2(y+2)+3(z-3)=0,$$

即

$$3x+2y-3z+16=0.$$

法线方程为

$$\frac{x+1}{-3}=\frac{y+2}{-2}=\frac{z-3}{3}.$$　　　　　　□

15.5.2　曲面的方程为 $z=f(x,y)$

如果曲面 Σ 的方程为

$$z=f(x,y),$$　　　　　　　　(15.5.5)

$M_0(x_0,y_0,z_0)$ 为曲面 Σ 上一点,函数 $f(x,y)$ 的偏导数 f_x 及 f_y 在点 (x_0,y_0) 连续,则只要令 $F(x,y,z)=f(x,y)-z$,那么 $F_x=f_x,F_y=f_y,F_z=-1$. 所以曲面 Σ 在点 $M_0(x_0,y_0,z_0)$ 的切平面方程为

$$z-z_0=f_x(x_0,y_0)(x-x_0)+f_y(x_0,y_0)(y-y_0),$$　　　　(15.5.6)

法线方程为

$$\frac{x-x_0}{f_x(x_0,y_0)}=\frac{y-y_0}{f_y(x_0,y_0)}=\frac{z-z_0}{-1}.$$　　　　(15.5.7)

由切平面方程(15.5.6)可得函数 $z=f(x,y)$ 在点 (x_0,y_0) 处全微分的几何意义,即全微分表示曲面 $z=f(x,y)$ 在点 $M_0(x_0,y_0,z_0)$ 处的切平面上点的竖坐标的增量.

例 15.5.2　在曲面 $z=xy$ 上求一点,使该点处的法线垂直于平面 $x+3y+z=9$,并求出该点处的切平面与法线方程.

解　令 $f(x,y)=xy$,则法向量 $\boldsymbol{n}=(f_x,f_y,-1)=(y,x,-1)$. 因为 $\boldsymbol{n}$ 与平面 $x+3y+z=9$ 垂直,所以 $\frac{y}{1}=\frac{x}{3}=\frac{-1}{1}$,即 $x=-3,y=-1$,从而 $z=f(-3,-1)=3$,故所求点为 $(-3,-1,3)$. 所以向量 $\boldsymbol{n}\Big|_{(-3,-1,3)}=(-1,-3,-1)$,于是,法线方程为

$$\frac{x+3}{1}=\frac{y+1}{3}=\frac{z-3}{1}.$$

切平面方程为 $-(x+3)-3(y+1)=z-3$,即

$$x+3y+z+3=0.$$　　　　　　□

15.5.3　用参数方程表示的曲面

如果曲面 Σ 的方程为参数形式

$$\begin{cases}x=\varphi(u,v),\\ y=\psi(u,v),\quad(u,v)\in D,\\ z=\omega(u,v),\end{cases}$$　　　　(15.5.8)

假设 $x=\varphi(u,v),y=\psi(u,v)$ 存在反函数组 $u=\varphi^{-1}(x,y),v=\psi^{-1}(x,y)$,那么曲面 Σ 的方程为 $z=\omega(\varphi^{-1}(x,y),\psi^{-1}(x,y)):=z(x,y)$,于是 Σ 的法向量为 $\boldsymbol{n}=(-z_x,-z_y,1)$,从而可写出 Σ 的切平面方程和法线方程. 注意到

$$z_u = z_x x_u + z_y y_u, \quad z_v = z_x x_v + z_y y_v,$$

这样可解得

$$z_x = -\frac{\frac{\partial(y,z)}{\partial(u,v)}}{\frac{\partial(x,y)}{\partial(u,v)}}, \quad z_y = -\frac{\frac{\partial(z,x)}{\partial(u,v)}}{\frac{\partial(x,y)}{\partial(u,v)}}, \tag{15.5.9}$$

所以法向量为

$$\boldsymbol{n} = \left(\frac{\partial(y,z)}{\partial(u,v)}, \frac{\partial(z,x)}{\partial(u,v)}, \frac{\partial(x,y)}{\partial(u,v)} \right).$$

例如,半径为 r,球心在原点的球面参数方程为

$$\begin{cases} x = r\sin\varphi\cos\theta, \\ y = r\sin\varphi\sin\theta, \\ z = r\cos\varphi, \end{cases} \quad 0 \leqslant \varphi \leqslant \pi, \quad 0 \leqslant \theta \leqslant 2\pi.$$

可求得其法向量为

$$\boldsymbol{n} = (-r^2 \sin^2\varphi\cos\theta, -r^2 \sin^2\varphi\sin\theta, -r^2 \sin\varphi\cos\varphi).$$

15.6 多元函数的极值

15.6.1 多元函数的极值

定义 15.6.1 设多元函数 $y = f(P)$ 在点 P_0 的某邻域 $U(P_0)$ 内有定义. 若对于任意的 $P \in U(P_0)$,都有

$$f(P) \leqslant f(P_0) \quad (f(P) \geqslant f(P_0)), \tag{15.6.1}$$

则称 $f(P_0)$ 为 $f(P)$ 的极大(小)值,并称 P_0 为 $f(P)$ 的极大(小)值点,极大值与极小值统称为极值. 极大值点与极小值点统称为极值点.

例如,点 $(0,0)$ 是函数 $f(x,y) = x^2 + 2y^2$ 的极小值点,极小值为 0;点 $(0,0)$ 是函数 $g(x,y) = 1 - \sqrt{x^2 + y^2}$ 的极大值点,极大值为 1;点 $(0,0)$ 不是函数 $h(x,y) = x + y$ 的极值点. 因为 $h(0,0) = 0$,而在 $(0,0)$ 点的任一邻域内所对应的函数值可正可负.

定理 15.6.1(取极值的必要条件) 假设函数 $z = f(x,y)$ 在点 (x_0, y_0) 处的两个偏导数都存在,如果 (x_0, y_0) 是 $z = f(x,y)$ 的极值点,那么

$$f_x(x_0, y_0) = 0, \quad f_y(x_0, y_0) = 0. \tag{15.6.2}$$

证明 不妨设函数 $z = f(x,y)$ 在点 $P_0(x_0, y_0)$ 处取到极大值. 于是存在邻域 $U(P_0)$,对任意的 $P(x,y) \in U(P_0)$,有 $f(x,y) \leqslant f(x_0, y_0)$. 特别地,有 $f(x, y_0) < f(x_0, y_0)$,这表明一元函数 $f(x, y_0)$ 在点 x_0 处取到极大值. 于是,由一元可导函数

取到极值的必要条件知

$$\frac{\mathrm{d}}{\mathrm{d}x}f(x,y_0)\Big|_{x=x_0}=0.$$

同理,由一元函数 $f(x_0,y)$ 在点 y_0 处取到极大值又有

$$\frac{\mathrm{d}}{\mathrm{d}y}f(x_0,y)\Big|_{y=y_0}=0.$$

因此,式(15.6.2)成立. □

　　与一元函数一样,如果式(15.6.2)成立,就称点 (x_0,y_0) 为函数 $z=f(x,y)$ 的一个驻点(稳定点或者临界点).

　　由定理 15.6.1 可知,只要函数的两个偏导数存在,那么它的极值点一定是驻点;但驻点却不一定是极值点. 例如,函数 $z=xy$,易知 $(0,0)$ 是它的驻点,但不是极值点. 所以式(15.6.2)是必要条件.

　　定理 15.6.2(取极值的充分条件)　设 $z=f(x,y)$ 在点 (x_0,y_0) 的某个邻域内具有一阶及二阶连续偏导数,(x_0,y_0) 为 $f(x,y)$ 的驻点,分别记

$$f_{xx}(x_0,y_0)=A,\quad f_{xy}(x_0,y_0)=B,\quad f_{yy}(x_0,y_0)=C.$$

则

　　(1) 当 $AC-B^2>0$ 并且 $A>0$ 时,(x_0,y_0) 是极小值点;

　　(2) 当 $AC-B^2>0$ 并且 $A<0$ 时,(x_0,y_0) 是极大值点;

　　(3) 当 $AC-B^2<0$ 时,(x_0,y_0) 不是极值点.

　　证明　因为 $P_0(x_0,y_0)$ 为 $f(x,y)$ 的驻点,故 $f_x(x_0,y_0)=0,f_y(x_0,y_0)=0$. 由二元函数的一阶泰勒公式,当 $(x_0+h,y_0+k)\in U(P_0)$ 时,存在 $0<\theta<1$,使得

$$2\Delta f=2f(x_0+h,y_0+k)-2f(x_0,y_0)$$
$$=f_{xx}(x_0+\theta h,y_0+\theta k)h^2+2f_{xy}(x_0+\theta h,y_0+\theta k)hk$$
$$+f_{yy}(x_0+\theta h,y_0+\theta k)k^2.$$

考虑二次型

$$F(h,k)=Ah^2+2Bhk+Ck^2.$$

因为 $F(h,k)$ 正定当且仅当它的矩阵 $\begin{pmatrix}A&B\\B&C\end{pmatrix}$ 的所有顺序主子式全为正,所以当 $A>0$ 且 $AC-B^2>0$ 时,二次型 $F(h,k)$ 正定;同理可知当 $A<0$ 且 $AC-B^2>0$ 时,二次型 $F(h,k)$ 负定;又矩阵 $\begin{pmatrix}A&B\\B&C\end{pmatrix}$ 的两个特征值的乘积 $\lambda_1\lambda_2=AC-B^2$,所以当 $AC-B^2<0$ 时,λ_1 与 λ_2 异号,从而二次型 $F(h,k)$ 不定. 注意到 $z=f(x,y)$ 在点 (x_0,y_0) 的某个邻域内具有二阶连续偏导数,结合连续函数的保号性,可知存在着包含在 $U(P_0)$ 内的小邻域 $U_1(P_0)$,在 $U_1(P_0)$ 内,二次型 $2\Delta f$ 与 $F(h,k)$ 的有定性完全相同,从而结论得到证明. □

当 $AC-B^2=0$ 时,不能确定 $P_0(x_0,y_0)$ 是否为 $z=f(x,y)$ 极值点. 例如,对于函数

$$f_1(x,y)=x^4+y^4, \quad f_2(x,y)=-(x^4+y^4), \quad f_3(x,y)=x^3+y^3,$$

容易知道它们有共同的驻点 $(0,0)$,但点 $(0,0)$ 是 $f_1(x,y)$ 的极小值点,是 $f_2(x,y)$ 的极大值点,而不是 $f_3(x,y)$ 的极值点.

由上可得,当二元函数 $z=f(x,y)$ 具有二阶连续偏导数时,求极值的步骤为

(1) 解方程组 $\begin{cases} f_x(x,y)=0, \\ f_y(x,y)=0, \end{cases}$ 求得一切驻点;

(2) 求每个驻点对应的二阶偏导数 A,B 和 C;

(3) 由 $AC-B^2$ 及 A 的正、负判定有无极值,是极大值还是极小值,并求出极值.

例 15.6.1 求函数 $f(x,y)=3xy-x^3-y^3$ 的极值.

解 由

$$\begin{cases} f_x(x,y)=3y-3x^2=0, \\ f_y(x,y)=3x-3y^2=0 \end{cases}$$

得驻点 $(0,0)$ 及 $(1,1)$. 在 $(0,0)$ 处,$AC-B^2=-9<0$,故 $(0,0)$ 不是极值点;在 $(1,1)$ 处,$AC-B^2=27>0$,并且 $A=-6<0$,故 $(1,1)$ 是极大值点,极大值为 $f(1,1)=1$.

□

例 15.6.2 求函数 $f(x,y)=(2ax-x^2)(2by-y^2)$ 的极值,其中 a,b 是常数,并且 $ab\neq0$.

解 由

$$\begin{cases} f_x(x,y)=(2a-2x)(2by-y^2)=0, \\ f_y(x,y)=(2ax-x^2)(2b-2y)=0 \end{cases}$$

得驻点

$$(0,0), \quad (0,2b), \quad (2a,0), \quad (2a,2b), \quad (a,b).$$

而

$$f_{xx}=-2(2by-y^2), \quad f_{xy}=4(a-x)(b-y), \quad f_{yy}=-2(2ax-x^2),$$

所以在 (a,b) 处,$AC-B^2=4a^2b^2>0$ 且 $A=-2b^2<0$,故 (a,b) 是极大值点,极大值为 $f(a,b)=a^2b^2$. 而在点 $(0,0),(0,2b),(2a,0),(2a,2b)$ 处均有 $AC-B^2=-16a^2b^2<0$,故它们都不是极值点.

□

例 15.6.3 求由方程 $x^2+y^2+z^2-2x+2y-4z-3=0$ 所确定的函数 $z=f(x,y)$ 的极值.

解 设 $F(x,y,z)=x^2+y^2+z^2-2x+2y-4z-3$,则由

$$\begin{cases} \dfrac{\partial z}{\partial x}=-\dfrac{F_x}{F_z}=-\dfrac{2x-2}{2z-4}=0, \\[3mm] \dfrac{\partial z}{\partial y}=-\dfrac{F_y}{F_z}=-\dfrac{2y+2}{2z-4}=0 \end{cases}$$

得驻点 $(1,-1)$，代入原方程得 $z_1=5,z_2=-1$．而

$$\frac{\partial^2 z}{\partial x^2}=\frac{(2-z)+(x-1)\dfrac{\partial z}{\partial x}}{(2-z)^2},\quad \frac{\partial^2 z}{\partial x\partial y}=\frac{(x-1)\dfrac{\partial z}{\partial y}}{(2-z)^2},\quad \frac{\partial^2 z}{\partial y^2}=\frac{(2-z)+(y+1)\dfrac{\partial z}{\partial y}}{(2-z)^2},$$

所以在点 $(1,-1)$ 处，$A=\dfrac{1}{2-z}$，$B=0$，$C=\dfrac{1}{2-z}$，于是 $AC-B^2=\dfrac{1}{(2-z)^2}>0$，而当

$z_1=5$ 时，$A=-\dfrac{1}{3}<0$，故 $z=f(1,-1)=5$ 为极大值；当 $z_1=-1$ 时，$A=\dfrac{1}{3}>0$，

故 $z=f(1,-1)=-1$ 为极小值．　　　　　　　　　　　　　　　　　　□

　　二元函数的极值点也可能是偏导数不存在的点，例如，函数 $z=\sqrt{x^2+y^2}$ 在点 $(0,0)$ 取到极小值，但在 $(0,0)$ 处两个偏导数不存在．因此，求二元函数的极值时，除考虑驻点外，还需考虑偏导数不存在的点．

15.6.2　多元函数的最值

　　若函数 $z=f(x,y)$ 在有界闭区域 D 上连续，则函数在 D 上能取到最大值和最小值．最值可能在区域内取得，也可能在区域的边界上取得．若在区域 D 内取得最值，则最值一定是极值．所以只要将函数所有驻点及偏导数不存在点处的函数值与区域边界上的最值加以比较，其中最大者为最大值，最小者为最小值．

　　例 15.6.4　求函数 $z=\sqrt{3-x^2-y^2}$ 在有界闭区域 $x^2+y^2\leqslant 1$ 上的最大值与最小值．

　　解　由

$$\begin{cases} \dfrac{\partial z}{\partial x}=-\dfrac{-x}{\sqrt{3-x^2-y^2}}=0, \\[3mm] \dfrac{\partial z}{\partial y}=\dfrac{-y}{\sqrt{3-x^2-y^2}}=0 \end{cases}$$

得驻点 $(0,0)$．又 $z|_{(0,0)}=\sqrt{3}$，而在边界 $x^2+y^2=1$ 上，函数值为常数 $\sqrt{2}$．比较可得，此函数在 $x^2+y^2\leqslant 1$ 上的最大值为 $\sqrt{3}$，最小值为 $\sqrt{2}$．　　　　　□

　　在实际应用中，若根据问题的实际意义，可知道函数的最值在区域内部取得，而函数在区域内只有一个驻点，那么该驻点的函数值就是所求函数的最大值或最小值．

例 15.6.5 设长方体内接于半径为 a 的球体内,问长方体的边长各为多少时,其体积最大?

解 取球心为坐标原点,坐标轴平行于内接长方体的棱,由球面与长方体的对称性,只需考虑第一卦限部分的体积. 设长方体的顶点为 $M(x,y,z)$,则其体积 $V=8xyz$,其中 x,y,z 满足方程 $x^2+y^2+z^2=a^2$,也即 $z=\sqrt{a^2-x^2-y^2}$,所以 $V=8xy\sqrt{a^2-x^2-y^2}$. 由

$$
\begin{cases}
\dfrac{\partial V}{\partial x}=\dfrac{8y(a^2-2x^2-y^2)}{\sqrt{a^2-x^2-y^2}}=0,\\[3mm]
\dfrac{\partial V}{\partial y}=\dfrac{8x(a^2-x^2-2y^2)}{\sqrt{a^2-x^2-y^2}}=0
\end{cases}
$$

解得 $x=y=\dfrac{a}{\sqrt{3}}$. 可见在 $x^2+y^2\leqslant a^2$ 内有唯一驻点 $\left(\dfrac{a}{\sqrt{3}},\dfrac{a}{\sqrt{3}}\right)$,且 $z=\dfrac{a}{\sqrt{3}}$,故长方体的长、宽、高都为 $\dfrac{2a}{\sqrt{3}}$ 时,其体积最大. □

下面介绍多元函数极值问题的一个重要应用,即所谓的最小二乘法.

给定点 $M_i(x_i,y_i),i=1,2,\cdots,n$,其中 $n\geqslant 2$,并且 $x_1,x_2,\cdots,x_n$ 不全相等. 求一条直线 $l:y=a_0x+b_0$,使得函数 $f(a,b)=\sum_{i=1}^{n}(ax_i+b-y_i)^2$ 在点 (a_0,b_0) 达到最小值,即 l 是一条与点 $M_1,M_2,\cdots,M_n$ 最接近的直线,如图 15-2 所示. 由

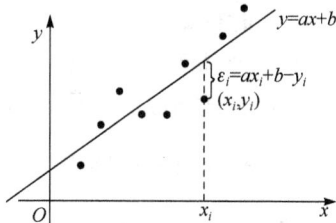

图 15-2

$$
\begin{cases}
\dfrac{\partial f}{\partial a}=2\sum_{i=1}^{n}(ax_i+b-y_i)x_i=0,\\[3mm]
\dfrac{\partial f}{\partial b}=2\sum_{i=1}^{n}(ax_i+b-y_i)=0
\end{cases}
$$

得到

$$
\begin{cases}
a\sum_{i=1}^{n}x_i^2+b\sum_{i=1}^{n}x_i=\sum_{i=1}^{n}x_iy_i,\\[3mm]
a\sum_{i=1}^{n}x_i+nb=\sum_{i=1}^{n}y_i.
\end{cases}
$$

由假设条件知 $n\sum_{i=1}^{n}x_i^2-\left(\sum_{i=1}^{n}x_i\right)^2>0$,于是可得到唯一的稳定点 (a_0,b_0),其中

$$a_0 = \frac{n\sum\limits_{i=1}^n x_i y_i - \left(\sum\limits_{i=1}^n x_i\right)\left(\sum\limits_{i=1}^n y_i\right)}{n\sum\limits_{i=1}^n x_i^2 - \left(\sum\limits_{i=1}^n x_i\right)^2},$$

$$b_0 = \frac{\left(\sum\limits_{i=1}^n x_i^2\right)\left(\sum\limits_{i=1}^n y_i\right) - \left(\sum\limits_{i=1}^n x_i\right)\left(\sum\limits_{i=1}^n x_i y_i\right)}{n\sum\limits_{i=1}^n x_i^2 - \left(\sum\limits_{i=1}^n x_i\right)^2}.$$

又可求得

$$A = f_{aa}(a_0, b_0) = 2\sum_{i=1}^n x_i^2 > 0,$$

$$AC - B^2 = f_{aa}(a_0, b_0) f_{bb}(a_0, b_0) - f_{ab}^2(a_0, b_0) = 4\left[n\sum_{i=1}^n x_i^2 - \left(\sum_{i=1}^n x_i\right)^2\right] > 0,$$

所以函数 $f(a,b) = \sum\limits_{i=1}^n (ax_i + b - y_i)^2$ 在点 (a_0, b_0) 达到最小值.

最小二乘法在实际中有广泛应用,例如,在 n 个时刻 $x_1, x_2, \cdots, x_n$ 分别测得某一区域的温度为 $y_1, y_2, \cdots, y_n$,得到直线 $y = a_0 x + b_0$ 后,即可用 $y_{n+1} = a_0 x_{n+1} + b_0$ 作为下一个时刻 x_{n+1} 该区域温度的预报值,而利用数据 $y_1, y_2, \cdots, y_n, y_{n+1}$ 又可以得到再下一个时刻 x_{n+2} 该区域温度的预报值 y_{n+2},等等. 如果精度要求不高,时间间隔较短,是可以满足实际要求的,并且很容易由计算机自动实现.

15.6.3　条件极值与拉格朗日乘数法

例 15.6.6 事实上是在约束条件 $x^2 + y^2 + z^2 = a^2$ 下,求函数 $V = 8xyz$ 的极值. 一般称这样的极值问题为条件极值.

在例 15.6.6 的求解中,先将变量 z 从条件 $x^2 + y^2 + z^2 = a^2$ 中解出,再将其代入 $V = 8xyz$ 中,即将条件极值转化为无条件极值. 但一般来说,求函数 $z = f(x, y)$ 在条件 $\varphi(x, y) = 0$ 下的极值时,未必能从 $\varphi(x, y) = 0$ 中得到显式表达式 $y = \phi(x)$ 或者 $x = \phi^{-1}(y)$. 下面具体讨论这一问题.

假设 (x_0, y_0) 是函数

$$z = f(x, y) \tag{15.6.3}$$

在条件

$$\varphi(x, y) = 0 \tag{15.6.4}$$

下的极值点,那么

$$\varphi(x_0, y_0) = 0. \tag{15.6.5}$$

如果 $f(x, y)$ 与 $\varphi(x, y)$ 在 (x_0, y_0) 点的某个邻域内具有一阶连续偏导数,并且 $\varphi_y(x_0, y_0) \neq 0$,那么,由隐函数存在定理知方程(15.6.4)确定了一个连续且具有连

续导数的函数 $y=\phi(x)$，满足 $y_0=\phi(x_0)$. 将 $y=\phi(x)$ 代入式(15.6.3)中，得到一元函数 $z=f(x,\phi(x))$. 所以，由 (x_0,y_0) 是条件极值点可知，x_0 是 $z=f(x,\phi(x))$ 的极值点.

从而

$$\frac{\mathrm{d}z}{\mathrm{d}x}\Big|_{x=x_0}=f_x(x_0,y_0)+f_y(x_0,y_0)\frac{\mathrm{d}y}{\mathrm{d}x}\Big|_{x=x_0}=0. \tag{15.6.6}$$

而由式(15.6.4)，利用隐函数求导法则知

$$\frac{\mathrm{d}y}{\mathrm{d}x}\Big|_{x=x_0}=-\frac{\varphi_x(x_0,y_0)}{\varphi_y(x_0,y_0)},$$

将其代入式(15.6.6)，得到

$$f_x(x_0,y_0)-f_y(x_0,y_0)\frac{\varphi_x(x_0,y_0)}{\varphi_y(x_0,y_0)}=0. \tag{15.6.7}$$

所以式(15.6.5)及(15.6.7)就是极值点 (x_0,y_0) 要满足的条件.

为方便记忆，由式(15.6.7)，记

$$-\lambda:=\frac{f_x(x_0,y_0)}{\varphi_x(x_0,y_0)}=\frac{f_y(x_0,y_0)}{\varphi_y(x_0,y_0)}.$$

那么 $f_x(x_0,y_0)+\lambda\varphi_x(x_0,y_0)=0,f_y(x_0,y_0)+\lambda\varphi_y(x_0,y_0)=0$，再结合式(15.6.5)，就得到

$$\begin{cases} f_x(x_0,y_0)+\lambda\varphi_x(x_0,y_0)=0, \\ f_y(x_0,y_0)+\lambda\varphi_y(x_0,y_0)=0, \\ \varphi(x_0,y_0)=0. \end{cases} \tag{15.6.8}$$

我们引进拉格朗日函数

$$L(x,y)=f(x,y)+\lambda\varphi(x,y), \tag{15.6.9}$$

其中参数 λ 称为拉格朗日乘数，那么式(15.6.8)中的前两式就是

$$L_x(x_0,y_0)=0,\quad L_y(x_0,y_0)=0.$$

因此，从

$$\begin{cases} L_x(x,y)=0, \\ L_y(x,y)=0, \\ \varphi(x,y)=0 \end{cases}$$

中消去参数 λ，解出的点 (x_0,y_0) 就是条件极值的可能的极值点. 这种求条件极值可能极值点的方法称为拉格朗日乘数法. 而要判定 (x_0,y_0) 确实为极值点，如果是实际问题，则取决于问题本身的特性.

拉格朗日乘数法对于自变量多于两个，甚至约束条件也多于一个的条件极值问题也是适用的. 例如，如求函数 $u=f(x,y,z)$ 在条件 $\varphi(x,y,z)=0$ 及 $\psi(x,y,z)=0$ 下的极值，同样可以构造拉格朗日函数

$$L(x,y,z)=f(x,y,z)+\lambda\varphi(x,y,z)+\mu\psi(x,y,z),$$

然后通过方程组

$$\begin{cases} L_x(x,y,z)=0, \\ L_y(x,y,z)=0, \\ L_z(x,y,z)=0, \\ \varphi(x,y,z)=0, \\ \psi(x,y,z)=0, \end{cases}$$

消去参数 λ,μ,求得可能的极值点. 对于例 15.6.5,用拉格朗日乘数法,构造辅助函数 $L(x,y,z)=8xyz+\lambda(x^2+y^2+z^2-a^2)$,由方程组

$$\begin{cases} L_x=8yz+2\lambda x=0, \\ L_y=8xz+2\lambda y=0, \\ L_z=8yx+2\lambda z=0, \\ x^2+y^2+z^2=a^2 \end{cases}$$

中的前三个方程可得到 $x^2=y^2=z^2$,进而由 $x^2+y^2+z^2=a^2$ 得到 $x=y=z=\dfrac{a}{\sqrt{3}}$.

这显然与例 15.6.5 中得到的结果一致.

例 15.6.6　抛物面 $z=x^2+y^2$ 被平面 $x+y+z=1$ 截成一椭圆,求原点到该椭圆的最长距离和最短距离.

解　设 (x,y,z) 为该椭圆上任意一点,它到原点的距离平方为 $f(x,y,z)=x^2+y^2+z^2$,作拉格朗日函数

$$L(x,y,z)=x^2+y^2+z^2+\lambda(x^2+y^2-z)+\mu(x+y+z-1),$$

由方程组

$$\begin{cases} L_x=2x+2\lambda x+\mu=0, \\ L_y=2y+2\lambda y+\mu=0, \\ L_z=2z-\lambda+\mu=0, \\ z=x^2+y^2, \\ x+y+z=1, \end{cases}$$

解得

$$x=\frac{-1\pm\sqrt{3}}{2},\quad y=\frac{-1\pm\sqrt{3}}{2},\quad z=2\mp\sqrt{3},$$

而

$$f\left(\frac{-1+\sqrt{3}}{2},\frac{-1+\sqrt{3}}{2},2-\sqrt{3}\right)=9-5\sqrt{3},$$

$$f\left(\frac{-1-\sqrt{3}}{2},\frac{-1-\sqrt{3}}{2},2+\sqrt{3}\right)=9+5\sqrt{3},$$

故原点到该椭圆的最长距离为 $\sqrt{9+5\sqrt{3}}$,最短距离为 $\sqrt{9-5\sqrt{3}}$.

例 15.6.7 已知函数 $f(x,y)=x+y+xy$,曲线 $C:x^2+y^2+xy=3$,求 $f(x,y)$ 在 C 上的最大方向导数.

解 因为 $\mathbf{grad}f(x,y)=\{1+y,1+x\}$,所以 $g(x,y)=|\mathbf{grad}f(x,y)|=\sqrt{(1+x)^2+(1+y)^2}$,令
$$L(x,y)=(1+x)^2+(1+y)^2+\lambda(x^2+y^2+xy-3),$$
那么,由
$$\begin{cases} L_x=2(1+x)+\lambda(2x+y)=0, \\ L_y=2(1+y)+\lambda(2y+x)=0, \\ x^2+y^2+xy=3 \end{cases}$$
可得 (x,y) 分别为 $(1,1)$,$(-1,-1)$,$(2,-1)$ 及 $(-1,2)$. 分别计算函数值得到
$$g(1,1)=2\sqrt{2}, \quad g(-1,-1)=0, \quad g(2,-1)=3, \quad g(-1,2)=3,$$
所以 $f(x,y)$ 在 C 上的最大方向导数为 3.

例 15.6.8 证明 $\mathbb{R}^3$ 中一点 (x_0,y_0,z_0) 到平面 $Ax+By+Cz+D=0$ 的距离
$$d=\frac{|Ax_0+By_0+Cz_0+D|}{\sqrt{A^2+B^2+C^2}}.$$

证明 令
$$L(x,y,z)=(x-x_0)^2+(y-y_0)^2+(z-z_0)^2+\lambda(Ax+By+Cz+D),$$
那么由
$$\begin{cases} \dfrac{\partial L}{\partial x}=2(x-x_0)+\lambda A=0, \\[2mm] \dfrac{\partial L}{\partial y}=2(y-y_0)+\lambda B=0, \\[2mm] \dfrac{\partial L}{\partial z}=2(z-z_0)+\lambda C=0 \end{cases}$$
得到
$$\begin{cases} x=x_0-\dfrac{\lambda}{2}A, \\[2mm] y=y_0-\dfrac{\lambda}{2}B, \\[2mm] z=z_0-\dfrac{\lambda}{2}C, \end{cases} \tag{15.6.10}$$
以及
$$d=\sqrt{(x-x_0)^2+(y-y_0)^2+(z-z_0)^2}=\frac{|\lambda|}{2}\sqrt{A^2+B^2+C^2}.$$

将式(15.6.10)代入 $Ax+By+Cz+D=0$ 中得到

$$Ax_0+By_0+Cz_0+D-\frac{\lambda}{2}(A^2+B^2+C^2)=0,$$

所以

$$\frac{\lambda}{2}=\frac{Ax_0+By_0+Cz_0+D}{A^2+B^2+C^2},$$

于是

$$d=\frac{|Ax_0+By_0+Cz_0+D|}{\sqrt{A^2+B^2+C^2}}.$$

例 15.6.9 已知 $x_1,x_2,\cdots,x_n$ 为 n 个正数,证明 $\sqrt[n]{x_1x_2\cdots x_n}\leqslant\dfrac{x_1+x_2+\cdots+x_n}{n}$.

证明 记 $x_1+x_2+\cdots+x_n=a$,考虑函数 $f(x_1,x_2,\cdots,x_n)=\sqrt[n]{x_1x_2\cdots x_n}$ 在条件 $x_1+x_2+\cdots+x_n=a$ 下的极值. 设

$$L(x_1,x_2,\cdots,x_n)=x_1x_2\cdots x_n+\lambda(x_1+x_2+\cdots+x_n-a),$$

那么

$$\frac{\partial L}{\partial x_j}=\prod_{i=1,i\neq j}^{n}x_i+\lambda=0,\quad j=1,2,\cdots,n.$$

所以

$$x_1x_2\cdots x_n+\lambda x_j=0,\quad j=1,2,\cdots,n.$$

因而

$$\lambda=\frac{x_1x_2\cdots x_n}{x_j},\quad j=1,2,\cdots,n.$$

于是推得

$$x_1=x_2=\cdots=x_n,$$

代入 $x_1+x_2+\cdots+x_n=a$ 中得到

$$x_j=\frac{a}{n},\quad j=1,2,\cdots,n,$$

即当 $x_1=x_2=\cdots=x_n=\dfrac{a}{n}$ 时,$f(x_1,x_2,\cdots,x_n)=\sqrt[n]{x_1x_2\cdots x_n}$ 达到最大值. 因此

$$\sqrt[n]{x_1x_2\cdots x_n}\leqslant\sqrt[n]{\left(\frac{a}{n}\right)^n}=\frac{a}{n}=\frac{x_1+x_2+\cdots+x_n}{n}.$$

习　题　15

一、判断题(正确打√并给出证明,错误打×并给出反例)

1. 如果 $F(x_0,y_0)=0$ 并且 $F_y(x_0,y_0)\neq0$,则在点 (x_0,y_0) 附近,方程 $F(x,y)=0$ 唯一确定了一个可导函数 $y=y(x)$. （　　）

2. $f(x,y)$ 在某点处函数值变化最快的方向就是 $f(x,y)$ 在该点的梯度方向. （　　）

3. 若 x_0 是 $f(x,y_0)$ 是极小值点,y_0 是 $f(x_0,y)$ 的极小值点,则 (x_0,y_0) 是 $f(x,y)$ 的极小值点. （　　）

4. 函数 $f(x,y)$ 的导数是一个向量. （　　）

5. 若在 (x_0,y_0) 处 $f(x,y)$ 具有连续的一、二阶偏导数,并且 $(f''_{xy})^2-f''_{xx}\cdot f''_{yy}<0$ 及 $f''_{yy}>0$,则 (x_0,y_0) 为 $f(x,y)$ 的极小值点. （　　）

二、填空题(将正确答案填在题中横线之上)

1. 已知 $\sum\limits_{i=1}^{n}x_i=1$,则当 $(x_1,x_2,\cdots,x_n)=$ ＿＿＿＿＿＿＿＿时,$\sum\limits_{i=1}^{n}x_i^2$ 最小.

2. 函数 $f(x,y,z)=\ln(x^2+y^2+z^2)$ 在点 $M(1,2,-2)$ 处的导数为＿＿＿＿＿＿.

3. 函数 $z=x^2-xy+y^2$ 在点 $M(1,1)$ 处最大的方向导数为＿＿＿＿＿＿.

4. 圆周 $\begin{cases}x^2+y^2+z^2=3,\\2x-3y+z=0\end{cases}$ 在点 $M(1,1,1)$ 处的法平面方程为＿＿＿＿＿＿.

5. 若函数 $F(u,v)$ 具有连续的偏导数,则曲面 $F(nx-lz,ny-mz)=0$ 上任意点处的切平面都平行于直线＿＿＿＿＿＿.

三、单项选择题(将正确答案的字母填入括号内)

1. 若 $f(x,y)$ 在 $O(0,0)$ 点的某邻域内连续,且 $\lim\limits_{(x,y)\to(0,0)}\dfrac{f(x,y)-xy}{(x^2+y^2)^2}=1$,则 $(0,0)$ 点（　　）.

(A) 是 $f(x,y)$ 的极大值点；　　　　　　　(B) 是 $f(x,y)$ 的极小值点；

(C) 是 $f(x,y)$ 的极值点；　　　　　　　　(D) 不是 $f(x,y)$ 的极值点.

2. 设函数 $z=f(x,y)$ 由方程 $x^2+y^2+z^2-2x+2y-4z-10=0$ 确定,则函数 $z=f(x,y)$ 的极大值为（　　）.

(A) 6；　　　　　(B) -2；　　　　　(C) -6；　　　　　(D) 2.

3. 若平面 $ax+by+cz=d$ 与二次曲面 $Ax^2+By^2+Cz^2=1$ 相切,则下列各式中正确的是（　　）.

(A) $\dfrac{a^2}{A}+\dfrac{b^2}{B}+\dfrac{c^2}{C}=d$；　　　　　　　(B) $\dfrac{a^2}{A}+\dfrac{b^2}{B}+\dfrac{c^2}{C}=d^2$；

(C) $\dfrac{a^2}{A}+\dfrac{b^2}{B}+\dfrac{c^2}{C}=d^3$；　　　　　　　(D) $\dfrac{a^2}{A}+\dfrac{b^2}{B}+\dfrac{c^2}{C}=d^4$.

4. 设 $z=f(x,y)$ 在某圆域 D 内有连续偏导数,则下列结论不正确的是（　　）.

(A) 若 $f(x,y)=f(y,x)$,则 $\dfrac{\partial z}{\partial x}=\dfrac{\partial z}{\partial y}$；

(B) 若 $\dfrac{\partial z}{\partial x} = \dfrac{\partial z}{\partial y} = 0$，则 $f(x,y)$ 恒为常数；

(C) 若 $\dfrac{\partial z}{\partial x} > 0, \dfrac{\partial z}{\partial y} > 0$，那么当 (x_1,y_1) 及 (x_2,y_2) 都属于 D 并且 $x_1 < x_2, y_1 < y_2$ 时，$f(x_1,y_1) < f(x_2,y_2)$；

(D) 对于 D 每一点 (x_0,y_0)，都存在点 $(\xi,\eta) \in D$ 使得

$$f(x_0 + \Delta x, y_0 + \Delta y) - f(x_0,y_0) = f_x(\xi,\eta)\Delta x + f_y(\xi,\eta)\Delta y.$$

5. 若可微函数 $z = f(x,y)$ 在 (x_0,y_0) 点沿任一方向的方向导数均为零，则在 (x_0,y_0) 点下列结论不正确的是（　　）.

(A) $\dfrac{\partial z}{\partial x} = \dfrac{\partial z}{\partial y} = 0$；

(B) $\mathrm{d}z = 0$；

(C) $\mathbf{grad}\,f = 0$；

(D) $f(x_0,y_0) = 0$.

四、计算题

1. 将下列函数在给定点处展开成泰勒公式：

(1) $f(x,y) = 2x^2 - xy - y^2 - 6x - 3y + 5$ 在点 $(1,-2)$ 处；

(2) $f(x,y) = \dfrac{x}{y}$ 在点 $(1,1)$ 处到三阶为止；

(3) $f(x,y) = \ln(1 + x + y)$ 在点 $(0,0)$ 处；

(4) $f(x,y,z) = x^3 + y^3 + z^3 - 3xyz$ 在点 $(1,1,1)$ 处.

2. 已知方程 $f(x,y) = x^2 - y^2 = 0, x \in \mathbb{R}$. 试回答下列问题：

(1) 有多少个连续函数 $y = y(x)$ 满足该方程？

(2) 有多少个可微函数 $y = y(x)$ 满足该方程？

(3) 满足 $y(1) = 1$ 且满足该方程的连续函数 $y = y(x)$ 有多少个？

(4) 满足 $y(0) = 0$ 且满足该方程的连续函数 $y = y(x)$ 有多少个？

(5) 满足 $y(1) = 1, x \in U(\delta; 1)$ 且满足该方程的连续函数 $y = y(x)$ 有多少个？

3. 验证方程 $\sin x + 2\cos y = \dfrac{1}{2}$ 在点 $\left(\dfrac{\pi}{6}, \dfrac{3\pi}{2}\right)$ 的某邻域内存在以 x 为自变量的隐函数 $y = y(x)$.

4. 验证方程 $x + y - z = \cos xyz$ 在点 $(0,0,-1)$ 的某邻域内存在以 x,y 为自变量的隐函数 $z = z(x,y)$.

5. 求曲线 $\begin{cases} xyz = 1, \\ y^2 = x \end{cases}$ 在点 $P(1,1,1)$ 处切向量的方向余弦、切线方程与法平面方程.

6. 求 $z = y + \ln\dfrac{x}{y}$ 在点 $M(1,1,1)$ 处法向量的方向余弦、切平面方程与法线方程.

7. 求椭球面 $x^2 + 2y^2 + 3z^2 = 21$ 上某点 M 处的切平面 Π 的方程，使 Π 过已知直线 $\dfrac{x-6}{2} = \dfrac{y-3}{1} = \dfrac{2z-1}{-2}$.

8. 已知直线 $\begin{cases} x+y+b=0, \\ x+ay-z-3=0 \end{cases}$ 在平面 Π 上,而平面 Π 与曲面 $z=x^2+y^2$ 相切于点 $(1,$ $-2,5)$,求 a,b 的值.

9. 求函数 $z=\mathrm{e}^{2x}(x+y^2+2y)$ 的极值点.

10. 求二次型 $f(x,y,z)=Ax^2+By^2+Cz^2+2Dyz+2Ezx+2Fxy$ 在单位球面 $x^2+y^2+z^2=1$ 上的最大值和最小值.

11. 将正常数 a 分解为三个正数之和,使该三数的倒数之和最小.

12. 求函数 $z=xy(4-x-y)$ 在 $x=1,y=0,x+y=6$ 所围闭区域上的最大值与最小值.

13. 将长为 l 的线段分为三段,分别围成圆、正方形和正三角形.问怎样分法可使三者面积之和最小,并求最小值.

五、证明题

1. 已知函数 $F(x,y)$ 在 $D=\{(x,y)\,|\,x\in(a,b),y\in\mathbb{R}\}$ 上关于 x 连续,$F_y(x,y)$ 存在,并且存在正数 m 使得 $F_y(x,y)\geqslant m$,证明方程 $F(x,y)=0$ 在 (a,b) 内存在唯一连续解 $y=y(x)$.

2. 已知 $f(x)$ 在 $[a,b]$ 上连续,$k(x,y)$ 在 $D=\{(x,y)\,|\,x\in[a,b],a\leqslant y\leqslant x\}$ 上连续,证明对任意实数 λ,积分方程 $\varphi(x)=f(x)+\lambda\int_a^x k(x,y)\varphi(y)\mathrm{d}y$ 在 $[a,b]$ 上存在唯一连续解 $\varphi(x)$.

3. 证明函数组 $\begin{cases} x=\mathrm{e}^u(\sin v+\cos v), \\ y=\mathrm{e}^u(\sin v-\cos v), \end{cases}$ 存在反函数组 $\begin{cases} u=u(x,y), \\ v=v(x,y). \end{cases}$

4. 证明与曲面 $z=xf\left(\dfrac{y}{x}\right)$ 相切的所有平面有一公共交点.

5. 证明锥面 $x^2+y^2=z^2$ 上的曲线 $\Gamma:x=a\mathrm{e}^t\cos t,y=a\mathrm{e}^t\sin t,z=a\mathrm{e}^t$ 在任意点 $P(x,y,z)$ 处的切线与该锥面过 P 点的母线夹角均相同.

6. 已知两平面曲线为 $f(x,y)=0$ 与 $\varphi(x,y)=0$. 设 (α,β) 与 (ξ,η) 分别是这两曲线上的点,证明若该两点是两曲线上相距最近或最远的点,则 $\dfrac{\alpha-\xi}{\beta-\eta}=\dfrac{f_x(\alpha,\beta)}{f_y(\alpha,\beta)}=\dfrac{\varphi_x(\xi,\eta)}{\varphi_y(\xi,\eta)}$.

7. 证明椭球面 $\dfrac{x^2}{a^2}+\dfrac{y^2}{b^2}+\dfrac{z^2}{c^2}=1$ 的切平面与三个坐标面所围立体的体积的最小值为 $\dfrac{\sqrt{3}}{2}abc$.

8. 证明不等式 $\dfrac{x^n+y^n}{2}\geqslant\left(\dfrac{x+y}{2}\right)^n$,其中 $n\in\mathbb{N},x,y\geqslant0$.

9. 证明:当 $x\in(0,1),y\in(0,+\infty)$ 时,$f(x,y)=yx^y(1-x)<\mathrm{e}^{-1}$.

10. 利用函数 $f(x,y,z)=\ln x+2\ln y+3\ln z$ 在球面 $x^2+y^2+z^2=6r^2$ 上的最大值,证明不等式 $ab^2c^3\leqslant108\left(\dfrac{a+b+c}{6}\right)^6$,其中 a,b,c 是正实数.

第 16 章　重　积　分

本章将一元函数定积分的概念予以推广,介绍多元函数的所谓重积分问题. 我们仍以二元函数、三元函数为例,分别讲述二重积分、三重积分. 同时也简要介绍 n 元函数的 n 重积分.

16.1　二　重　积　分

16.1.1　二重积分的概念

像定积分一样,首先通过两个实际问题描述二重积分的概念.

实例一　曲顶柱体的体积

设有一立体,它的底是 xOy 面上的有界闭区域 D,侧面是以 D 的边界曲线为准线而母线平行于 z 轴的柱面,而顶是曲面 $z=f(x,y)$,其中 $f(x,y)\geqslant 0$ 且在 D 上连续. 形如这样的立体称为曲顶柱体 $V(f,D)$. 问题是如何定义或者计算 $V(f,D)$ 的体积 V.

众所周知,平顶柱体的高是不变的,它的体积可以用公式

$$体积＝高×底面积$$

计算. 而对于 $V(f,D)$,当点 (x,y) 在区域 D 上变动时,高度 $f(x,y)$ 是变量,因此它的体积不能直接用上式来定义和计算. 回顾第 10 章中曲边梯形面积的计算过程,容易知道,那里所采用的求解方法,原则上也适合计算 $V(f,D)$ 的体积,详述如下.

1. 分割

用任意一组曲线网将 D 分成 n 个小闭区域

$$\Delta\sigma_1,\Delta\sigma_2,\cdots,\Delta\sigma_n.$$

分别以这些小闭区域的边界曲线为准线,作母线平行于 z 轴的柱面,它们将曲顶柱体 $V(f,D)$ 分成 n 个细的曲顶柱体

$$V(f,\Delta\sigma_1),V(f,\Delta\sigma_2),\cdots,V(f,\Delta\sigma_n).$$

2. 局部近似

对于每个细的曲顶柱体 $V(f,\Delta\sigma_i)$,仍然用 $\Delta\sigma_i$ 表示小闭区域 $\Delta\sigma_i$ 的面积,在小闭区域 $\Delta\sigma_i$ 上任取一点 (ξ_i,η_i),用以 $f(\xi_i,\eta_i)$ 为高、$\Delta\sigma_i$ 为底的平顶柱体的体积

$f(\xi_i,\eta_i)\Delta\sigma_i$ 近似曲顶柱体 $V(f,\Delta\sigma_i)$ 的体积 V_i（图 16-1），即

$$V_i \approx f(\xi_i,\eta_i)\Delta\sigma_i, \quad i=1,2,\cdots,n.$$

3. 求和

注意到体积具有可加性，所以曲顶柱体 $V(f,D)$ 的体积

$$V = V_1 + V_2 + \cdots + V_n = \sum_{i=1}^{n} V_i \approx \sum_{i=1}^{n} f(\xi_i,\eta_i)\Delta\sigma_i.$$

4. 取极限

由于 $f(x,y)$ 为有界闭区域 D 上的连续函数，所以 $f(x,y)$ 在 D 上一致连续，于是当小闭区域 $\Delta\sigma_i$ 的直径 d_i 充分小时，$f(x,y)$ 在 $\Delta\sigma_i$ 上的变化不大，因此，d_i 越小，$f(\xi_i,\eta_i)\Delta\sigma_i$ 就越接近 V_i，所以若记 $d = \max\limits_{1 \leqslant i \leqslant n}\{d_i\}$，则当 $d \to 0$ 时，如果 $\sum\limits_{i=1}^{n} f(\xi_i,\eta_i)\Delta\sigma_i$ 有极限，那么此极限就应该是曲顶柱体 $V(f,D)$ 的体积，即

$$V = \lim_{d \to 0} \sum_{i=1}^{n} f(\xi_i,\eta_i)\Delta\sigma_i.$$

图 16-1

实例二　平面薄片的质量

设有平面薄片占有 xOy 面上的有界闭区域 D，它在 D 上点 (x,y) 处的面密度为 $\rho(x,y)$，这里 $\rho(x,y)>0$ 且在 D 上连续. 问题是如何定义或者计算该薄片 $M(\rho,D)$ 的质量 M（图 16-2）.

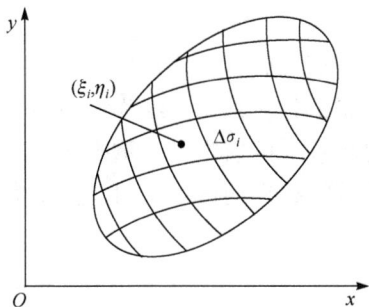

由于当薄片均匀时，面密度是常数，因而薄片的质量可以用公式

质量＝面密度×面积

计算. 现在面密度 $\rho(x,y)$ 是变量，薄片的质量就不能直接用上式来计算. 但该问题显然与曲顶柱体的体积问题有类似之处，因而仍用处理曲顶柱体体积问题的方法解决之.

图 16-2

1. 分割

用任意一组曲线网把 D 分成 n 个小闭区域

$$\Delta\sigma_1,\Delta\sigma_2,\cdots,\Delta\sigma_n.$$

对应的薄片 $M(\rho,D)$ 就被分成 n 个小薄片

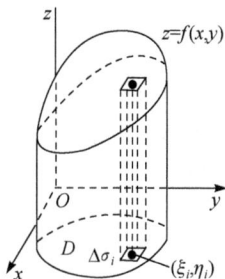

$$M(\rho,\Delta\sigma_1),M(\rho,\Delta\sigma_2),\cdots,M(\rho,\Delta\sigma_n).$$

2. 局部近似

对于每一小薄片 $M(\rho,\Delta\sigma_i)$，仍然用 $\Delta\sigma_i$ 表示小闭区域 $\Delta\sigma_i$ 的面积，在小闭区域 $\Delta\sigma_i$ 上任取一点 (ξ_i,η_i)，用该点的密度 $\rho(\xi_i,\eta_i)$ 代替整个小薄片 $M(\rho,\Delta\sigma_i)$ 的密度，于是 $M(\rho,\Delta\sigma_i)$ 的质量 M_i 可用 $\rho(\xi_i,\eta_i)\Delta\sigma_i$ 近似，即

$$M_i\approx\rho(\xi_i,\eta_i)\Delta\sigma_i,\quad i=1,2,\cdots,n.$$

3. 求和

注意到质量具有可加性，所以薄片 $M(\rho,D)$ 的质量

$$M=M_1+M_2+\cdots+M_n=\sum_{i=1}^n M_i\approx\sum_{i=1}^n\rho(\xi_i,\eta_i)\Delta\sigma_i.$$

4. 取极限

由于 $\rho(x,y)$ 为有界闭区域 D 上的连续函数，所以 $\rho(x,y)$ 在 D 上一致连续，于是当小闭区域 $\Delta\sigma_i$ 的直径 d_i 充分小时，$\rho(x,y)$ 在小闭区域 $\Delta\sigma_i$ 上的变化不大，因此，d_i 越小，$\rho(\xi_i,\eta_i)\Delta\sigma_i$ 就越接近 M_i，所以若记 $d=\max\limits_{1\leqslant i\leqslant n}\{d_i\}$，则当 $d\to 0$ 时，如果 $\sum\limits_{i=1}^n\rho(\xi_i,\eta_i)\Delta\sigma_i$ 有极限，那么此极限就应该是薄片 $M(\rho,D)$ 的质量，即

$$M=\lim_{d\to 0}\sum_{i=1}^n\rho(\xi_i,\eta_i)\Delta\sigma_i.$$

上面两个问题的实际意义虽然不同，但所求量都归结为同一形式的和式极限. 事实上，在物理、力学、几何等科学技术中，有许多量的计算都可归结为这种和式的极限，与一元函数定积分的定义对照，数学上称这种和式的极限为二重积分.

定义 16.1.1 设二元函数 $f(x,y)$ 在可求面积的有界闭区域 D 上定义. 将 D 用任意的曲线网分成 n 个小闭区域

$$\Delta\sigma_1,\Delta\sigma_2,\cdots,\Delta\sigma_n,$$

其中 $\Delta\sigma_i$ 也表示该区域的面积，并用 d_i 表示它的直径. 在每个 $\Delta\sigma_i$ 上任取一点 (ξ_i,η_i)，作乘积 $f(\xi_i,\eta_i)\Delta\sigma_i$. 若 $d=\max\limits_{1\leqslant i\leqslant n}\{d_i\}$ 趋于零时，和式 $\sum\limits_{i=1}^n f(\xi_i,\eta_i)\Delta\sigma_i$ 的极限存在，且极限值与 D 的分法及点 (ξ_i,η_i) 的取法无关，则称函数 $f(x,y)$ 在 D 上是可积的，并称此极限为函数 $f(x,y)$ 在 D 上的二重积分，记作 $\iint\limits_D f(x,y)\mathrm{d}\sigma$，即

$$\iint\limits_D f(x,y)\mathrm{d}\sigma=\lim_{d\to 0}\sum_{i=1}^n f(\xi_i,\eta_i)\Delta\sigma_i,\tag{16.1.1}$$

其中 $f(x,y)$ 称为被积函数，$f(x,y)\mathrm{d}\sigma$ 称为被积表达式，$\mathrm{d}\sigma$ 称为面积元素或面积微元，x 与 y 称为积分变量，D 称为积分区域，$\sum\limits_{i=1}^{n}f(\xi_i,\eta_i)\Delta\sigma_i$ 称为积分和.

由二重积分的定义可知，曲顶柱体的体积是曲顶上点的竖坐标 $f(x,y)$ 在底 D 上的二重积分，即

$$V=\iint\limits_{D}f(x,y)\mathrm{d}\sigma;$$

平面薄片的质量是它的面密度 $\rho(x,y)$ 在薄片所占闭区域 D 上的二重积分，即

$$M=\iint\limits_{D}\rho(x,y)\mathrm{d}\sigma.$$

16.1.2 二重积分的性质

首先指出，像定积分一样，$f(x,y)$ 在 D 上可积的必要条件是 $f(x,y)$ 在 D 上有界. 其次，与定积分的可积性讨论一样，也可以引入达布上、下和研究二重积分的可积性，但由于其方法、步骤几乎一致，所以不再赘述. 为读者使用方便，将主要结果列在下面.

可积函数类 下列函数在 D 上可积：

A. D 上的连续函数；

B. D 上的有界函数，如果它的间断点都落在 D 内的有限条光滑曲线上.

例 16.1.1 利用二重积分的定义计算 $\iint\limits_{D}xy\mathrm{d}\sigma$，其中 $D=\{(x,y)\,|\,0\leqslant x,y\leqslant 1\}$.

解 由于被积函数 xy 在 D 上连续，所以由可积函数类 A 的结论知 $\iint\limits_{D}xy\mathrm{d}\sigma$ 存在，因此可以取特殊的曲线网及点作积分和. 将 $[0,1]n$ 等分，用直线网 $x=\dfrac{i}{n}$，$y=\dfrac{j}{n}$，$i,j=1,2,\cdots,n-1$，将 D 分成 n^2 个小区域 $\Delta\sigma_{ij}$，其面积为 $\Delta\sigma_{ij}=\dfrac{1}{n^2}$，直径 $d_i=\dfrac{\sqrt{2}}{n}$，并在小区域 $\Delta\sigma_{ij}$ 上取点为 $\left(\dfrac{i}{n},\dfrac{j}{n}\right)$，于是

$$\sum_{i,j=1}^{n}\frac{i}{n}\cdot\frac{j}{n}\cdot\frac{1}{n^2}=\frac{1}{n^4}\left(\sum_{i=1}^{n}i\right)\left(\sum_{j=1}^{n}j\right)=\frac{1}{n^4}\cdot\left[\frac{n(n+1)}{2}\right]^2=\frac{(n+1)^2}{4n^2}.$$

注意到 $d=\dfrac{\sqrt{2}}{n}\to 0$ 当且仅当 $n\to\infty$，所以

$$\iint\limits_{D}xy\mathrm{d}\sigma=\lim_{n\to\infty}\frac{(n+1)^2}{4n^2}=\frac{1}{4}. \qquad\square$$

二重积分的性质也与定积分完全类似,叙述如下,大多数不再证明,其中 D 均表示可求面积的有界闭区域,并用 σ_D 表示 D 的面积.

性质 16.1.1　如果在 D 上,$f(x,y)=1$,则

$$\iint\limits_{D}1\mathrm{d}\sigma = \iint\limits_{D}\mathrm{d}\sigma = \sigma_D.$$

证明　$\displaystyle\iint\limits_{D}f(x,y)\mathrm{d}\sigma = \lim_{d\to0}\sum_{i=1}^{n}f(\xi_i,\eta_i)\Delta\sigma_i = \lim_{d\to0}\sum_{i=1}^{n}\Delta\sigma_i = \lim_{d\to0}\sigma_D = \sigma_D.$　□

性质 16.1.2（线性性）　如果 $f(x,y),g(x,y)$ 均在 D 上可积,$\alpha,\beta\in\mathbb{R}$,则 $\alpha f(x,y)\pm\beta g(x,y)$ 也在 D 上可积,并且

$$\iint\limits_{D}[\alpha f(x,y)\pm\beta g(x,y)]\mathrm{d}\sigma = \alpha\iint\limits_{D}f(x,y)\mathrm{d}\sigma \pm \beta\iint\limits_{D}g(x,y)\mathrm{d}\sigma.$$

性质 16.1.3（区域可加性）　如果 $f(x,y)$ 在 D_1 及 D_2 上都可积,那么 $f(x,y)$ 在 $D_1\bigcup D_2$ 上也可积;进一步,如果 D_1 与 D_2 无公共内点,那么

$$\iint\limits_{D}f(x,y)\mathrm{d}\sigma = \iint\limits_{D_1}f(x,y)\mathrm{d}\sigma + \iint\limits_{D_2}f(x,y)\mathrm{d}\sigma.$$

利用性质 16.1.3,可以给出二重积分 $\displaystyle\iint\limits_{D}f(x,y)\mathrm{d}\sigma$ 的几何意义. 当在 D 上 $f(x,y)\geqslant 0$ 时,$\displaystyle\iint\limits_{D}f(x,y)\mathrm{d}\sigma$ 表示曲顶柱体 $V(f,D)$ 的体积;当在 D 上 $f(x,y)\leqslant 0$ 时,$\displaystyle\iint\limits_{D}f(x,y)\mathrm{d}\sigma$ 表示曲顶柱体 $V(-f,D)$ 的体积的负值,称之为负体积;而当在 D 上 $f(x,y)$ 变号时,$\displaystyle\iint\limits_{D}f(x,y)\mathrm{d}\sigma$ 就表示这些正、负体积的代数和.

性质 16.1.4（不等式两边积分）　如果 $f(x,y),g(x,y)$ 均在 D 上可积,并且对任意的 $(x,y)\in D,f(x,y)\leqslant g(x,y)$,则有不等式

$$\iint\limits_{D}f(x,y)\mathrm{d}\sigma \leqslant \iint\limits_{D}g(x,y)\mathrm{d}\sigma.$$

推论 16.1.1　如果 D 上的可积函数 $f(x,y)\geqslant 0$,则 $\displaystyle\iint\limits_{D}f(x,y)\mathrm{d}\sigma\geqslant 0.$

推论 16.1.2　如果在 D 上 $m\leqslant f(x,y)\leqslant M$,则当 $f(x,y)$ 在 D 上可积时,

$$\sigma_D m \leqslant \iint\limits_{D}f(x,y)\mathrm{d}\sigma \leqslant \sigma_D M.$$

例 16.1.2　证明 $\displaystyle\iint\limits_{|x|+|y|\leqslant1}(x^2+y^2+4\sqrt{|xy|}+4|xy|)\mathrm{d}\sigma\leqslant 8.$

证明　因为 $|x|+|y|\leqslant 1$,所以 $x^2+y^2+2|xy|\leqslant 1$,而 $x^2+y^2\geqslant 2|xy|$,所以 $4|xy|\leqslant 1$,即 $|xy|\leqslant\dfrac{1}{4}$,进而 $x^2+y^2\leqslant 1-2|xy|\leqslant 1$,于是 x^2+y^2+

$4\sqrt{|xy|}+4|xy|\leqslant1+2+1=4.$ 又因为区域$|x|+|y|\leqslant1$的面积为2,所以

$$\iint\limits_{|x|+|y|\leqslant1}(x^2+y^2+4\sqrt{|xy|}+4|xy|)\mathrm{d}\sigma\leqslant8. \qquad\square$$

性质 16.1.5 如果$f(x,y)$在D上可积,则$|f(x,y)|$也在D上可积,并且

$$\left|\iint\limits_{D}f(x,y)\mathrm{d}\sigma\right|\leqslant\iint\limits_{D}|f(x,y)|\mathrm{d}\sigma.$$

性质 16.1.6(二重积分中值定理) 若函数$f(x,y)$在D上连续,$g(x,y)$在D上可积并且不变号,则在D上至少存在一点(ξ,η)使得

$$\iint\limits_{D}f(x,y)g(x,y)\mathrm{d}\sigma=f(\xi,\eta)\iint\limits_{D}g(x,y)\mathrm{d}\sigma.$$

证明 由于$f(x,y)$在D上连续,$g(x,y)$在D上可积,可以证明$f(x,y)g(x,y)$也在D上可积,因此,上式两边都有意义.再由$f(x,y)$在有界闭区域D上连续知,$f(x,y)$在D上存在最大值M和最小值m,而$g(x,y)$在D上又不变号,不妨假设在D上$g(x,y)\geqslant0$,于是

$$mg(x,y)\leqslant f(x,y)g(x,y)\leqslant Mg(x,y),$$

于是

$$m\iint\limits_{D}g(x,y)\mathrm{d}\sigma\leqslant\iint\limits_{D}f(x,y)g(x,y)\mathrm{d}\sigma\leqslant M\iint\limits_{D}g(x,y)\mathrm{d}\sigma.$$

如果$\iint\limits_{D}g(x,y)\mathrm{d}\sigma=0$,则$\iint\limits_{D}f(x,y)g(x,y)\mathrm{d}\sigma=0$,结论显然成立;如果$\iint\limits_{D}g(x,y)\mathrm{d}\sigma>0$,那么

$$m\leqslant\frac{\iint\limits_{D}f(x,y)g(x,y)\mathrm{d}\sigma}{\iint\limits_{D}g(x,y)\mathrm{d}\sigma}\leqslant M,$$

最后利用$f(x,y)$在有界闭区域D上连续的介值性知结论成立. $\qquad\square$

推论 16.1.3 若函数$f(x,y)$在D上连续,则在D上至少存在一点(ξ,η)使得

$$\iint\limits_{D}f(x,y)\mathrm{d}\sigma=f(\xi,\eta)\cdot\sigma_D.$$

例 16.1.3 已知$f(x,y)$是连续函数,求极限$\lim\limits_{\rho\to0}\dfrac{1}{\pi\rho^2}\iint\limits_{(x-x_0)^2+(y-y_0)^2\leqslant\rho^2}f(x,y)\mathrm{d}\sigma.$

解 由于$f(x,y)$是连续函数,所以由推论16.1.3知存在(ξ,η)满足$(\xi-x_0)^2+(\eta-y_0)^2\leqslant\rho^2$,使得$\iint\limits_{(x-x_0)^2+(y-y_0)^2\leqslant\rho^2}f(x,y)\mathrm{d}\sigma=f(\xi,\eta)\cdot\pi\rho^2$,注意到当$\rho\to0$时,

$(\xi,\eta) \to (x_0,y_0)$，又 $f(x,y)$ 在 (x_0,y_0) 点连续，所以

$$\lim_{\rho \to 0} \frac{1}{\pi \rho^2} \iint\limits_{(x-x_0)^2+(y-y_0)^2 \leqslant \rho^2} f(x,y)\mathrm{d}\sigma = f(x_0,y_0). \qquad \square$$

16.1.3　二重积分在直角坐标下的计算

记号 $\iint\limits_{D} f(x,y)\mathrm{d}\sigma$ 中的面积元素 $\mathrm{d}\sigma$ 象征着积分和中小闭区域 $\Delta\sigma_i$ 的面积. 如果

已知 $\iint\limits_{D} f(x,y)\mathrm{d}\sigma$ 存在，在直角坐标系 xOy 中，可以用两组分别平行于坐标轴的直

线划分积分区域 D，那末除包含边界点的一些小闭区域外，其余的小闭区域都是矩

形区域. 设矩形区域 $\Delta\sigma_{ij}$ 的边长为 Δx_i 和 Δy_j，则 $\Delta\sigma_{ij} = \Delta x_i \cdot \Delta y_j$. 因此在直角坐标

系中，面积元素 $\mathrm{d}\sigma$ 通常记作 $\mathrm{d}x\mathrm{d}y$，这时 $\iint\limits_{D} f(x,y)\mathrm{d}\sigma$ 就可以记作 $\iint\limits_{D} f(x,y)\mathrm{d}x\mathrm{d}y$. 此

记号也意味着将用两次定积分来计算二重积分.

引理 16.1.1　如果 $f(x,y)$ 在矩形区域

$$\{(x,y) \mid a \leqslant x \leqslant b, c \leqslant y \leqslant d\} := [a,b;c,d]$$

上可积，并且对每个固定的 $x \in [a,b]$，定积分 $\int_c^d f(x,y)\mathrm{d}y$ 存在，则累次积分

$$\int_a^b \Big[\int_c^d f(x,y)\mathrm{d}y\Big]\mathrm{d}x := \int_a^b \mathrm{d}x \int_c^d f(x,y)\mathrm{d}y$$

也存在，并且

$$\iint\limits_{[a,b;c,d]} f(x,y)\mathrm{d}x\mathrm{d}y = \int_a^b \mathrm{d}x \int_c^d f(x,y)\mathrm{d}y.$$

证明　对区间 $[a,b]$ 及 $[c,d]$ 分别任意分割，记为

$$a=x_0<x_1<\cdots<x_{p-1}<x_p=b; \quad c=y_0<y_1<\cdots<y_{q-1}<y_q=d,$$

则直线网

$$x=x_i, \quad i=1,2,\cdots,p, \quad y=y_j, \quad j=1,2,\cdots,q$$

将矩形 $[a,b;c,d]$ 分割为 $p \cdot q$ 个小矩形 $[x_{i-1},x_i;y_{j-1},y_j], i=1,2,\cdots,p, j=1,2,\cdots,$

q. 由于 $f(x,y)$ 在 $[a,b;c,d]$ 上可积，所以有界，记 $f(x,y)$ 在 $[x_{i-1},x_i;y_{j-1},y_j]$ 上

的下、上确界分别为 m_{ij} 和 M_{ij}，并在 $[x_{i-1},x_i]$ 上任取一点 ξ_i，因为对每个固定的

$x \in [a,b]$，定积分 $\int_c^d f(x,y)\mathrm{d}y$ 存在，所以

$$m_{ij}\Delta y_j \leqslant \int_{y_{j-1}}^{y_j} f(\xi_i,y)\mathrm{d}y \leqslant M_{ij}\Delta y_j.$$

对上式关于 j 求和，就有

$$\sum_{j=1}^q m_{ij}\Delta y_j \leqslant \int_c^d f(\xi_i,y)\mathrm{d}y \leqslant \sum_{j=1}^q M_{ij}\Delta y_j,$$

上式乘以 Δx_i,再关于 i 求和,又有

$$\sum_{i=1}^{p}\sum_{j=1}^{q}m_{ij}\Delta x_i\Delta y_j \leqslant \sum_{i=1}^{p}\Big[\int_c^d f(\xi_i,y)\mathrm{d}y\Big]\Delta x_i \leqslant \sum_{i=1}^{p}\sum_{j=1}^{q}M_{ij}\Delta x_i\Delta y_j.$$

记 $d_{ij}=\sqrt{(\Delta x_i)^2+(\Delta y_j)^2}$,$d=\max\limits_{i,j}d_{ij}$,因为 $f(x,y)$ 在 $[a,b;c,d]$ 上可积,所以,与定积分可积条件同理,得到

$$\lim_{d\to 0}\sum_{i=1}^{p}\sum_{j=1}^{q}m_{ij}\Delta x_i\Delta y_j=\lim_{d\to 0}\sum_{i=1}^{p}\sum_{j=1}^{q}M_{ij}\Delta x_i\Delta y_j=\iint\limits_{[a,b;c,d]}f(x,y)\mathrm{d}x\mathrm{d}y,$$

注意到当 $d\to 0$ 时,必有 $\|T\|=\max\limits_{1\leqslant i\leqslant p}\{\Delta x_i\}\to 0$,所以由夹逼准则得到

$$\lim_{\|T\|\to 0}\sum_{i=1}^{p}\Big[\int_c^d f(\xi_i,y)\mathrm{d}y\Big]\Delta x_i=\iint\limits_{[a,b;c,d]}f(x,y)\mathrm{d}x\mathrm{d}y.$$

再注意到对 $[a,b]$ 分割及 ξ_i 取法的任意性,由定积分的定义又有

$$\lim_{\|T\|\to 0}\sum_{i=1}^{p}\Big[\int_c^d f(\xi_i,y)\mathrm{d}y\Big]\Delta x_i=\int_a^b\Big[\int_c^d f(x,y)\mathrm{d}y\Big]\mathrm{d}x.$$

所以

$$\iint\limits_{[a,b;c,d]}f(x,y)\mathrm{d}x\mathrm{d}y=\int_a^b\mathrm{d}x\int_c^d f(x,y)\mathrm{d}y. \qquad \square$$

例如,在例 16.1.1 中,$D=\{(x,y)\,|\,0\leqslant x,y\leqslant 1\}$ 显然是一个矩形区域,并且 $f(x,y)=xy$ 在 D 上连续,所以 $\iint\limits_D xy\mathrm{d}x\mathrm{d}y$ 及 $\int_0^1 xy\mathrm{d}y$ 均存在,因此,由引理 16.1.1 知

$$\iint\limits_D xy\mathrm{d}\sigma=\int_0^1\mathrm{d}x\int_0^1 xy\mathrm{d}y=\int_0^1\Big[x\cdot\Big(\frac{1}{2}y^2\Big)\Big|_0^1\Big]\mathrm{d}x=\int_0^1\frac{1}{2}x\mathrm{d}x=\frac{1}{4}.$$

与引理 16.1.1 的证明同理,可得如下结论.

引理 16.1.2 如果 $f(x,y)$ 在矩形区域 $[a,b;c,d]$ 上可积,并且对每个固定的 $y\in[c,d]$,定积分 $\int_a^b f(x,y)\mathrm{d}x$ 存在,则累次积分

$$\int_c^d\Big[\int_a^b f(x,y)\mathrm{d}x\Big]\mathrm{d}y:=\int_c^d\mathrm{d}y\int_a^b f(x,y)\mathrm{d}x$$

也存在,并且

$$\iint\limits_{[a,b;c,d]}f(x,y)\mathrm{d}x\mathrm{d}y=\int_c^d\mathrm{d}y\int_a^b f(x,y)\mathrm{d}x.$$

今后,如果 $\iint\limits_D f(x,y)\mathrm{d}x\mathrm{d}y$ 的积分区域 D 可以表示为(图 16-3)

$$D=\{(x,y)\,|\,a\leqslant x\leqslant b,\varphi_1(x)\leqslant y\leqslant\varphi_2(x)\}, \qquad (16.1.2)$$

其中 $\varphi_1(x),\varphi_2(x)$ 都是 $[a,b]$ 上的连续函数,则称 D 为 X-型区域.

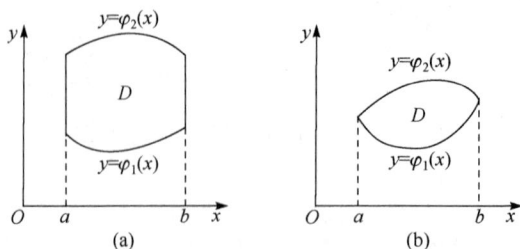

图 16-3

定理 16.1.1　如果 $f(x,y)$ 在 X-型区域 D 上连续,那么.

$$\iint\limits_{D} f(x,y)\mathrm{d}x\mathrm{d}y = \int_a^b \left[\int_{\varphi_1(x)}^{\varphi_2(x)} f(x,y)\mathrm{d}y\right]\mathrm{d}x := \int_a^b \mathrm{d}x \int_{\varphi_1(x)}^{\varphi_2(x)} f(x,y)\mathrm{d}y.$$

$$(16.1.3)$$

证明　因为 $\varphi_1(x),\varphi_2(x)$ 都是 $[a,b]$ 上的连续函数,所以它们都存在最大值与最小值,因此存在矩形区域 $[a,b;c,d]$,使得 $D\subset[a,b;c,d]$. 令

$$F(x,y)=\begin{cases} f(x,y), & (x,y)\in D, \\ 0, & (x,y)\in D\backslash[a,b;c,d]. \end{cases}$$

显然,$F(x,y)$ 在 $[a,b;c,d]$ 上可积,并且 $\displaystyle\iint\limits_{D} f(x,y)\mathrm{d}x\mathrm{d}y = \iint\limits_{[a,b;c,d]} F(x,y)\mathrm{d}x\mathrm{d}y.$ 同时,对每个固定的 $x\in[a,b]$,

$$\int_c^d F(x,y)\mathrm{d}y = \int_c^{\varphi_1(x)} F(x,y)\mathrm{d}y + \int_{\varphi_1(x)}^{\varphi_2(x)} F(x,y)\mathrm{d}y + \int_{\varphi_2(x)}^d F(x,y)\mathrm{d}y$$

$$= \int_c^{\varphi_1(x)} 0\mathrm{d}y + \int_{\varphi_1(x)}^{\varphi_2(x)} f(x,y)\mathrm{d}y + \int_{\varphi_2(x)}^d 0\mathrm{d}y = \int_{\varphi_1(x)}^{\varphi_2(x)} f(x,y)\mathrm{d}y,$$

所以定积分 $\displaystyle\int_c^d F(x,y)\mathrm{d}y$ 存在,于是由引理 16.1.1 知

$$\iint\limits_{[a,b;c,d]} F(x,y)\mathrm{d}x\mathrm{d}y = \int_a^b \mathrm{d}x \int_c^d F(x,y)\mathrm{d}y = \int_a^b \mathrm{d}x \int_{\varphi_1(x)}^{\varphi_2(x)} f(x,y)\mathrm{d}y.$$

所以式 (16.1.3) 成立.　　　　　　　　　　　　　　　　　　　　　　□

下面给出公式 (16.1.3) 一种几何解释. 假设在 D 上连续函数 $f(x,y) \geqslant 0$,那么 $\displaystyle\iint\limits_{D} f(x,y)\mathrm{d}x\mathrm{d}y$ 表示曲顶柱体 $V(f,D)$ 的体积 V. 现在利用定积分中计算"平行截面面积已知的立体的体积"的方法再次计算 V. 在区间 $[a,b]$ 上任意取一点 x_0,作平行于 yOz 面的平面 $x=x_0$. 该平面截曲顶柱体所得截面是一个以区间 $[\varphi_1(x_0),\varphi_2(x_0)]$ 为底、曲线 $z=f(x_0,y)$ 为曲边的曲边梯形(图 16-4 中阴影部分),所以这

截面的面积为

$$A(x_0) = \int_{\varphi_1(x_0)}^{\varphi_2(x_0)} f(x_0, y) \mathrm{d}y.$$

于是,得曲顶柱体体积为

$$V = \int_a^b A(x) \mathrm{d}x = \int_a^b \left[\int_{\varphi_1(x)}^{\varphi_2(x)} f(x, y) \mathrm{d}y \right] \mathrm{d}x,$$

从而就有式(16.1.3).

例 16.1.4 计算二重积分 $\iint\limits_D (x+2y)\mathrm{d}\sigma$,其中 D 由直线 $2x+y=1$ 和两坐标轴所围成.

解 积分区域 D 如图 16-5 所示.

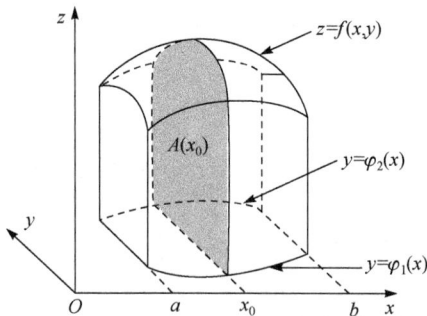

图 16-4

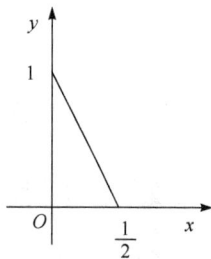

图 16-5

直线 $2x+y=1$ 与 x, y 轴的交点分别为 $\dfrac{1}{2}$ 及 1,即

$$D: 0 \leqslant x \leqslant \frac{1}{2}, \quad 0 \leqslant y \leqslant 1-2x.$$

所以由式(16.1.3)得到

$$\iint\limits_D (x+2y)\mathrm{d}x\mathrm{d}y = \int_0^{\frac{1}{2}} \mathrm{d}x \int_0^{1-2x} (x+2y)\mathrm{d}y = \int_0^{\frac{1}{2}} (xy+y^2) \Big|_0^{1-2x} \mathrm{d}x$$

$$= \int_0^{\frac{1}{2}} \left[x(1-2x) + (1-2x)^2 \right] \mathrm{d}x = \int_0^{\frac{1}{2}} (1-3x+2x^2) \mathrm{d}x = \frac{5}{24}. \qquad \Box$$

例 16.1.5 求两个底圆半径相等的直交圆柱面所围立体(牟合方盖)的体积.

解 假设其相等的半径为 R,并且两个圆柱面的方程分别为

$$x^2+y^2=R^2, \quad x^2+z^2=R^2.$$

设该立体在第一卦限的体积为 V,则该曲顶柱体的底为 X-型区域

$$D: 0 \leqslant x \leqslant R, \quad 0 \leqslant y \leqslant \sqrt{R^2-x^2},$$

而顶为曲面 $z=\sqrt{R^2-x^2}$（图 16-6），

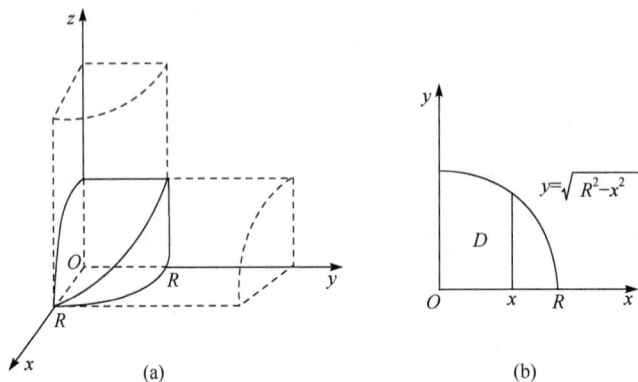

图 16-6

所以

$$V=\iint\limits_{D}\sqrt{R^2-x^2}\,\mathrm{d}x\mathrm{d}y=\int_0^R\mathrm{d}x\int_0^{\sqrt{R^2-x^2}}\sqrt{R^2-x^2}\,\mathrm{d}y=\int_0^R(R^2-x^2)\,\mathrm{d}x=\frac{2}{3}R^3.$$

于是，利用立体的对称性得到所求体积为 $\dfrac{16}{3}R^3$.　　　　　　　　　□

　　与上面的讨论同理，如果 $\iint\limits_{D}f(x,y)\mathrm{d}x\mathrm{d}y$ 的积分区域 D 可以表示为（图 16-7）

$$D=\{(x,y)\mid c\leqslant y\leqslant d,\psi_1(y)\leqslant x\leqslant\psi_2(y)\},\tag{16.1.4}$$

其中 $\psi_1(y),\psi_2(y)$ 都是 $[c,d]$ 上的连续函数，则称 D 为 Y-型区域.

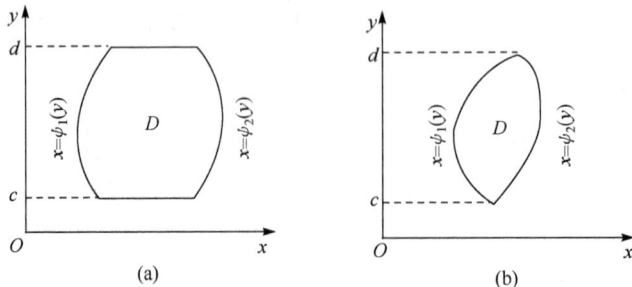

图 16-7

此时，利用引理 16.1.2，与定理 16.1.1 的证明同理，可得如下结论.

　　定理 16.1.2　如果 $f(x,y)$ 在 Y-型区域 D 上连续，那么

$$\iint\limits_{D} f(x,y)\mathrm{d}x\mathrm{d}y = \int_{c}^{d}\left[\int_{\psi_1(y)}^{\psi_2(y)} f(x,y)\mathrm{d}x\right]\mathrm{d}y := \int_{c}^{d}\mathrm{d}y\int_{\psi_1(y)}^{\psi_2(y)} f(x,y)\mathrm{d}x.$$

$$(16.1.5)$$

例 16.1.6 计算二重积分 $\iint\limits_{D} x\mathrm{d}x\mathrm{d}y$,其中 D 由两坐标轴、直线 $y=2$ 及圆弧 $x=\sqrt{1-(y-1)^2}$ 所围成.

解 容易知道

$$D:0\leqslant y\leqslant 2,\quad 0\leqslant x\leqslant\sqrt{1-(y-1)^2},$$

所以 D 是 Y-型区域. 于是由公式 (16.1.5) 知

$$\iint\limits_{D} x\mathrm{d}x\mathrm{d}y = \int_{0}^{2}\mathrm{d}y\int_{0}^{\sqrt{1-(y-1)^2}} x\mathrm{d}x = \frac{1}{2}\int_{0}^{2}\left[1-(y-1)^2\right]\mathrm{d}y = \frac{2}{3}. \qquad\square$$

如果积分区域 D 既不是 X-型区域,也不是 Y-型区域,通常可以在 D 内添加若干条辅助曲线,将 D 划分为有限个子区域的并,使得每个子区域是 X-型区域或者 Y-型区域,并且其中任何两个子区域无公共内点,进而利用二重积分关于积分区域的可加性及式(16.1.3)和(16.1.5),便能算出在整个积分区域 D 上的积分.

例 16.1.7 计算二重积分 $\iint\limits_{D} x\mathrm{d}x\mathrm{d}y$,其中 D 由两坐标轴及在第一象限的圆弧 $x=\sqrt{1-y^2}$,$x=\sqrt{4-y^2}$ 所围成.

解 显然 D 既不是 X-型区域,也不是 Y-型区域,在 D 添加辅助曲线 $y=1$,它将 D 划分为两个子区域 D_1 与 D_2 的并,其中

$$D_1:0\leqslant y\leqslant 1,\sqrt{1-y^2}\leqslant x\leqslant\sqrt{4-y^2};\quad D_2:1\leqslant y\leqslant 2,0\leqslant x\leqslant\sqrt{4-y^2}.$$

那么 D_1,D_2 都是 Y-型区域,所以

$$\iint\limits_{D_1} x\mathrm{d}x\mathrm{d}y = \int_{0}^{1}\mathrm{d}y\int_{\sqrt{1-y^2}}^{\sqrt{4-y^2}} x\mathrm{d}x = \frac{3}{2}\int_{0}^{1}\mathrm{d}y = \frac{3}{2},$$

$$\iint\limits_{D_2} x\mathrm{d}x\mathrm{d}y = \int_{1}^{2}\mathrm{d}y\int_{0}^{\sqrt{4-y^2}} x\mathrm{d}x = \frac{1}{2}\int_{1}^{2}(4-y^2)\mathrm{d}y = \frac{5}{6}.$$

所以

$$\iint\limits_{D} x\mathrm{d}x\mathrm{d}y = \iint\limits_{D_1} x\mathrm{d}x\mathrm{d}y + \iint\limits_{D_2} x\mathrm{d}x\mathrm{d}y = \frac{3}{2}+\frac{5}{6} = \frac{7}{3}. \qquad\square$$

在例 16.1.7 中,D_2 事实上也是 X-型区域,即

$$D_2:0\leqslant x\leqslant\sqrt{3},1\leqslant y\leqslant\sqrt{4-x^2}.$$

所以

$$\iint\limits_{D_2} x\mathrm{d}x\mathrm{d}y = \int_0^{\sqrt{3}} x\mathrm{d}x \int_1^{\sqrt{4-x^2}} \mathrm{d}y = \int_0^{\sqrt{3}} x(\sqrt{4-x^2}-1)\mathrm{d}x = \frac{5}{6}.$$

这时,得到

$$\int_0^{\sqrt{3}} x\mathrm{d}x \int_1^{\sqrt{4-x^2}} \mathrm{d}y = \int_1^2 \mathrm{d}y \int_0^{\sqrt{4-y^2}} x\mathrm{d}x,$$

通常称形如这样的等式为两个累次积分可以交换积分次序.

如果 D 既是 X-型区域,又是 Y-型区域,则公式 (16.1.3) 与(16.1.5)均可使用,应该选择便于计算的一个,选择的依据是两个定积分容易求得.

例 16.1.8　计算二重积分$\iint\limits_{D} \sqrt{1-x^2}\mathrm{d}x\mathrm{d}y$,其中 D 是由直线 $y = x, x = 1,$
$y = 0$ 所围成的闭区域.

解　积分区域 D 如图 16-8 所示. D 既是 X-型区域又是 Y-型区域,若利用公式 (16.1.3),可得

$$\iint\limits_{D} \sqrt{1-x^2}\mathrm{d}\sigma = \int_0^1 \mathrm{d}x \int_0^x \sqrt{1-x^2}\mathrm{d}y$$

$$= \int_0^1 x\sqrt{1-x^2}\mathrm{d}x = \frac{1}{3}.$$

若利用公式(16.1.5),就有

$$\iint\limits_{D} \sqrt{1-x^2}\mathrm{d}\sigma = \int_0^1 \mathrm{d}y \int_y^1 \sqrt{1-x^2}\mathrm{d}x,$$

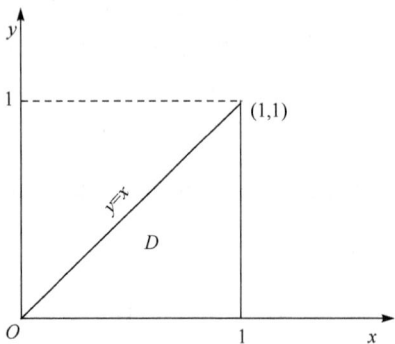

图 16-8

其中关于 x 的积分比较烦琐.　□

例 16.1.9　计算累次积分$\int_0^1 \mathrm{d}y \int_y^1 \mathrm{e}^{-\frac{1}{2}x^2} \mathrm{d}x.$

解　由于 $\mathrm{e}^{-\frac{1}{2}x^2}$ 的原函数不是初等函数,所以考虑交换积分次序. 因为由 $0 \leqslant y \leqslant 1, y \leqslant x \leqslant 1$ 所构成的区域 D 也可以表示为 $0 \leqslant x \leqslant 1, 0 \leqslant y \leqslant x$,从而

$$\int_0^1 \mathrm{d}y \int_y^1 \mathrm{e}^{-\frac{1}{2}x^2} \mathrm{d}x = \iint\limits_{D} \mathrm{e}^{-\frac{1}{2}x^2} \mathrm{d}x\mathrm{d}y = \int_0^1 \mathrm{d}x \int_0^x \mathrm{e}^{-\frac{1}{2}x^2} \mathrm{d}y = \int_0^1 x\mathrm{e}^{-\frac{1}{2}x^2} \mathrm{d}x = 1 - \mathrm{e}^{-\frac{1}{2}}. \quad □$$

例 16.1.10　交换累次积分$\int_0^2 \mathrm{d}x \int_{\sqrt{2x-x^2}}^{\sqrt{2x}} f(x,y)\mathrm{d}y$ 的积分次序,其中 $f(x,y)$ 为连续函数.

解　记 $D = \{(x,y) \mid 0 \leqslant x \leqslant 2, \sqrt{2x-x^2} \leqslant y \leqslant \sqrt{2x}\}$,在 D 中添加辅助线 $y = 1$,它 D 分为三部分(图 16-9),即

$$D_1 = \left\{ (x,y) \mid 0 \leqslant y \leqslant 1, \frac{y^2}{2} \leqslant x \leqslant 1 - \sqrt{1-y^2} \right\};$$

$$D_2 = \left\{ (x,y) \mid 0 \leqslant y \leqslant 1, 1 + \sqrt{1-y^2} \leqslant x \leqslant 2 \right\};$$

$$D_3 = \left\{ (x,y) \mid 1 \leqslant y \leqslant 2, \frac{y^2}{2} \leqslant x \leqslant 2 \right\}.$$

所以

$$\int_0^2 \mathrm{d}x \int_{\sqrt{2x-x^2}}^{\sqrt{2x}} f(x,y)\mathrm{d}y$$

$$= \iint\limits_{D} f(x,y)\mathrm{d}x\mathrm{d}y = \iint\limits_{D_1} f(x,y)\mathrm{d}x\mathrm{d}y$$

$$+ \iint\limits_{D_2} f(x,y)\mathrm{d}x\mathrm{d}y + \iint\limits_{D_3} f(x,y)\mathrm{d}x\mathrm{d}y$$

$$= \int_0^1 \mathrm{d}y \int_{\frac{y^2}{2}}^{1-\sqrt{1-y^2}} f(x,y)\mathrm{d}x + \int_0^1 \mathrm{d}y \int_{1+\sqrt{1-y^2}}^{2} f(x,y)\mathrm{d}x + \int_1^2 \mathrm{d}y \int_{\frac{y^2}{2}}^{2} f(x,y)\mathrm{d}x. \qquad \square$$

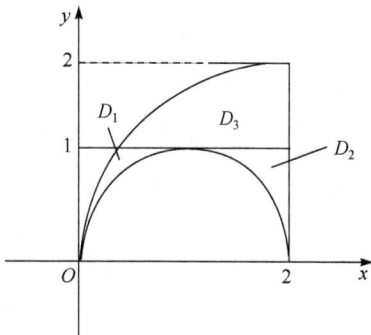

图 16-9

例 16.1.11 计算二重积分 $\iint\limits_{D} xy\mathrm{d}x\mathrm{d}y$，其中 D 由抛物线 $y^2 = x$ 及直线 $y = x - 2$ 所围成.

解 积分区域 D 如图 16-10 所示. D 是 Y-型区域. 由公式 (16.1.5) 得到

$$\iint\limits_{D} xy\mathrm{d}x\mathrm{d}y = \int_{-1}^2 \mathrm{d}y \int_{y^2}^{y+2} xy\mathrm{d}x = \int_{-1}^2 y \left(\frac{1}{2} x^2 \right) \bigg|_{y^2}^{y+2} \mathrm{d}y$$

$$= \frac{1}{2} \int_{-1}^2 [y(y+2)^2 - y^5] \mathrm{d}y$$

$$= \frac{1}{2} \left(\frac{y^4}{4} + \frac{4}{3} y^3 + 2y^2 - \frac{y^6}{6} \right) \bigg|_{-1}^2 = \frac{45}{8}.$$

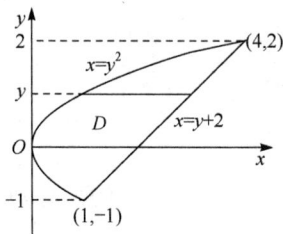

图 16-10

若利用公式 (16.1.3) 计算, 则由于在区间 $[0,4]$ 上 $\varphi_1(x)$ 是分段函数, 所以用经过交点 $(1,-1)$ 的直线 $x=1$ 把区域 D 分成 D_1 和 D_2 两部分 (图 16-11), 其中

$$D_1: 0 \leqslant x \leqslant 1, -\sqrt{x} \leqslant y \leqslant \sqrt{x}, \quad D_2: 1 \leqslant x \leqslant 4, x-2 \leqslant y \leqslant \sqrt{x}.$$

再利用二重积分关于区域的可加性, 得到

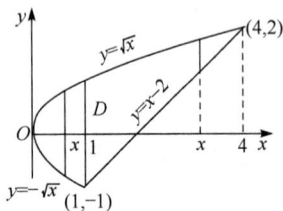

$$\iint\limits_{D} xy\mathrm{d}x\mathrm{d}y = \iint\limits_{D_1} xy\mathrm{d}x\mathrm{d}y + \iint\limits_{D_2} xy\mathrm{d}x\mathrm{d}y$$

$$= \int_0^1 \mathrm{d}x \int_{-\sqrt{x}}^{\sqrt{x}} xy\mathrm{d}y + \int_1^4 \mathrm{d}x \int_{x-2}^{\sqrt{x}} xy\mathrm{d}y.$$

图 16-11　　　注意到 $\int_{-\sqrt{x}}^{\sqrt{x}} y\mathrm{d}y = 0$,所以

$$\iint\limits_{D} xy\mathrm{d}\sigma = \int_1^4 \mathrm{d}x \int_{x-2}^{\sqrt{x}} xy\mathrm{d}y = \frac{1}{2}\int_1^4 x[x-(x-2)^2]\mathrm{d}x = \frac{45}{8}. \qquad \Box$$

上例中,利用 $\int_{-\sqrt{x}}^{\sqrt{x}} y\mathrm{d}y = 0$ 得到了 $\iint\limits_{D_1} xy\mathrm{d}x\mathrm{d}y = 0$.注意到积分区域 D_1 关于 x 轴对称,被积函数 xy 当 x 固定时关于 y 是奇函数,这提示我们可以利用第 10 章介绍的关于原点对称区间上奇、偶函数的定积分性质(10.5.9)及(10.5.10),考察二重积分的相应性质,我们将一般结论以定理形式呈现如下,它可以简化计算,十分有用.

定理 16.1.3　设 $f(x,y)$ 在有界闭区域 D 上连续,则下列结论成立:

(1) 若 D 关于 x 轴对称,记 D_1 为 D 在 x 轴上(下)半平面的部分,则

$$\iint\limits_{D} f(x,y)\mathrm{d}x\mathrm{d}y = \begin{cases} 0, & f(x,-y) = -f(x,y), \\ 2\iint\limits_{D_1} f(x,y)\mathrm{d}x\mathrm{d}y, & f(x,-y) = f(x,y). \end{cases}$$

(2) 若 D 关于 y 轴对称,记 D_2 为 D 在 y 轴的右(左)半平面部分,则

$$\iint\limits_{D} f(x,y)\mathrm{d}x\mathrm{d}y = \begin{cases} 0, & f(-x,y) = -f(x,y), \\ 2\iint\limits_{D_2} f(x,y)\mathrm{d}x\mathrm{d}y, & f(-x,y) = f(x,y). \end{cases}$$

(3) 若 D 关于原点对称,记 D_3 为 D 的上(下)半平面部分或右(左)半平面部分,则

$$\iint\limits_{D} f(x,y)\mathrm{d}x\mathrm{d}y = \begin{cases} 0, & f(-x,-y) = -f(x,y), \\ 2\iint\limits_{D_3} f(x,y)\mathrm{d}x\mathrm{d}y, & f(-x,-y) = f(x,y). \end{cases}$$

(4) 若 D 关于直线 $y=x$ 对称,记 D_4 为 D 中直线 $y=x$ 以上(下)的部分,则

$$\iint\limits_{D} f(x,y)\mathrm{d}x\mathrm{d}y = \begin{cases} 0, & f(x,y) = -f(y,x), \\ 2\iint\limits_{D_4} f(x,y)\mathrm{d}x\mathrm{d}y, & f(x,y) = f(y,x). \end{cases}$$

并且

$$\iint_D f(x,y)\mathrm{d}x\mathrm{d}y = \iint_D f(y,x)\mathrm{d}x\mathrm{d}y.$$

(5) 若 D 关于直线 $y=-x$ 对称,记 D_5 为 D 中直线 $y=-x$ 以左(右)的部分,则

$$\iint_D f(x,y)\mathrm{d}x\mathrm{d}y = \begin{cases} 0, & f(x,y)=-f(-y,-x), \\ 2\iint_{D_5} f(x,y)\mathrm{d}x\mathrm{d}y, & f(x,y)=f(-y,-x). \end{cases}$$

并且

$$\iint_D f(x,y)\mathrm{d}x\mathrm{d}y = \iint_D f(-y,-x)\mathrm{d}x\mathrm{d}y.$$

例 16.1.12 记 $D = \{(x,y)\,|-a\leqslant x\leqslant a, x\leqslant y\leqslant a\}$, $D_1 = \{(x,y)\,|\,0\leqslant x\leqslant a, x\leqslant y\leqslant a\}$, 其中常数 $a>0$, 证明 $\iint_D (xy+\cos x\sin y)\mathrm{d}x\mathrm{d}y = 2\iint_{D_1}\cos x\sin y\mathrm{d}x\mathrm{d}y$.

证明 记 $D_2 = \{(x,y)\,|-a\leqslant x\leqslant a, |x|\leqslant y\leqslant a\}$, $D_3 = \{(x,y)\,|-a\leqslant x\leqslant 0, x\leqslant y\leqslant -x\}$, 那么 $D = D_2\bigcup D_3$. 由定理 16.1.3 的(1)及(2)知 $\iint_{D_2} xy\mathrm{d}x\mathrm{d}y = 0$, $\iint_{D_3} xy\mathrm{d}x\mathrm{d}y = 0$, 所以 $\iint_D xy\mathrm{d}x\mathrm{d}y = 0$. 由定理 16.1.3 的(1)知 $\iint_{D_3}\cos x\sin y\mathrm{d}x\mathrm{d}y = 0$, 并且

$$\iint_{D_2}\cos x\sin y\mathrm{d}x\mathrm{d}y = 2\iint_{D_1}\cos x\sin y\mathrm{d}x\mathrm{d}y.$$

所以

$$\iint_D\cos x\sin y\mathrm{d}x\mathrm{d}y = \iint_{D_2}\cos x\sin y\mathrm{d}x\mathrm{d}y + \iint_{D_3}\cos x\sin y\mathrm{d}x\mathrm{d}y = 2\iint_{D_1}\cos x\sin y\mathrm{d}x\mathrm{d}y,$$

因此

$$\iint_D(xy+\cos x\sin y)\mathrm{d}x\mathrm{d}y = 2\iint_{D_1}\cos x\sin y\mathrm{d}x\mathrm{d}y. \qquad \square$$

例 16.1.13 若 D 关于直线 $y=x$ 对称, $f(x,y)$ 在 D 上连续,则

$$\iint_D f(x,y)\mathrm{d}x\mathrm{d}y = \iint_D f(y,x)\mathrm{d}x\mathrm{d}y,$$

进而证明当 $\varphi(x)$ 是正值的连续函数时,

$$\iint\limits_{x^2+y^2\leqslant R^2} \frac{a\varphi(x)+b\varphi(y)}{\varphi(x)+\varphi(y)}\mathrm{d}x\mathrm{d}y = \frac{1}{2}\pi R^2(a+b).$$

证明　令 $F(x,y)=f(x,y)-f(y,x),(x,y)\in D$,则容易知道 $F(x,y)=-F(y,x)$,于是由定理 16.1.3 的(4) 得到 $\iint\limits_D F(x,y)\mathrm{d}x\mathrm{d}y = 0$,也即 $\iint\limits_D f(x,y)\mathrm{d}x\mathrm{d}y = \iint\limits_D f(y,x)\mathrm{d}x\mathrm{d}y$.

因为积分区域 $x^2+y^2\leqslant R^2$ 关于直线 $y=x$ 对称,所以

$$\iint\limits_{x^2+y^2\leqslant R^2} \frac{a\varphi(x)+b\varphi(y)}{\varphi(x)+\varphi(y)}\mathrm{d}x\mathrm{d}y = \iint\limits_{x^2+y^2\leqslant R^2} \frac{a\varphi(y)+b\varphi(x)}{\varphi(x)+\varphi(y)}\mathrm{d}x\mathrm{d}y,$$

因此,

$$\iint\limits_{x^2+y^2\leqslant R^2} \frac{a\varphi(x)+b\varphi(y)}{\varphi(x)+\varphi(y)}\mathrm{d}x\mathrm{d}y$$

$$=\frac{1}{2}\left[\iint\limits_{x^2+y^2\leqslant R^2} \frac{a\varphi(x)+b\varphi(y)}{\varphi(x)+\varphi(y)}\mathrm{d}x\mathrm{d}y + \iint\limits_{x^2+y^2\leqslant R^2} \frac{a\varphi(y)+b\varphi(x)}{\varphi(x)+\varphi(y)}\mathrm{d}x\mathrm{d}y\right]$$

$$=\frac{1}{2}\iint\limits_{x^2+y^2\leqslant R^2}(a+b)\mathrm{d}x\mathrm{d}y = \frac{1}{2}\pi R^2(a+b). \qquad \square$$

16.1.4　二重积分在极坐标下的计算

利用极坐标与直角坐标的关系

$$x=r\cos\theta,\quad y=r\sin\theta,\quad 0\leqslant\theta\leqslant 2\pi,\quad \text{或者}\quad -\pi\leqslant\theta\leqslant\pi,$$

可知 $x^2+y^2=r^2,\dfrac{y}{x}=\tan\theta$. 因此,当二重积分 $\iint\limits_D f(x,y)\mathrm{d}\sigma$ 的被积函数 $f(x,y)$ 或者积分区域 D 的边界曲线方程中含有 x^2+y^2 或者 $\dfrac{y}{x}$ 时,可以考虑利用极坐标计算二重积分 $\iint\limits_D f(x,y)\mathrm{d}\sigma$.

像直角坐标一样,如果求得二重积分 $\iint\limits_D f(x,y)\mathrm{d}\sigma$ 中面积微元 $\mathrm{d}\sigma$ 在极坐标系中的表达式,再根据直角坐标与极坐标的关系,就可以得到二重积分 $\iint\limits_D f(x,y)\mathrm{d}\sigma$ 在极坐标下的计算公式.

假定从极点 O 出发且穿过闭区域 D 内部的射线与 D 的边界曲线相交不多于两点. 用以极点为圆心的一族同心圆 $r=r_i$, 以及从极点出发的一族射线 $\theta=\theta_j$, 把 D 分成 n 个小闭区域. 如图 16-12 所示. 除包含边界点的一些小区域外,其中典型

小区域 $\Delta\sigma$ 由半径为 r 和 $r+\Delta r$ 的圆弧与极角为 θ 和 $\theta+\Delta\theta$ 的射线围成,则 $\Delta\sigma$ 的面积可用两个扇形面积之差表示,即

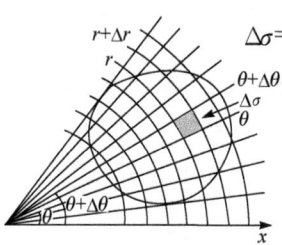

图 16-12

$$\Delta\sigma=\frac{1}{2}(r+\Delta r)^2\cdot\Delta\theta-\frac{1}{2}r^2\cdot\Delta\theta=r\Delta r\cdot\Delta\theta+\frac{1}{2}(\Delta r)^2\cdot\Delta\theta.$$

根据微元法的思想,可得到极坐标系下的面积微元

$$\mathrm{d}\sigma=r\mathrm{d}r\mathrm{d}\theta.$$

于是

$$\iint\limits_D f(x,y)\mathrm{d}\sigma=\iint\limits_D f(r\cos\theta,r\sin\theta)r\mathrm{d}\theta\mathrm{d}r.$$

$$(16.1.6)$$

进一步,将式(16.1.6)右端累次化,就可用两次定积分具体得到 $\iint\limits_D f(x,y)\mathrm{d}\sigma$ 的积分值. 为此,给出极坐标下 R-型区域与 Θ-型区域的定义. 称

$$D=\{(r,\theta)\mid r_1\leqslant r\leqslant r_2,\varphi_1(r)\leqslant\theta\leqslant\varphi_2(r)\} \qquad (16.1.7)$$

为 R-型区域,其中 $\varphi_1(r),\varphi_2(r)$ 都是 $[r_1,r_2]$ 上的连续函数. 而称

$$D=\{(r,\theta)\mid\alpha\leqslant\theta\leqslant\beta,\varphi_1(\theta)\leqslant r\leqslant\varphi_2(\theta)\} \qquad (16.1.8)$$

为 Θ-型区域(图 16-13),其中 $\varphi_1(\theta),\varphi_2(\theta)$ 都是 $[\alpha,\beta]$ 上的连续函数.

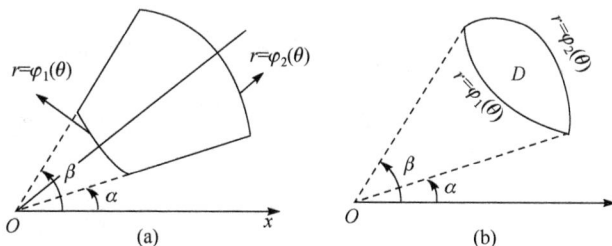

图 16-13

于是,有下列结论.

定理 16.1.4 设 $f(x,y)$ 在有界闭区域 D 上连续,则下列结论成立:

(1) 当 D 为极坐标下的 R-型区域时,

$$\iint\limits_D f(x,y)\mathrm{d}\sigma=\int_{r_1}^{r_2}\left[\int_{\varphi_1(r)}^{\varphi_2(r)}f(r\cos\theta,r\sin\theta)r\mathrm{d}\theta\right]\mathrm{d}r$$

$$:=\int_{r_1}^{r_2}r\mathrm{d}r\int_{\varphi_1(r)}^{\varphi_2(r)}f(r\cos\theta,r\sin\theta)\mathrm{d}\theta; \qquad (16.1.9)$$

(2) 当 D 为极坐标下的 Θ-型区域时,

$$\iint\limits_{D} f(x,y)\mathrm{d}\sigma = \int_{\alpha}^{\beta} \left[\int_{\varphi_1(\theta)}^{\varphi_2(\theta)} f(r\cos\theta, r\sin\theta) r\mathrm{d}r \right] \mathrm{d}\theta$$

$$:= \int_{\alpha}^{\beta} \mathrm{d}\theta \int_{\varphi_1(\theta)}^{\varphi_2(\theta)} f(r\cos\theta, r\sin\theta) r\mathrm{d}r. \tag{16.1.10}$$

例如,在例 16.1.7 中,由于积分区域 D 的边界曲线方程中含有 x^2+y^2,可以考虑利用极坐标计算二重积分. 因为积分区域 D 在极坐标下可表示为

$$D = \left\{ (r,\theta) \,\middle|\, 0 \leqslant \theta \leqslant \frac{\pi}{2}, 1 \leqslant r \leqslant 2 \right\},$$

所以 D 在极坐标下既是 R-型区域,又是 Θ-型区域,所以由公式(16.1.9)或者由公式(16.1.10)得到

$$\iint\limits_{D} x\mathrm{d}x\mathrm{d}y = \int_{1}^{2} \mathrm{d}r \int_{0}^{\frac{\pi}{2}} r^2 \cos\theta \mathrm{d}\theta = \int_{1}^{2} r^2 \mathrm{d}r \int_{0}^{\frac{\pi}{2}} \cos\theta \mathrm{d}\theta = \frac{7}{3}.$$

与例 16.1.7 中在直角坐标系下的计算方法比较,由于不需要将 D 分为两个子区域,所以积分显得简单.

当 $D = \left\{ (r,\theta) \,\middle|\, \alpha \leqslant \theta \leqslant \beta, 0 \leqslant r \leqslant \varphi(\theta) \right\}$(图 16-14)时,公式(16.1.10)就是

$$\iint\limits_{D} f(x,y)\mathrm{d}\sigma = \int_{\alpha}^{\beta} \mathrm{d}\theta \int_{0}^{\varphi(\theta)} f(r\cos\theta, r\sin\theta) r\mathrm{d}r.$$

而当 $D = \left\{ (r,\theta) \,\middle|\, 0 \leqslant \theta \leqslant 2\pi, 0 \leqslant r \leqslant \varphi(\theta) \right\}$(图 16-15)时,公式(16.1.10)就是

$$\iint\limits_{D} f(x,y)\mathrm{d}\sigma = \int_{0}^{2\pi} \mathrm{d}\theta \int_{0}^{\varphi(\theta)} f(r\cos\theta, r\sin\theta) r\mathrm{d}r.$$

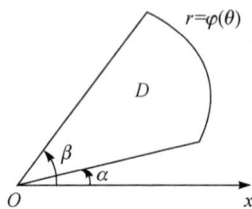

图 16-14

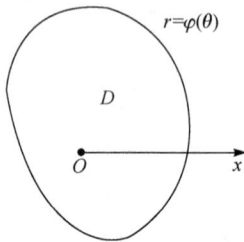

图 16-15

这两种情形应特别关注.

例 16.1.14　计算二重积分 $\iint\limits_{D} \mathrm{e}^{-(x^2+y^2)}\mathrm{d}\sigma$,其中 D 为圆域 $x^2+y^2 \leqslant R^2$.

解　由于积分区域边界方程及被积函数中均含有 x^2+y^2,所以用极坐标公式求解. 因为 $D = \{ (r,\theta) \,|\, 0 \leqslant r \leqslant R, 0 \leqslant \theta \leqslant 2\pi \}$,于是有

$$\iint\limits_{D} \mathrm{e}^{-(x^2+y^2)}\mathrm{d}\sigma = \int_{0}^{2\pi} \mathrm{d}\theta \int_{0}^{R} r\mathrm{e}^{-r^2} \mathrm{d}r = \pi(1 - \mathrm{e}^{-R^2}). \qquad \square$$

在例 16.1.14 中,由于 e^{-x^2} 的原函数不是初等函数,所以用直角坐标下的积分公式不能得到计算结果.

例 16.1.15 已知 $a>0$,求球体 $x^2+y^2+z^2\leqslant 4a^2$ 被圆柱面 $x^2+y^2=2ax$ 所截,并且含在此圆柱面内的立体(图 16-16)的体积 V.

解 由对称性知

$$V=4\iint\limits_{D}\sqrt{4a^2-x^2-y^2}\mathrm{d}\sigma, \quad D=\{(x,y)\,|\,0\leqslant x\leqslant 2a,0\leqslant y\leqslant\sqrt{2ax-x^2}\},$$

由于积分区域边界方程及被积函数中均含有 x^2+y^2,所以利用极坐标计算. 注意到 $x^2+y^2=2ax$ 就是 $r^2=2ar\cos\theta$,也即 $r=2a\cos\theta$(图 16-17),所以 $D=\left\{(r,\theta)\,\middle|\,0\leqslant\theta\leqslant\dfrac{\pi}{2},0\leqslant r\leqslant 2a\cos\theta\right\}$,于是

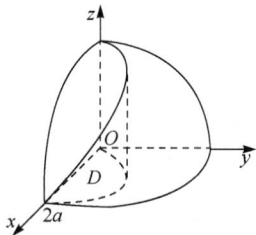

图 16-16

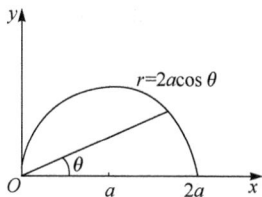

图 16-17

$$V=4\int_0^{\frac{\pi}{2}}\mathrm{d}\theta\int_0^{2a\cos\theta}r\sqrt{4a^2-r^2}\mathrm{d}r=\frac{32}{3}a^3\int_0^{\frac{\pi}{2}}(1-\sin^3\theta)\mathrm{d}\theta=\frac{32}{3}\left(\frac{\pi}{2}-\frac{2}{3}\right)a^3.\quad\square$$

例 16.1.16 已知区域 D 由阿基米德螺线 $r=\theta$ 及射线 $\theta=\dfrac{3}{2}\pi$ 所围成 (图 16-18),函数 $f(x,y)$ 在 D 上连续,试写出二重积分 $\iint\limits_{D}f(x,y)\mathrm{d}\sigma$ 在极坐标下的两个累次积分.

解 结合图 16-18,就得到

$$\iint\limits_{D}f(x,y)\mathrm{d}\sigma=\int_0^{\frac{3}{2}\pi}\mathrm{d}\theta\int_0^{\theta}rf(r\cos\theta,r\sin\theta)\mathrm{d}r$$

$$=\int_0^{\frac{3}{2}\pi}r\mathrm{d}r\int_r^{\frac{3}{2}\pi}f(r\cos\theta,r\sin\theta)\mathrm{d}\theta.\quad\square$$

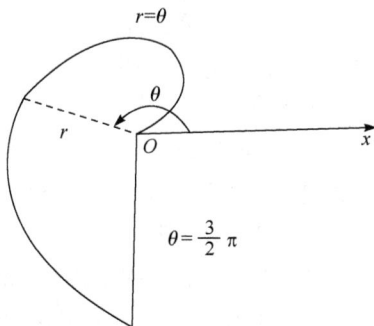

图 16-18

16.1.5 二重积分的变量替换

换元法在定积分的计算中作用十分强

大,那么二重积分作为定积分的推广,是否也有换元法?答案是肯定的. 事实上,前面根据直角坐标与极坐标的关系 $x=r\cos\theta,y=r\sin\theta$,所得到二重积分 $\iint\limits_{D} f(x,y)\mathrm{d}\sigma$ 在极坐标下的计算公式(16.1.6),就是一种特殊的二重积分换元法. 将其一般化,就得到二重积分变量替换公式.

定理 16.1.5　若 $f(x,y)$ 在 D 上连续,二元替换
$$x=x(u,v), \quad y=y(u,v),$$
将 uv 平面上由按段光滑封闭曲线所围的闭区域 D' 一对一地映成 xy 平面上的闭区域 D,同时函数 $x(u,v),y(u,v)$ 在 D' 内分别具有一阶连续偏导数且雅可比行列式
$$J(u,v)=\frac{\partial(x,y)}{\partial(u,v)}\neq 0, \quad (u,v)\in D',$$
或者至多在 D' 内有限条光滑曲线上为零,则
$$\iint\limits_{D} f(x,y)\mathrm{d}x\mathrm{d}y = \iint\limits_{D'} f(x(u,v),y(u,v))\,|J(u,v)|\,\mathrm{d}u\mathrm{d}v. \qquad (16.1.11)$$

注 16.1.1　在 14.4 节中,给出过雅克比行列式 $\frac{\partial(x,y)}{\partial(u,v)}$ 的几何解释,即式 (14.4.10). 利用它能够证明在两个区域 D 与 D' 的面积微元之间存在关系 $\mathrm{d}x\mathrm{d}y=|J(u,v)|\mathrm{d}u\mathrm{d}v$. 进而在定理 16.1.5 的假设条件下,利用二重积分的定义及泰勒公式能够证明公式(16.1.11)成立,但具体推导较为复杂,故而略去了其证明过程.

例如,极坐标替换 $x=r\cos\theta,y=r\sin\theta$,容易计算
$$J(r,\theta)=\frac{\partial(x,y)}{\partial(r,\theta)}=\begin{vmatrix} \cos\theta & -r\sin\theta \\ \sin\theta & r\cos\theta \end{vmatrix}=r,$$

因此,只要 $r\neq 0$,就有 $J(r,\theta)\neq 0$. 同时,尽管 $x=r\cos\theta,y=r\sin\theta$ 不是 $r\theta$ 平面与 xy 平面之间的一一对应,我们还是能够借助其他辅助方法证明变量替换公式是正确的. 至于在前一段介绍用极坐标计算二重积分时,两个积分区域都是用 D 表示,而不是一个用 D,另一个用 D',本质上是一样的,只不过是在同一个平面上,重新建立坐标系而已.

在利用变量替换计算二重积分时,应该根据积分区域或被积函数的特点,选择合适的变换,尽可能地做到既能将被积函数简化,又能将积分区域变得简单,从而更加方便地计算出积分值.

例 16.1.17　求抛物线 $x^2=my,x^2=ny$ 和直线 $y=\alpha x,y=\beta x$ 所围成区域 D 的面积 S_D,其中 $0<m<n,0<\alpha<\beta$(图 16-19).

解 根据积分区域 D 的特点,无论是采用直角坐标还是极坐标,积分都不易求得,所以考虑用其他的变量替换.注意到 D 的四条边界曲线方程具有 $\dfrac{x^2}{y}$ 为常数、$\dfrac{y}{x}$ 也是常数的特点,令

$$u=\frac{x^2}{y}, \quad v=\frac{y}{x},$$

则 (u,v) 的变化范围为 $D':m\leqslant u\leqslant n,\alpha\leqslant v\leqslant\beta$,同时由上式可得

$$x=uv, \quad y=uv^2,$$

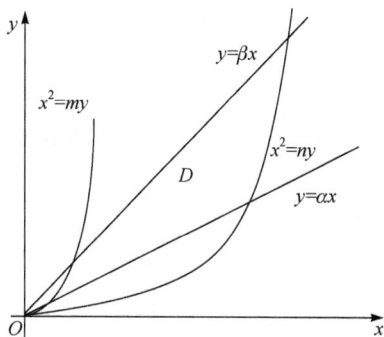

图 16-19

所以此变换是一对一的,并且雅可比行列式

$$J(u,v)=\frac{\partial(x,y)}{\partial(u,v)}=\begin{vmatrix} v & u \\ v^2 & 2uv \end{vmatrix}=uv^2>0, \quad (u,v)\in D',$$

于是,由公式(16.1.11)得到

$$S_D=\iint\limits_{D}\mathrm{d}x\mathrm{d}y=\iint\limits_{D'}uv^2\mathrm{d}u\mathrm{d}v=\int_m^n u\mathrm{d}u\int_\alpha^\beta v^2\mathrm{d}v=\frac{1}{6}(n^2-m^2)(\beta^3-\alpha^3). \qquad \square$$

例 16.1.18 计算二重积分 $\iint\limits_{D}\mathrm{e}^{\frac{y-x}{y+x}}\mathrm{d}x\mathrm{d}y$,其中 D 由 x 轴、y 轴及直线 $x+y=1$ 所围成.

解 令 $u=y-x,v=y+x$,则容易得到 $x=\dfrac{v-u}{2},y=\dfrac{v+u}{2}$,所以变换是一对一的. D 的边界 $x+y=1$ 对应着 $v=1$;x 轴即 $y=0$ 对应着 $u=-v$;y 轴即 $x=0$ 对应着 $u=v$.所以 D' 由 uv 平面的曲线 $u=-v$、$u=v$ 及 $v=1$ 围成.并且容易算出 $J(u,v)=-\dfrac{1}{2}$,于是由公式(16.1.11)得到

$$\iint\limits_{D}\mathrm{e}^{\frac{y-x}{y+x}}\mathrm{d}x\mathrm{d}y=\frac{1}{2}\iint\limits_{D'}\mathrm{e}^{\frac{u}{v}}\mathrm{d}u\mathrm{d}v=\frac{1}{2}\int_0^1\mathrm{d}v\int_{-v}^v\mathrm{e}^{\frac{u}{v}}\mathrm{d}u=\frac{1}{2}(\mathrm{e}-\mathrm{e}^{-1})\int_0^1 v\mathrm{d}v=\frac{1}{4}(\mathrm{e}-\mathrm{e}^{-1}).$$

$$\square$$

例 16.1.19 计算二重积分

$$\iint\limits_{D}\sqrt{\frac{1-\dfrac{x^2}{a^2}-\dfrac{y^2}{b^2}}{1+\dfrac{x^2}{a^2}+\dfrac{y^2}{b^2}}}\,\mathrm{d}x\mathrm{d}y,$$

其中常数 $a>0,b>0,D$ 是椭圆域 $\dfrac{x^2}{a^2}+\dfrac{y^2}{b^2}\leqslant1$.

解　注意到被积函数及积分区域的边界方程均含有$\dfrac{x^2}{a^2}+\dfrac{y^2}{b^2}$,所以令

$$x=ar\cos\theta,\quad y=br\sin\theta,$$

通常称为广义极坐标变换,易求得 $J(r,\theta)=abr$. 由于 D 由 $\dfrac{x^2}{a^2}+\dfrac{y^2}{b^2}=1$ 围成,所以 $D':0\leqslant r\leqslant1,0\leqslant\theta\leqslant2\pi$,于是由公式(16.1.11)得到

$$\iint\limits_{D}\sqrt{\dfrac{1-\dfrac{x^2}{a^2}-\dfrac{y^2}{b^2}}{1+\dfrac{x^2}{a^2}+\dfrac{y^2}{b^2}}}\mathrm{d}x\mathrm{d}y=ab\iint\limits_{D'}\sqrt{\dfrac{1-r^2}{1+r^2}}r\mathrm{d}r\mathrm{d}\theta=ab\int_0^{2\pi}\mathrm{d}\theta\int_0^1 r\sqrt{\dfrac{1-r^2}{1+r^2}}\mathrm{d}r$$

$$=2\pi ab\int_0^1 r\sqrt{\dfrac{1-r^2}{1+r^2}}\mathrm{d}r=\pi ab\int_0^1\sqrt{\dfrac{1-r^2}{1+r^2}}\mathrm{d}r^2=\pi ab\int_0^1\sqrt{\dfrac{1-t}{1+t}}\mathrm{d}t$$

$$=\pi ab\int_0^1\dfrac{1-t}{\sqrt{1-t^2}}\mathrm{d}t=\pi ab\left(\dfrac{\pi}{2}-1\right).\qquad\qquad\square$$

16.1.6　二重积分的几何应用——曲面的面积

在第 11 章中给出了利用定积分计算旋转曲面面积的计算公式. 现在利用二重积分讨论一般曲面面积的计算方法.

设曲面 S 由方程

$$z=f(x,y)$$

给出,D_{xy} 为曲面 S 在 xOy 面上的投影区域,并且函数 $f(x,y)$ 在 D_{xy} 上具有连续偏导数. 现在计算曲面 S 的面积 A.

在闭区域 D_{xy} 上任取一直径很小的闭区域 $\mathrm{d}\sigma$(这小闭区域的面积也记作 $\mathrm{d}\sigma$). 在 $\mathrm{d}\sigma$ 内取一点 $P(x,y)$,对应曲面 S 上有一点 $M(x,y,f(x,y))$,点 M 在 xOy 面上的投影即点 P. 点 M 处曲面 S 的切平面设为 T. 以小闭区域 $\mathrm{d}\sigma$ 的边界为准线作母线平行于 z 轴的柱面,这柱面在曲面 S 上截下一小片曲面,在切平面 T 上截下一小片平面. 如图 16-20 所示.

由于 $\mathrm{d}\sigma$ 的直径很小,切平面 T 上的那一小片平面的面积 $\mathrm{d}A$ 可以近似代替相应的那小片曲面的面积. 设点 M 处曲面 S 上的法线(指向朝上)与 z 轴所成的角为 γ,则利用几何知识容易得到

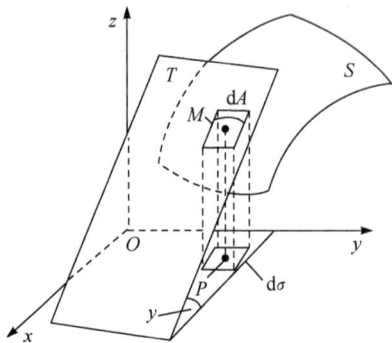

图 16-20

$$\mathrm{d}\sigma=\cos\gamma\mathrm{d}A.$$

因为

$$\cos\gamma = \frac{1}{\sqrt{1+f_x'^2(x,y)+f_y'^2(x,y)}},$$

所以又有

$$dA = \sqrt{1+f_x^2+f_y^2}\,d\sigma.$$

此即为曲面 S 的面积元素,以它为被积表达式在 D_{xy} 上积分就得到

$$A = \iint\limits_{D_{xy}} \sqrt{1+f_x^2+f_y^2}\,d\sigma = \iint\limits_{D_{xy}} \sqrt{1+\left(\frac{\partial z}{\partial x}\right)^2+\left(\frac{\partial z}{\partial y}\right)^2}\,dxdy.$$

若曲面 S 的方程为 $x=g(y,z)$ 或 $y=h(x,z)$,可分别把 S 投影到 yOz 坐标面上或 xOz 坐标面上,记相应得到的投影区域分别为 D_{yz} 和 D_{xz},同理可得

$$A = \iint\limits_{D_{yz}} \sqrt{1+\left(\frac{\partial x}{\partial y}\right)^2+\left(\frac{\partial x}{\partial z}\right)^2}\,dydz,$$

$$A = \iint\limits_{D_{xz}} \sqrt{1+\left(\frac{\partial y}{\partial x}\right)^2+\left(\frac{\partial y}{\partial z}\right)^2}\,dxdz.$$

例 16.1.20 求球面 $z=\sqrt{2a^2-x^2-y^2}$ 和锥面 $z=\sqrt{x^2+y^2}$ 所围立体的表面积.

解 此立体在 xOy 面上的投影区域 D_{xy} 为 $x^2+y^2 \leqslant a^2$,其表面由 $\Sigma_1:z=\sqrt{2a^2-x^2-y^2}$ 和 $\Sigma_2:z=\sqrt{x^2+y^2}$ 围成.

先求 Σ_1 的面积 A_1:注意到

$$z_x = \frac{-x}{\sqrt{2a^2-x^2-y^2}}, \quad z_y = \frac{-y}{\sqrt{2a^2-x^2-y^2}},$$

于是

$$A_1 = \iint\limits_{D_{xy}} \frac{\sqrt{2}a}{\sqrt{2a^2-x^2-y^2}}\,dxdy = \sqrt{2}a\int_0^{2\pi}d\theta\int_0^a \frac{\rho d\rho}{\sqrt{2a^2-\rho^2}} = 4\pi a^2 - 2\sqrt{2}\pi a^2.$$

再求 Σ_2 的面积 A_2:由于

$$z_x = \frac{x}{\sqrt{x^2+y^2}}, \quad z_y = \frac{y}{\sqrt{x^2+y^2}},$$

于是

$$A_2 = \iint\limits_{D_{xy}} \sqrt{2}\,dxdy = \sqrt{2}\pi a^2.$$

所以

$$A = A_1 + A_2 = 4\pi a^2 - \sqrt{2}\pi a^2 = (4-\sqrt{2})\pi a^2. \qquad \square$$

如果曲面 S 的方程为参数形式

$$\begin{cases} x=\varphi(u,v), \\ y=\psi(u,v), \quad (u,v)\in D, \\ z=\omega(u,v), \end{cases}$$

其中 x,y,z 关于 u,v 具有一阶连续偏导数,并且 $\boldsymbol{n}=\left(\dfrac{\partial(y,z)}{\partial(u,v)},\dfrac{\partial(z,x)}{\partial(u,v)},\dfrac{\partial(x,y)}{\partial(u,v)}\right)\neq\boldsymbol{0}$,

不妨假设 $\dfrac{\partial(x,y)}{\partial(u,v)}\neq0$,利用式(15.5.9),可知

$$\begin{aligned}
S &= \iint\limits_{D'} \sqrt{1+\left(\frac{\partial z}{\partial x}\right)^2+\left(\frac{\partial z}{\partial y}\right)^2}\,\mathrm{d}x\mathrm{d}y \\
&= \iint\limits_{D'} \sqrt{\left(\frac{\partial(x,y)}{\partial(u,v)}\right)^2+\left(\frac{\partial(y,z)}{\partial(u,v)}\right)^2+\left(\frac{\partial(z,x)}{\partial(u,v)}\right)^2} \cdot \left|\frac{\partial(x,y)}{\partial(u,v)}\right|^{-1}\mathrm{d}x\mathrm{d}y \\
&= \iint\limits_{D} \sqrt{\left(\frac{\partial(x,y)}{\partial(u,v)}\right)^2+\left(\frac{\partial(y,z)}{\partial(u,v)}\right)^2+\left(\frac{\partial(z,x)}{\partial(u,v)}\right)^2}\,\mathrm{d}u\mathrm{d}v.
\end{aligned}$$

注意到向量 $\boldsymbol{n}=\boldsymbol{r}_u\times\boldsymbol{r}_v$,其中 $\boldsymbol{r}_u=(x_u,y_u,z_u),\boldsymbol{r}_v=(x_v,y_v,z_v)$,再利用关系
$|\boldsymbol{r}_u\times\boldsymbol{r}_v|^2=|\boldsymbol{r}_u|^2|\boldsymbol{r}_v|^2-(\boldsymbol{r}_u\cdot\boldsymbol{r}_v)^2$,最后得到

$$S = \iint\limits_{D} \sqrt{EG-F^2}\,\mathrm{d}u\mathrm{d}v. \tag{16.1.12}$$

这里

$$E=x_u^2+y_u^2+z_u^2, \quad G=x_v^2+y_v^2+z_v^2, \quad F=x_ux_v+y_uy_v+z_uz_v,$$

通常称为高斯(Gauss)系数.

16.2 三重积分

16.2.1 三重积分的概念

建立了二元函数二重积分的概念后,容易将其推广而得到三元函数的三重积分.但为具体、直观起见,还是先考虑一个实际例子.

实例 空间立体的质量

设某空间立体占有 $O\text{-}xyz$ 空间的有界闭区域 Ω,它在 Ω 上点 (x,y,z) 处的体密度为 $\rho(x,y,z)$,这里 $\rho(x,y,z)>0$ 且在 Ω 上连续.问题是如何定义或者计算该立体 $M(\rho,\Omega)$ 的质量 M.

由于当立体均匀时,体密度是常数,因而立体的质量可以用公式

$$质量=体密度\times体积$$

计算.现在体密度 $\rho(x,y,z)$ 是变量,立体的质量就不能直接用上式来计算.下面仍沿用求平面薄片质量的方法解决之.

1. 分割

用任意一组曲面网把 Ω 分成 n 个小闭区域

$$\Delta V_1, \Delta V_2, \cdots, \Delta V_n.$$

对应的立体 $M(\rho, \Omega)$ 就被分成 n 个小立体

$$M(\rho, \Delta V_1), M(\rho, \Delta V_2), \cdots, M(\rho, \Delta V_n).$$

2. 局部近似

对于每一小立体 $M(\rho, \Delta V_i)$，仍然用 ΔV_i 表示小闭区域 ΔV_i 的体积，在小闭区域 ΔV_i 上任取一点 (ξ_i, η_i, ζ_i)，用该点的密度 $\rho(\xi_i, \eta_i, \zeta_i)$ 代替整个小立体 $M(\rho, \Delta V_i)$ 的密度，于是 $M(\rho, \Delta V_i)$ 的质量 M_i 可用 $\rho(\xi_i, \eta_i, \zeta_i) \Delta V_i$ 近似，即

$$M_i \approx \rho(\xi_i, \eta_i, \zeta_i) \Delta V_i, \quad i = 1, 2, \cdots, n.$$

3. 求和

注意到质量具有可加性，所以 $M(\rho, \Omega)$ 的质量

$$M = M_1 + M_2 + \cdots + M_n = \sum_{i=1}^{n} M_i \approx \sum_{i=1}^{n} \rho(\xi_i, \eta_i, \zeta_i) \Delta V_i.$$

4. 取极限

由于 $\rho(x, y, z)$ 为有界闭区域 Ω 上的连续函数，所以 $\rho(x, y, z)$ 在 Ω 上一致连续，于是当小闭区域 ΔV_i 的直径 d_i 充分小时，$\rho(x, y, z)$ 在小闭区域 ΔV_i 上的变化不大，因此，d_i 越小，$\rho(\xi_i, \eta_i, \zeta_i) \Delta V_i$ 就越接近 M_i，所以若记 $d = \max_{1 \leqslant i \leqslant n} \{d_i\}$，则当 $d \to 0$ 时，如果 $\sum_{i=1}^{n} \rho(\xi_i, \eta_i, \zeta_i) \Delta V_i$ 有极限，那么此极限就应该是立体 $M(\rho, \Omega)$ 的质量，即

$$M = \lim_{d \to 0} \sum_{i=1}^{n} \rho(\xi_i, \eta_i, \zeta_i) \Delta V_i.$$

将此实际问题抽象化，就得到三元函数的三重积分概念.

定义 16.2.1 设三元函数 $f(x, y, z)$ 在空间可求体积的有界闭区域 Ω 上有定义，用任意一组曲面网将 Ω 分成 n 个小闭区域

$$\Delta V_1, \Delta V_2, \cdots, \Delta V_n,$$

其中 ΔV_i 也表示第 i 个小闭区域 ΔV_i 的体积，并用 d_i 表示它的直径. 在每个小闭区域 ΔV_i 上任取一点 (ξ_i, η_i, ζ_i)，作乘积 $f(\xi_i, \eta_i, \zeta_i) \Delta V_i$，$i = 1, 2, \cdots, n$. 如果当 $d = \max_{1 \leqslant i \leqslant n} \{d_i\}$ 趋于零时，和式 $\sum_{i=1}^{n} f(\xi_i, \eta_i, \zeta_i) \Delta V_i$ 的极限存在，并且极限值与 Ω 的分法及

点 (ξ_i, η_i, ζ_i) 的取法无关,则称函数 $f(x,y,z)$ 在 Ω 上可积,并称此极限为函数 $f(x,y,z)$ 在闭区域 Ω 上的三重积分,记作 $\iiint\limits_{\Omega} f(x,y,z)\mathrm{d}V$,即

$$\iiint\limits_{\Omega} f(x,y,z)\mathrm{d}V = \lim_{d\to 0}\sum_{i=1}^{n} f(\xi_i, \eta_i, \zeta_i)\Delta V_i, \qquad (16.2.1)$$

其中 $f(x,y,z)$ 称为被积函数, $f(x,y,z)\mathrm{d}V$ 称为被积表达式,$\mathrm{d}V$ 称为体积元素或体积微元,Ω 称为积分区域,x,y,z 称为积分变量,$\sum\limits_{i=1}^{n} f(\xi_i, \eta_i, \zeta_i)\Delta V_i$ 称为积分和.

由三重积分的定义可知,空间立体的质量就是它的体密度 $\rho(x,y,z)$ 在立体所占闭区域 Ω 上的三重积分,即

$$M = \iiint\limits_{\Omega} \rho(x,y,z)\mathrm{d}V.$$

16.2.2 三重积分的性质

由定义容易知道,三重积分与二重积分有着非常类似的性质,现将它们罗列如下.

首先指出,像定积分、二重积分一样,$f(x,y,z)$ 在 Ω 上可积的必要条件是 $f(x,y,z)$ 在 Ω 上有界. 而关于可积的充分性,也有如下结果.

可积函数类 下列函数在上 Ω 可积:

A. Ω 上的连续函数;

B. Ω 上的有界函数,如果它的间断点都落在 Ω 内有限多片光滑曲面上.

例 16.2.1 利用三重积分的定义,计算 $\iiint\limits_{\Omega} xyz\,\mathrm{d}V$,其中 $\Omega = \{(x,y,z) \mid 0 \leqslant x, y, z \leqslant 1\}$.

解 由于被积函数 xyz 在 Ω 上连续,所以 $\iiint\limits_{\Omega} xyz\,\mathrm{d}V$ 存在,因此可以取特殊的曲面网及点作积分和. 将 $[0,1]n$ 等分,用平面网 $x = \dfrac{i}{n}, y = \dfrac{j}{n}, z = \dfrac{k}{n}, i,j,k = 1,2, \cdots, n-1$,将 Ω 分成 n^3 个小区域 ΔV_{ijk},其体积为 $\Delta V_{ijk} = \dfrac{1}{n^3}$,直径 $d_i = \dfrac{\sqrt{3}}{n}$,并在小区域 ΔV_{ijk} 上取点为 $\left(\dfrac{i}{n}, \dfrac{j}{n}, \dfrac{k}{n}\right)$,于是

$$\sum_{i,j,k=1}^{n} \frac{i}{n}\cdot\frac{j}{n}\cdot\frac{k}{n}\frac{1}{n^3} = \frac{1}{n^6}\left(\sum_{i=1}^{n} i\right)\left(\sum_{j=1}^{n} j\right)\left(\sum_{k=1}^{n} k\right) = \frac{1}{n^6}\cdot\left[\frac{n(n+1)}{2}\right]^3 = \frac{(n+1)^3}{8n^3}.$$

注意到 $d = \dfrac{\sqrt{3}}{n}\to 0$ 当且仅当 $n\to\infty$,所以

$$\iiint\limits_{\Omega} xyz\,\mathrm{d}V = \lim_{n\to\infty}\frac{(n+1)^3}{8n^3} = \frac{1}{8}.$$ □

以下均假设 Ω 为空间可求体积的有界闭区域,并用 V_{Ω} 表示 Ω 的体积.

性质 16.2.1　如果在 Ω 上,$f(x,y,z)=1$,则

$$\iiint\limits_{\Omega} 1\mathrm{d}V = \iiint\limits_{\Omega}\mathrm{d}V = V_{\Omega}.$$

性质 16.2.2（线性性）　如果 $f(x,y,z),g(x,y,z)$ 均在 Ω 上可积,$\alpha,\beta\in\mathbb{R}$,则 $\alpha f(x,y,z)\pm\beta g(x,y,z)$ 也在 Ω 上可积,并且

$$\iiint\limits_{\Omega}[\alpha f(x,y,z)\pm\beta g(x,y,z)]\mathrm{d}V = \alpha\iiint\limits_{\Omega}f(x,y,z)\mathrm{d}V\pm\beta\iiint\limits_{\Omega}g(x,y,z)\mathrm{d}V.$$

性质 16.2.3（区域可加性）　如果 $f(x,y,z)$ 在 Ω_1 及 Ω_2 上都可积,那么 $f(x,y,z)$ 在 $\Omega_1\bigcup\Omega_2$ 上也可积;进一步,如果 Ω_1 与 Ω_2 无公共内点,那么

$$\iiint\limits_{\Omega}f(x,y,z)\mathrm{d}V = \iiint\limits_{\Omega_1}f(x,y,z)\mathrm{d}V + \iiint\limits_{\Omega_2}f(x,y,z)\mathrm{d}V.$$

性质 16.2.4（不等式两边积分）　若 $f(x,y,z),g(x,y,z)$ 均在 Ω 上可积,并且对任意的 $(x,y,z)\in\Omega,f(x,y,z)\leqslant g(x,y,z)$,则有不等式

$$\iiint\limits_{\Omega}f(x,y,z)\mathrm{d}V \leqslant \iiint\limits_{\Omega}g(x,y,z)\mathrm{d}V.$$

推论 16.2.1　若 Ω 上的可积函数 $f(x,y,z)\geqslant 0$,则 $\iiint\limits_{\Omega}f(x,y,z)\mathrm{d}V\geqslant 0$.

推论 16.2.2　若在 Ω 上 $m\leqslant f(x,y,z)\leqslant M$,则当 $f(x,y,z)$ 在 Ω 上可积时,

$$mV_{\Omega} \leqslant \iiint\limits_{\Omega}f(x,y,z)\mathrm{d}V \leqslant MV_{\Omega}.$$

性质 16.2.5　若 $f(x,y,z)$ 在上 Ω 可积,则 $|f(x,y,z)|$ 也在 Ω 上可积,并且

$$\left|\iiint\limits_{\Omega}f(x,y,z)\mathrm{d}V\right| \leqslant \iiint\limits_{\Omega}|f(x,y,z)|\mathrm{d}V.$$

性质 16.2.6（三重积分中值定理）　若函数 $f(x,y,z)$ 在 Ω 上连续,$g(x,y,z)$ 在 Ω 上可积并且不变号,则在 Ω 上至少存在一点 (ξ,η,ζ) 使得

$$\iiint\limits_{\Omega}f(x,y,z)g(x,y,z)\mathrm{d}V = f(\xi,\eta,\zeta)\iiint\limits_{\Omega}g(x,y,z)\mathrm{d}V.$$

推论 16.2.3　若函数 $f(x,y,z)$ 在 Ω 上连续,则在 Ω 上至少存在一点 (ξ,η,ζ) 使得

$$\iiint\limits_{\Omega}f(x,y,z)\mathrm{d}V = f(\xi,\eta,\zeta)\cdot V_{\Omega}.$$

16.2.3　三重积分在直角坐标下的计算

在直角坐标系 $Oxyz$ 中,如果用平行于坐标面的平面来划分 Ω,除包含 Ω 的边界点的一些不规则小闭区域外,得到的小闭区域均为长方体. 设长方体小闭区域 ΔV_{ijk} 的边长分别为 $\Delta x_i,\Delta y_j,\Delta z_k$,则 $\Delta V_{ijk}=\Delta x_i\Delta y_j\Delta z_k$. 因此在直角坐标系中,可以将体积微元 $\mathrm{d}V$ 记作 $\mathrm{d}x\mathrm{d}y\mathrm{d}z$,而将三重积分记作 $\iiint\limits_{\Omega}f(x,y,z)\mathrm{d}x\mathrm{d}y\mathrm{d}z$,这时,在一定的条件下,可以将三重积分 $\iiint\limits_{\Omega}f(x,y,z)\mathrm{d}x\mathrm{d}y\mathrm{d}z$ 化为一个二重积分和一个定积分、进而化为三个定积分来计算.

假设平行于 z 轴且穿过闭区域 Ω 内部的直线与闭区域 Ω 的边界曲面 S 的交点不多于两个. 设闭区域 Ω 在 xOy 面上的投影域为 $D=D_{xy}$(图 16-21). 以 D 的边界曲线为准线作母线平行于 z 轴的柱面. 该柱面至下而上将曲面 S 截出两部分,假设它们的方程分别为

$$S_1:z=z_1(x,y),\quad S_2:z=z_2(x,y),$$

其中 $z_1(x,y)$ 与 $z_2(x,y)$ 都是 D 上的连续函数,且 $z_1(x,y)\leqslant z_2(x,y)$. 显然,过 D 内任一点 (x,y) 作平行于 z 轴的直线,这条直线通过曲面 S_1 穿入 Ω 内,然后通过曲面 S_2 穿出 Ω 外,穿入点和穿出点的竖坐标分别为 $z_1(x,y)$ 与 $z_2(x,y)$. 这时,积分区域 Ω 可表示成

$$\Omega=\{(x,y,z)\,|\,z_1(x,y)\leqslant z\leqslant z_2(x,y),(x,y)\in D\}. \qquad (16.2.2)$$

称形如这样的区域为条型区域(图 16-21).

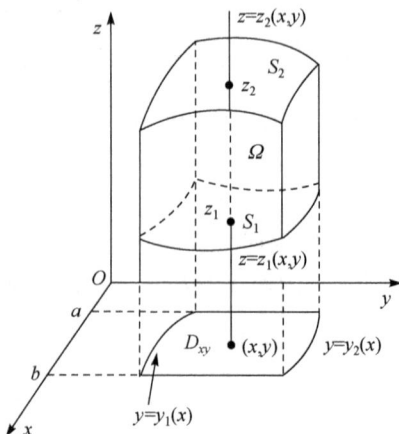

图 16-21

定理 16.2.1 设函数 $f(x,y,z)$ 在由 (16.2.2) 式表示的条型区域 Ω 上连续，那么

$$\iiint\limits_{\Omega} f(x,y,z)\mathrm{d}x\mathrm{d}y\mathrm{d}z = \iint\limits_{D}\left[\int_{z_1(x,y)}^{z_2(x,y)} f(x,y,z)\mathrm{d}z\right]\mathrm{d}x\mathrm{d}y:$$

$$:= \iint\limits_{D}\mathrm{d}x\mathrm{d}y\int_{z_1(x,y)}^{z_2(x,y)} f(x,y,z)\mathrm{d}z. \tag{16.2.3}$$

称形如式 (16.2.3) 为三重积分的先一后二积分公式. 如果在 Ω 上, $f(x,y,z)\equiv 1$, 那么 $\iiint\limits_{\Omega}\mathrm{d}x\mathrm{d}y\mathrm{d}z$ 表示立体 Ω 的体积, 而利用二重积分求曲顶柱体的方法, 该体积又为

$$\iint\limits_{D}\left[z_2(x,y)-z_1(x,y)\right]\mathrm{d}x\mathrm{d}y = \iint\limits_{D}\left[\int_{z_1(x,y)}^{z_2(x,y)}\mathrm{d}z\right]\mathrm{d}x\mathrm{d}y,$$

所以二者相等是显然的事情. 在使用公式 (16.2.3) 时, 一旦求得定积分

$$F(x,y) = \int_{z_1(x,y)}^{z_2(x,y)} f(x,y,z)\mathrm{d}z$$

后, 即可将三重积分 $\iiint\limits_{\Omega} f(x,y,z)\mathrm{d}x\mathrm{d}y\mathrm{d}z$ 化为二重积分 $\iint\limits_{D} F(x,y)\mathrm{d}x\mathrm{d}y$ 来计算了. 例如, 在例 16.2.1 中, $\Omega = \{(x,y,z)\,|\,0\leqslant x,y,z\leqslant 1\}$ 就是式 (16.2.2) 所示的条型区域, Ω 在 xOy 平面的投影为 $D = \{(x,y)\,|\,0\leqslant x,y\leqslant 1\}$, 并且 $z_1(x,y)=0$, $z_2(x,y)=1$, 所以由公式 (16.2.3) 知

$$\iiint\limits_{\Omega} xyz\mathrm{d}x\mathrm{d}y\mathrm{d}z = \iint\limits_{D}\mathrm{d}x\mathrm{d}y\int_0^1 xyz\,\mathrm{d}z = \iint\limits_{D} xy\left(\frac{1}{2}z^2\right)\Big|_0^1\mathrm{d}x\mathrm{d}y = \frac{1}{2}\iint\limits_{D} xy\mathrm{d}x\mathrm{d}y,$$

进一步利用 16.1 节介绍的二重积分计算方法可知, $\iint\limits_{D} xy\mathrm{d}x\mathrm{d}y = \dfrac{1}{4}$, 所以 $\iiint\limits_{\Omega} xyz\mathrm{d}V = \dfrac{1}{8}$. 注意, 强调首先将三重积分转化为二重积分, 而不建议直接化为三次定积分, 特别是对初学者而言.

同理, 如果平行于 x 轴或 y 轴且穿过闭区域 Ω 内部的直线与 Ω 的边界曲面 S 的交点不多于两个, 也可把闭区域 Ω 投影到 yOz 面或 xOz 面上, 此时, 也有相应的条形区域与先一后二积分公式, 请读者作为练习, 将它们一一写出.

例 16.2.2 计算三重积分 $\iiint\limits_{\Omega}\dfrac{1}{(1+x+y+z)^3}\mathrm{d}x\mathrm{d}y\mathrm{d}z$, 其中 Ω 为由平面 $x=0, y=0, z=0, x+y+z=1$ 所围成的四面体.

解 积分区域 Ω: 如图 16-22 所示. Ω 在 xOy 面的投影为 D: $0\leqslant x\leqslant 1, 0\leqslant y\leqslant 1-x$. 所以

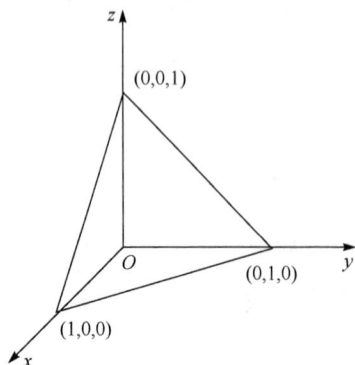

$$\Omega = \{(x,y,z) \mid 0 \leqslant z \leqslant 1-x-y, (x,y) \in D\}$$

是条形区域,于是

$$\iiint_{\Omega} \frac{1}{(1+x+y+z)^3} \mathrm{d}x\mathrm{d}y\mathrm{d}z$$

$$= \iint_{D} \mathrm{d}x\mathrm{d}y \int_{0}^{1-x-y} \frac{1}{(1+x+y+z)^3} \mathrm{d}z$$

$$= \iint_{D} \left[-\frac{1}{2} \frac{1}{(1+x+y+z)^2} \right] \Big|_{0}^{1-x-y} \mathrm{d}x\mathrm{d}y$$

$$= \frac{1}{2} \iint_{D} \left[\frac{1}{(1+x+y)^2} - \frac{1}{4} \right] \Big| \mathrm{d}x\mathrm{d}y$$

$$= \frac{1}{2} \int_{0}^{1} \mathrm{d}x \int_{0}^{1-x} \left[\frac{1}{(1+x+y)^2} - \frac{1}{4} \right] \mathrm{d}y$$

$$= \frac{1}{2} \int_{0}^{1} \left[\frac{1}{1+x} - \frac{1}{2} - \frac{1}{4}(1-x) \right] \mathrm{d}x$$

$$= \frac{1}{2} \left(\ln 2 - \frac{5}{8} \right).$$

与条形区域所对应的是所谓片型区域. 假设 Ω 中点的竖坐标 z 的下、上确界分别为 c_1, c_2,用平面 $z=$ 常数 $(\in [c_1, c_2])$ 截 Ω 所得截面区域记为 D_z,于是

$$\Omega = \{(x,y,z) \mid (x,y) \in D_z, c_1 \leqslant z \leqslant c_2\}, \quad (16.2.4)$$

称形如(16.2.4)这样的区域为片型区域(图 16-23).

定理 16.2.2 设函数 $f(x,y,z)$ 在由式(16.2.4)所示的片型区域 Ω 上连续,那么

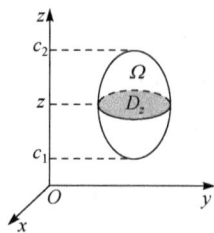

$$\iiint_{\Omega} f(x,y,z)\mathrm{d}x\mathrm{d}y\mathrm{d}z = \int_{c_1}^{c_2} \left[\iint_{D_z} f(x,y,z)\mathrm{d}x\mathrm{d}y \right] \mathrm{d}z := \int_{c_1}^{c_2} \mathrm{d}z \iint_{D_z} f(x,y,z)\mathrm{d}x\mathrm{d}y.$$

$$(16.2.5)$$

称形如式(16.2.5)为三重积分的先二后一积分公式. 如果在 Ω 上,$f(x,y,z) \equiv 1$,那么 $\iiint_{\Omega} \mathrm{d}x\mathrm{d}y\mathrm{d}z$ 表示立体 Ω 的体积,而 $\iint_{D_z} \mathrm{d}x\mathrm{d}y$ 表示 D_z 的面积,所以 $\int_{c_1}^{c_2} \left(\iint_{D_z} \mathrm{d}x\mathrm{d}y \right) \mathrm{d}z$ 是利用平行截面面积已知的体积公式求得的 Ω 的体积,所以二者相等也是显然的事情. 其他两个片型区域及相应的先二后一积分公式,也请读者自己写出.

例 16.2.3 计算三重积分 $\iiint_{\Omega} z^2 \mathrm{d}x\mathrm{d}y\mathrm{d}z$,其中 Ω 是由锥面 $z = \sqrt{x^2+y^2}$、平面 $z=1$ 及平面 $z=2$ 所围的空间闭区域.

图 16-22

图 16-23

解 对任意的 $(x,y,z) \in \Omega, 1 \leqslant z \leqslant 2$, 而 $D_z = \left\{ (x,y) \Big| x^2 + y^2 \leqslant z^2 \right\}$, 所以 $\Omega = \left\{ (x,y,z) \Big| x^2 + y^2 \leqslant z^2, 1 \leqslant z \leqslant 2 \right\}$ 是由式(16.2.4)所示的片型区域,于是,由公式(16.2.5)知

$$\iiint\limits_{\Omega} z^2 \mathrm{d}x\mathrm{d}y\mathrm{d}z = \int_1^2 \mathrm{d}z \iint\limits_{D_z} z^2 \mathrm{d}x\mathrm{d}y = \int_1^2 z^2 \mathrm{d}z \iint\limits_{D_z} \mathrm{d}x\mathrm{d}y,$$

而 D_z 是半径为 z 的圆域,其面积为 πz^2,所以

$$\iiint\limits_{\Omega} z^2 \mathrm{d}V = \pi \int_1^2 z^4 \mathrm{d}z = \frac{31}{5}\pi. \qquad \square$$

例 16.2.4 已知 $f(x,y,z)$ 是连续函数,试将积分

$$I = \int_0^1 \mathrm{d}x \int_0^{1-x} \mathrm{d}y \int_0^{x+y} f(x,y,z)\mathrm{d}z$$

改变为按 x,z,y 次序的三次积分.

解 先将 I 看作先一后二的积分,即 $D: 0 \leqslant x \leqslant 1, 0 \leqslant y \leqslant 1-x, I = \iint\limits_{D} \mathrm{d}x\mathrm{d}y \int_0^{x+y} f(x,y,z)\mathrm{d}z$,那么二重积分 $\iint\limits_{D} \mathrm{d}x\mathrm{d}y$ 可以表示为 $\iint\limits_{D} \mathrm{d}x\mathrm{d}y = \int_0^1 \mathrm{d}y \int_0^{1-y} \mathrm{d}x$,于是

$$I = \int_0^1 \mathrm{d}y \int_0^{1-y} \mathrm{d}x \int_0^{x+y} f(x,y,z)\mathrm{d}z.$$

再将 I 看作先二后一的积分,即 $I = \int_0^1 \mathrm{d}y \iint\limits_{D_y} f(x,y,z)\mathrm{d}x\mathrm{d}z$,其中

$$D_y: 0 \leqslant z \leqslant x+y, 0 \leqslant x \leqslant 1-y,$$

注意到在计算 $\iint\limits_{D_y} f(x,y,z)\mathrm{d}x\mathrm{d}z$ 时,D_y 中的 y 是 $[0,1]$ 中的常数,所以二重积分 $\iint\limits_{D_y} f(x,y,z)\mathrm{d}x\mathrm{d}z$ 能够表示为 $\int_0^y \mathrm{d}z \int_0^{1-y} f(x,y,z)\mathrm{d}x + \int_y^1 \mathrm{d}z \int_{z-y}^{1-y} f(x,y,z)\mathrm{d}x$. 因此,

$$I = \int_0^1 \mathrm{d}y \int_0^y \mathrm{d}z \int_0^{1-y} f(x,y,z)\mathrm{d}x + \int_0^1 \mathrm{d}y \int_y^1 \mathrm{d}z \int_{z-y}^{1-y} f(x,y,z)\mathrm{d}x. \qquad \square$$

例 16.2.4 中将三次积分交换次序问题转化为二次积分交换次序问题解决,值得读者关注.

与二重积分一样,也可以利用区域的对称性及函数的奇偶性简化三重积分的计算. 如果区域 Ω 被投影到 xOy 坐标面(投影到其他坐标平面与此同理),则考察 Ω 关于 xOy 坐标面是否具有对称性及被积函数 $f(x,y,z)$ 关于 z 是否具有奇偶性,结论如下.

定理 16.2.3　如果 $f(x,y,z)$ 在 Ω 上连续,而 Ω 关于 xOy 坐标面对称,记 Ω_1 为 Ω 在 xOy 坐标面上方的部分,那么

$$\iiint\limits_{\Omega} f(x,y,z)\mathrm{d}x\mathrm{d}y\mathrm{d}z = \begin{cases} 0, & f(x,y,-z) = -f(x,y,z), \\ 2\iiint\limits_{\Omega_1} f(x,y,z)\mathrm{d}x\mathrm{d}y\mathrm{d}z, & f(x,y,-z) = f(x,y,z). \end{cases}$$

例 16.2.5　计算三重积分 $\iiint\limits_{\Omega}(x+y+z)\mathrm{d}x\mathrm{d}y\mathrm{d}z$,其中 Ω 是曲面 $z = \sqrt{a^2-x^2-y^2}$ 与平面 $z=0$ 围成.

解　显然,积分区域 Ω 关于 yOz 面、xOz 面均对称. 对于 $\iiint\limits_{\Omega} x\mathrm{d}x\mathrm{d}y\mathrm{d}z$ 及 $\iiint\limits_{\Omega} y\mathrm{d}x\mathrm{d}y\mathrm{d}z$,被积函数都是奇函数,所以 $\iiint\limits_{\Omega} x\mathrm{d}x\mathrm{d}y\mathrm{d}z = \iiint\limits_{\Omega} y\mathrm{d}x\mathrm{d}y\mathrm{d}z = 0$. 而 $\iiint\limits_{\Omega} z\mathrm{d}x\mathrm{d}y\mathrm{d}z$ 关于 x,y 都是偶函数,所以,设 Ω_1 是积分区域 Ω 在第一卦限部分,则 $\iiint\limits_{\Omega} z\mathrm{d}x\mathrm{d}y\mathrm{d}z = 4\iiint\limits_{\Omega_1} z\mathrm{d}x\mathrm{d}y\mathrm{d}z$,于是

$$\iiint\limits_{\Omega}(x+y+z)\mathrm{d}x\mathrm{d}y\mathrm{d}z = \iiint\limits_{\Omega} z\mathrm{d}x\mathrm{d}y\mathrm{d}z = 4\iiint\limits_{\Omega_1} z\mathrm{d}x\mathrm{d}y\mathrm{d}z$$

$$= 4\int_0^a z\mathrm{d}z \iint\limits_{D_z} \mathrm{d}x\mathrm{d}y = \int_0^a \pi(a^2-z^2)z\mathrm{d}z = \frac{\pi a^4}{4}. \qquad \square$$

16.2.4　三重积分在柱坐标下的计算

像平面上的点既有直角坐标又有极坐标一样,对于空间中的点,它既可以用直角坐标表示,也可以用其他坐标表示. 本段介绍空间的柱坐标概念,它对某些三重积分能够起到简化计算的作用.

设 M 为空间一点,其直角坐标为 (x,y,z),它在 xOy 坐标面上的投影为 P,将 P 视为平面上的点(即它只有横坐标与纵坐标),如果 P 的极坐标为 (r,θ),则得到由点 M 产生的数组 (r,θ,z). 反之,如果从空间看去,

　　　　　$r=$常数,　即以 z 轴为轴的圆柱面;

　　　　　$\theta=$常数,　即过 z 轴的半平面;

　　　　　$z=$常数,　即与 xOy 坐标面平行的平面,

三者有唯一的交点,所以空间中的点 M 与数组 (r,θ,z) 一一对应,通常称 (r,θ,z) 为点 M 的柱坐标. 容易知道空间直角坐标与柱坐标的关系为

$$\begin{cases} x = r\cos\theta, \\ y = r\sin\theta, \\ z = z, \end{cases} \tag{16.2.6}$$

其中直角坐标 x, y, z 的变化范围是 $(-\infty, +\infty)$,柱坐标 r, θ, z 的变化范围是

$$0 \leqslant r < +\infty, \quad 0 \leqslant \theta \leqslant 2\pi(-\pi \leqslant \theta \leqslant \pi), \quad -\infty < z < +\infty.$$

当然,也可以将柱坐标 (r, θ, z) 做这样的解释,即 r 是点 M 的投影 P 到 z 轴的距离,θ 是从 z 轴正向看去 x 轴沿逆时针方向到有向线段 $\overrightarrow{OP}$ 的转角,z 是点 M 的竖坐标(图 16-24).

如果三重积分 $\iiint\limits_{\Omega} f(x,y,z)\mathrm{d}V$ 存在,按照定义,可以选取特殊的曲面网分割 Ω. 现在在柱坐标系下,用三组坐标面 $r =$ 常数,$\theta =$ 常数,$z =$ 常数把 Ω 分成若干个小闭区域,除含 Ω 的边界点的一些不规则小闭区域外,这种小闭区域都是小柱体. 今考虑由 r, θ, z 取得微小增量 $\mathrm{d}r, \mathrm{d}\theta, \mathrm{d}z$ 所成的小柱体(图 16-25). 这个小柱体的体积等于高 $\mathrm{d}z$ 与底面积的乘积,而底面积在不计高阶无穷小时为 $r\mathrm{d}r\mathrm{d}\theta$(即极坐标系中的面积元素),于是得

$$\mathrm{d}V = r\mathrm{d}r\mathrm{d}\theta\mathrm{d}z,$$

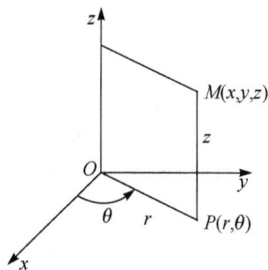
图 16-24

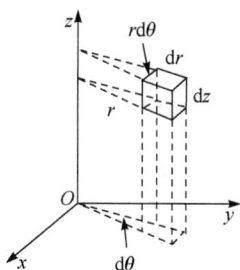
图 16-25

这就是柱面坐标系下的体积元素. 再注意到两种坐标间的关系,就有

$$\iiint\limits_{\Omega} f(x,y,z)\mathrm{d}V = \iiint\limits_{\Omega} f(r\cos\theta, r\sin\theta, z)r\mathrm{d}r\mathrm{d}\theta\mathrm{d}z, \tag{16.2.7}$$

式(16.2.7)就是柱坐标下三重积分的计算公式.

在具体计算三重积分 $\iiint\limits_{\Omega} f(x,y,z)\mathrm{d}V$ 时,因为总是要将其化为先一后二,或者先二后一的形式,所以利用柱坐标计算三重积分,本质上就是对其中的二重积分采用极坐标计算. 这也表明何时应该用柱坐标计算三重积分.

例 16.2.6 计算三重积分 $\iiint\limits_{\Omega} z\sqrt{x^2+y^2}\mathrm{d}V$,其中 Ω 由圆锥面 $z = \sqrt{x^2+y^2}$ 和平面 $z = 1$ 所围成.

解   显然本题应该考虑先二后一的积分方法,注意到当 $z \in [0,1]$ 时,$D_z : x^2 + y^2 \leqslant z^2$,所以在 D_z 上二重积分应该用极坐标,其中 $r \in [0,z]$,于是

$$\iiint\limits_{\Omega} z \sqrt{x^2 + y^2} \, \mathrm{d}V = \int_0^1 z \mathrm{d}z \iint\limits_{D_z} \sqrt{x^2 + y^2} \, \mathrm{d}x \mathrm{d}y$$

$$= \int_0^1 z \mathrm{d}z \int_0^{2\pi} \mathrm{d}\theta \int_0^z r^2 \mathrm{d}r = 2\pi \int_0^1 \frac{1}{3} z^4 \mathrm{d}z = \frac{2}{15} \pi.$$

当然,也可以直接用柱坐标计算三重积分. 事实上,Ω 在 xOy 坐标面的投影区域为

$$D : 0 \leqslant r \leqslant 1, 0 \leqslant \theta \leqslant 2\pi.$$

那么 Ω 中坐标 z 的变化范围就是从 $z = r$ 到 $z = 1$(图 16-26),因此在柱坐标系下闭区域 Ω 可表示为 $r \leqslant z \leqslant 1, 0 \leqslant r \leqslant 1, 0 \leqslant \theta \leqslant 2\pi$.

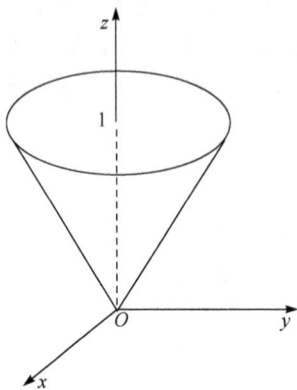

图 16-26

于是

$$\iiint\limits_{\Omega} z \sqrt{x^2 + y^2} \, \mathrm{d}V = \int_0^{2\pi} \mathrm{d}\theta \int_0^1 \mathrm{d}r \int_r^1 z r^2 \mathrm{d}z$$

$$= \frac{1}{2} \int_0^{2\pi} \mathrm{d}\theta \int_0^1 r^2 (1 - r^2) \mathrm{d}r = \frac{2}{15} \pi.$$

$\square$

由此,读者可以比较两种方法的难易程度.

例 16.2.7   计算三重积分 $\iiint\limits_{\Omega} xz \mathrm{d}V$,其中 Ω 由柱面 $y = \sqrt{2x - x^2}$ 和平面 $z = 0, z = 3, y = 0$ 所围成.

解   积分区域 Ω 如图 16-27 所示,在柱坐标系下,Ω 可表示为

$$0 \leqslant z \leqslant 3, \quad 0 \leqslant r \leqslant 2\cos\theta, \quad 0 \leqslant \theta \leqslant \frac{\pi}{2}.$$

于是

$$\iiint\limits_{\Omega} xz \mathrm{d}V = \int_0^{\frac{\pi}{2}} \mathrm{d}\theta \int_0^{2\cos\theta} \mathrm{d}r \int_0^3 r\cos\theta \cdot z \cdot r \mathrm{d}z$$

$$= \frac{9}{2} \int_0^{\frac{\pi}{2}} \mathrm{d}\theta \int_0^{2\cos\theta} r^2 \cos\theta \mathrm{d}r$$

$$= 12 \int_0^{\frac{\pi}{2}} \cos^4\theta \mathrm{d}\theta = \frac{9}{4}\pi. \qquad \square$$

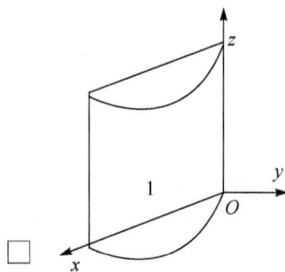

图 16-27

16.2.5 三重积分在球坐标下的计算

对空间任意一点 $M(x,y,z)$,它在 xOy 坐标面上的投影为 P,用 r 表示原点 O 到点 M 的距离,φ 为有向线段 $\overrightarrow{OM}$ 与 z 轴正向的夹角,θ 为从 z 轴正向看去自 x 轴正向按逆时针方向到有向线段 $\overrightarrow{OP}$ 的转角,于是得到数组 (r,φ,θ).反之,容易知道,

> $r=$常数, 即以原点为中心的球面;
>
> $\varphi=$常数, 即以原点为顶点,z 轴为对称轴的圆锥面;
>
> $\theta=$常数, 即过 z 轴的半平面.

于是,三者有唯一的交点,这样空间中的点与数组 (r,φ,θ) 一一对应,称 (r,φ,θ) 为点 M 的球坐标,容易知道直角坐标与球坐标的关系(图 16-28)为

$$\begin{cases} x=r\sin\varphi\cos\theta, \\ y=r\sin\varphi\sin\theta, \\ z=r\cos\varphi. \end{cases} \tag{16.2.8}$$

其中 $0\leqslant r<+\infty,0\leqslant\varphi\leqslant\pi,0\leqslant\theta\leqslant2\pi$.

如果三重积分 $\iiint\limits_{\Omega}f(x,y,z)\mathrm{d}V$ 存在,按照定义,可以选取特殊的曲面网分割 Ω.现在在球坐标系下,用三组坐标面 $r=$ 常数,$\varphi=$ 常数及 $\theta=$ 常数把积分区域 Ω 分成若干小闭区域.考虑由 r,φ,θ 各取得微小增量 $\mathrm{d}r,\mathrm{d}\varphi,\mathrm{d}\theta$ 所成的六面体的体积 (图 16-29).忽略高阶无穷小的情况下,可把这个六面体看作长方体,其经线方向的长为 $r\mathrm{d}\varphi$,纬线方向的宽为 $r\sin\varphi\mathrm{d}\theta$,向径方向的高为 $\mathrm{d}r$,于是

$$\mathrm{d}V=r^2\sin\varphi\mathrm{d}r\mathrm{d}\varphi\mathrm{d}\theta.$$

于是,利用关系式 (16.2.8),就有

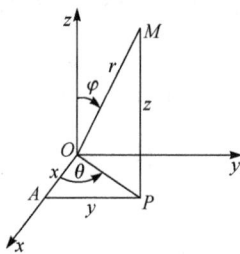

图 16-28

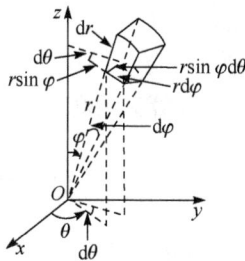

图 16-29

$$\iiint\limits_{\Omega}f(x,y,z)\mathrm{d}V=\iiint\limits_{\Omega}f(r\sin\varphi\cos\theta,r\sin\varphi\sin\theta,r\cos\varphi)r^2\sin\varphi\mathrm{d}r\mathrm{d}\varphi\mathrm{d}\theta.$$

$$\tag{16.2.9}$$

此即为球坐标下三重积分的计算公式.

由公式 (16.2.8) 知道，$x^2 + y^2 + z^2 = r^2$，所以当三重积分 $\iiint\limits_{\Omega} f(x,y,z)\mathrm{d}V$ 中的被积函数 $f(x,y,z)$ 或者积分区域 Ω 的边界方程中含有 $x^2 + y^2 + z^2$ 时，可以考虑用球坐标计算三重积分.

利用球坐标计算三重积分，一般是将它化为先 r，次 φ，最后 θ 的三次积分. 如果积分区域 Ω 的边界是一个包围原点在内的闭曲面，其球坐标方程为 $r = r(\varphi, \theta)$，则

$$\iiint\limits_{\Omega} f(x,y,z)\mathrm{d}V = \int_0^{2\pi}\mathrm{d}\theta \int_0^{\pi}\mathrm{d}\varphi \int_0^{r(\varphi,\theta)} f(r\sin\varphi\cos\theta, r\sin\varphi\sin\theta, r\cos\varphi) r^2 \sin\varphi\,\mathrm{d}r.$$

例 16.2.8　计算三重积分 $\iiint\limits_{\Omega} z\,\mathrm{d}V$，其中 Ω 由球面 $z = \sqrt{2a^2 - x^2 - y^2}$ 和锥面 $z = \sqrt{x^2 + y^2}$ 围成.

解　积分区域 Ω 如图 16-30 所示，因为球面方程 $x^2 + y^2 + z^2 = 2a^2$ 含有 $x^2 + y^2 + z^2$，所以用球坐标求解. 注意到锥面 $z = \sqrt{x^2 + y^2}$ 与 z 轴的夹角为 $\dfrac{\pi}{4}$，而 $x^2 + y^2 + z^2 = 2a^2$ 就是 $r^2 = 2a^2$，所以在球坐标系下 Ω 可表示为

$$0 \leqslant r \leqslant \sqrt{2}a, \quad 0 \leqslant \varphi \leqslant \frac{\pi}{4}, \quad 0 \leqslant \theta \leqslant 2\pi.$$

所以

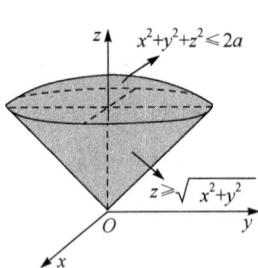

图 16-30

$$\iiint\limits_{\Omega} z\,\mathrm{d}V = \int_0^{2\pi}\mathrm{d}\theta \int_0^{\frac{\pi}{4}}\mathrm{d}\varphi \int_0^{\sqrt{2}a} r\cos\varphi \cdot r^2\sin\varphi\,\mathrm{d}r$$

$$= 2\pi \int_0^{\frac{\pi}{4}} \sin\varphi\cos\varphi\,\mathrm{d}\varphi \cdot \frac{1}{4}r^4 \Big|_0^{\sqrt{2}a} = \frac{\pi}{2}a^4.$$

例 16.2.9　计算三重积分 $\iiint\limits_{\Omega} \sqrt{x^2 + y^2 + z^2}\,\mathrm{d}V$，其中 Ω 由球面 $x^2 + y^2 + z^2 = z$ 和球面 $x^2 + y^2 + z^2 = 2z$ 所围成.

解　积分区域 Ω 如图 16-31 所示. 因为被积函数和积分区域的边界方程中均含有 $x^2 + y^2 + z^2$，所以用球坐标计算. 因为 $x^2 + y^2 + z^2 = z$ 及 $x^2 + y^2 + z^2 = 2z$ 在球坐标系下的方程分别为 $r = \cos\varphi$ 及 $r = 2\cos\varphi$，因此，在球坐标系下 Ω 可表示为

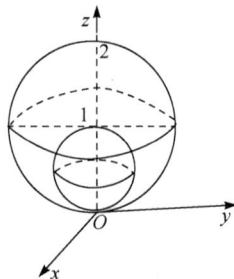

图 16-31

$$\cos\varphi \leqslant r \leqslant 2\cos\varphi, \quad 0 \leqslant \varphi \leqslant \frac{\pi}{2}, \quad 0 \leqslant \theta \leqslant 2\pi,$$

于是

$$\iiint\limits_{\Omega} \sqrt{x^2+y^2+z^2}\, dV = \int_0^{2\pi} d\theta \int_0^{\frac{\pi}{2}} d\varphi \int_{\cos\varphi}^{2\cos\varphi} r^3\sin\varphi\, dr$$

$$= \frac{15\pi}{2}\int_0^{\frac{\pi}{2}} \cos^4\varphi\sin\varphi\, d\varphi = \frac{3}{2}\pi. \qquad \square$$

16.2.6　三重积分的变量替换

与二重积分一样,三重积分也有相应的变量替换.上面介绍的利用柱坐标和球坐标计算三重积分的方法实际上就是三重积分的两种特殊的变量替换,将它们一般化就得到如下定理.

定理 16.2.4　若 $f(x,y,z)$ 在 Ω 上连续,三元变换

$$x = x(u,v,w), \quad y = y(u,v,w), \quad z = z(u,v,w),$$

将空间 $Ouvw$ 中由按片光滑封闭曲面所围的闭区域 Ω' 一对一地映成空间 $Oxyz$ 中的闭区域 Ω,同时函数 $x = x(u,v,w), y = y(u,v,w), z = z(u,v,w)$ 在 Ω' 内分别具一阶连续偏导数且雅可比行列式

$$J(u,v,w) = \frac{\partial(x,y,z)}{\partial(u,v,w)} \neq 0, \quad (u,v,w) \in \Omega',$$

或者至多在有限片光滑曲面上等于零,则有

$$\iiint\limits_{\Omega} f(x,y,z)\, dxdydz = \iiint\limits_{\Omega'} f(x(u,v,w),y(u,v,w),z(u,v,w))\,|J(u,v,w)|\, dudvdw.$$

$$(16.2.10)$$

对柱坐标替换 $x = r\cos\theta, y = r\sin\theta, z = z$ 而言

$$J = \begin{vmatrix} \cos\theta & -r\sin\theta & 0 \\ \sin\theta & r\cos\theta & 0 \\ 0 & 0 & 1 \end{vmatrix} = r,$$

所以体积元素为 $rdrd\theta dz$. 对于球坐标替换 $x = r\sin\varphi\cos\theta, y = r\sin\varphi\sin\theta, z = r\cos\varphi$,

$$J = \begin{vmatrix} \sin\varphi\cos\theta & r\cos\varphi\cos\theta & -r\sin\varphi\sin\theta \\ \sin\varphi\sin\theta & r\cos\varphi\sin\theta & r\sin\varphi\cos\theta \\ \cos\varphi & -r\sin\varphi & 0 \end{vmatrix} = r^2\sin\varphi,$$

所以体积元素为 $r^2\sin\varphi drd\varphi d\theta$.

例 16.2.10　计算 $\iiint\limits_{\Omega}\sqrt{1-\dfrac{x^2}{a^2}-\dfrac{y^2}{b^2}-\dfrac{z^2}{c^2}}\, dxdydz$,其中 Ω 为椭球体 $\dfrac{x^2}{a^2}+\dfrac{y^2}{b^2}+\dfrac{z^2}{c^2} \leqslant 1$.

解　因为被积函数及积分区域边界方程中均含有$\dfrac{x^2}{a^2}+\dfrac{y^2}{b^2}+\dfrac{z^2}{c^2}$,所以作变量替换

$$x=ar\sin\varphi\cos\theta,\quad y=br\sin\varphi\sin\theta,\quad z=cr\cos\varphi,$$

通常称为广义球坐标替换,其雅可比行列式

$$J=\frac{\partial(x,y,z)}{\partial(r,\varphi,\theta)}=abcr^2\sin\varphi,$$

此时,相应的椭球面方程转化为$r=1$,而

$$\Omega':0\leqslant r\leqslant 1,0\leqslant\varphi\leqslant\pi,0\leqslant\theta\leqslant 2\pi,$$

故

$$\iiint\limits_{\Omega}\sqrt{1-\frac{x^2}{a^2}-\frac{y^2}{b^2}-\frac{z^2}{c^2}}\,\mathrm{d}x\mathrm{d}y\mathrm{d}z=\iiint\limits_{\Omega'}\sqrt{1-r^2}\,abcr^2\sin\varphi\mathrm{d}r\mathrm{d}\varphi\mathrm{d}\theta$$

$$=abc\int_0^{2\pi}\mathrm{d}\theta\int_0^{\pi}\sin\varphi\mathrm{d}\varphi\int_0^1 r^2\sqrt{1-r^2}\,\mathrm{d}r=\frac{1}{4}abc\pi^2.\qquad\square$$

例 16.2.11　求由曲面$(a_1x+b_1y+c_1z)^2+(a_2x+b_2y+c_2z)^2+(a_3x+b_3y+c_3z)^2=R^2$所围立体$\Omega$的体积$V$,其中$D=\begin{vmatrix}a_1 & b_1 & c_1\\ a_2 & b_2 & c_2\\ a_3 & b_3 & c_3\end{vmatrix}>0,R>0$.

解　令

$$\begin{cases}u=a_1x+b_1y+c_1z,\\ v=a_2x+b_2y+c_2z,\\ w=a_3x+b_3y+c_3z,\end{cases}$$

那么

$$\frac{\partial(x,y,z)}{\partial(u,v,w)}=\left(\frac{\partial(u,v,w)}{\partial(x,y,z)}\right)^{-1}=\frac{1}{D}\neq 0,$$

于是

$$V=\iiint\limits_{\Omega}\mathrm{d}x\mathrm{d}y\mathrm{d}z=\iiint\limits_{u^2+v^2+w^2\leqslant R^2}\frac{1}{D}\mathrm{d}u\mathrm{d}v\mathrm{d}w=\frac{1}{D}\cdot\frac{4}{3}\pi R^3.\qquad\square$$

16.3　n 重 积 分

第9章介绍了一元函数的定积分$\int_a^b f(x)\mathrm{d}x$,16.1节和16.2节又分别介绍了二元函数的二重积分$\iint\limits_{D}f(x,y)\mathrm{d}\sigma$及三元函数的三重积分$\iiint\limits_{\Omega}f(x,y,z)\mathrm{d}V$,三者在处理

手法上基本一致,只是具体对象不同而已.注意到这一点,读者自然会问,对一般的 n 元函数 $f(x_1, x_2, \cdots, x_n)$,是否也有 n 重积分?因为 $\mathbb{R}^n$ 中也有有界闭区域的概念,是否也可以进行分割、取点、作乘积、求和、取极限等步骤?仔细考虑,容易想到其中的问题出现在"作乘积"这一环节,在定积分中是函数值乘以小区间的长度;在二重积分中,是函数值乘以小区域的面积;而在三重积分中,是函数值乘以小区域的体积,那么当 $n \geqslant 4$ 时,应该规定函数值与小区域的何种量作乘积?显然这个量应该是长度、面积及体积概念的抽象或者一般化.得到了这种量,那么 n 元函数的 n 重积分概念即可建立起来,同时读者以后会感受到,无论是对数学本身,还是对其他学科而言,n 重积分都是十分必要和非常有用的.

16.3.1 $\mathbb{R}^n$ 中立体的体积

给定实数 a_i, b_i,并且 $a_i < b_i, i = 1, 2, \cdots, n$. 称集合

$$\{(x_1, x_2, \cdots, x_n) \mid a_i \leqslant x_i \leqslant b_i, i = 1, 2, \cdots, n\} := [a_1, b_1; a_2, b_2; \cdots; a_n, b_n]$$

$$(16.3.1)$$

为 $\mathbb{R}^n$ 中的一个长方体,规定其体积(虽然 $3 < n \in \mathbb{N}$,但仍然沿用"体积"这一术语)

$$V = (b_1 - a_1)(b_2 - a_2) \cdots (b_n - a_n). \qquad (16.3.2)$$

显然,$n = 1$ 时,V 就是闭区间 $[a_1, b_1]$ 的长度;$n = 2$ 时,V 就是 $\mathbb{R}^2$ 中长方形区域 $\{(x, y) \mid a_1 \leqslant x \leqslant b_1, a_2 \leqslant y \leqslant b_2\}$ 的面积;$n = 3$ 时,V 就是 $\mathbb{R}^3$ 中长方体区域 $\{(x, y, z) \mid a_1 \leqslant x \leqslant b_1, a_2 \leqslant y \leqslant b_2, a_3 \leqslant z \leqslant b_3\}$ 的体积.

设 Ω 是 $\mathbb{R}^n$ 中的一个有界闭区域. 因为 Ω 有界,所以存在 $\mathbb{R}^n$ 中的长方体 $[a_1, b_1; a_2, b_2; \cdots; a_n, b_n]$ 使得 $\Omega \subset [a_1, b_1; a_2, b_2; \cdots; a_n, b_n]$. 现在在每个 $[a_i, b_i]$ 中插入 $l_i - 1$ 个分点,将 $[a_i, b_i]$ 分成 l_i 个小区间,$i = 1, 2, \cdots, n$,并记这样的一个分割为 T. 于是对固定的分割 T,共得到 $l := l_1 \times l_2 \times \cdots \times l_n$ 个 $\mathbb{R}^n$ 中的小长方体. 按定义,其中的每一个小长方体都有它本身的体积. 将这 l 个小长方体分为三类(图 16-32):

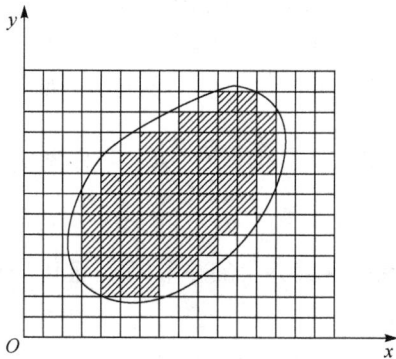

图 16-32

第 1 类:小长方体中的点都是 Ω 的内点,即小长方体完全包含在 Ω 内;

第 2 类:小长方体中的点都是 Ω 的外点,即小长方体完全落在 Ω 外;

第 3 类:小长方体含有 Ω 的边界点,即小长方体恰好落在 Ω 的边界上.

现在将第 1 类中小长方体的体积求和,记为 s_T,再将第 1 类和第 3 类中小长方体的体积求和,记为 S_T. 显然,对任意的两个分割 T_1,T_2,有 $0 \leqslant s_{T_1} \leqslant S_{T_2} \leqslant V$,其中 V 是大长方体 $[a_1,b_1;a_2,b_2;\cdots;a_n,b_n]$ 的体积. 从而,对所有的分割 T 而言,数集 $\{s_T\}$ 有上确界,而数集 $\{S_T\}$ 有下确界. 如果

$$\sup_T \{s_T\} = \inf_T \{S_T\} := V_\Omega, \qquad (16.3.3)$$

则称 $\mathbb{R}^n$ 中的有界闭区域 Ω 是可求体积的,并且称 V_Ω 为 Ω 的体积.

显然,当 $n=2,3$ 时,这一定义也分别给出了面积及体积的定义. 可以证明,当 $n \geqslant 4$ 时,$\mathbb{R}^n$ 中的 n 维单纯形

$$x_1 \geqslant 0, x_2 \geqslant 0, \cdots, x_n \geqslant 0, \quad x_1 + x_2 + \cdots + x_n \leqslant h$$

的体积为 $\dfrac{h^n}{n!}$,而若记 n 维球体

$$x_1^2 + x_2^2 + \cdots + x_n^2 \leqslant R^2$$

的体积为 V_n,那么当 $n=2m$ 或者 $n=2m+1$ 时,有公式

$$V_{2m} = \frac{\pi^m}{m!} R^{2m}, \quad V_{2m+1} = \frac{2 (2\pi)^m}{(2m+1)!!} R^{2m+1}.$$

当 n 分别取 $1,2,3$ 时,就得到 $2R, \pi R^2, \dfrac{4}{3}\pi R^3$.

16.3.2 n 重积分的定义

定义 16.3.1 设 n 元函数 $f(x_1,x_2,\cdots,x_n)$ 在空间 $\mathbb{R}^n$ 中可求体积的有界闭区域 Ω 上有定义,用任意一组曲面网将 Ω 分成 k 个小闭区域

$$\Delta V_1, \Delta V_2, \cdots, \Delta V_k,$$

其中 ΔV_i 也表示第 i 个小闭区域 ΔV_i 的体积,并用 d_i 表示它的直径. 在每个小闭区域 ΔV_i 上任取一点 $(\xi_1^{(i)}, \xi_2^{(i)}, \cdots, \xi_n^{(i)})$,$i = 1,2,\cdots,k$. 如果当 $d = \max\limits_{1 \leqslant i \leqslant k} \{d_i\}$ 趋于零时,和式 $\sum\limits_{i=1}^{k} f(\xi_1^{(i)}, \xi_2^{(i)}, \cdots, \xi_n^{(i)}) \Delta V_i$ 的极限存在,并且极限值与 Ω 的分法及点 $(\xi_1^{(i)}, \xi_2^{(i)}, \cdots, \xi_n^{(i)})$ 的取法无关,则称函数 $f(x_1,x_2,\cdots,x_n)$ 在 Ω 上是可积的,并称此极限为函数 $f(x_1,x_2,\cdots,x_n)$ 在闭区域 Ω 上的 n 重积分,记作 $\displaystyle\int\cdots\int_\Omega f(x_1,x_2,\cdots,x_n)\mathrm{d}V$,即

$$\int\cdots\int_\Omega f(x_1,x_2,\cdots,x_n)\mathrm{d}V = \lim_{d \to 0} \sum_{i=1}^{k} f(\xi_1^{(i)}, \xi_2^{(i)}, \cdots, \xi_n^{(i)}) \Delta V_i, \qquad (16.3.4)$$

其中 $f(x_1,x_2,\cdots,x_n)$ 称为被积函数,$f(x_1,x_2,\cdots,x_n)\mathrm{d}V$ 称为被积表达式,$\mathrm{d}V$ 称

为体积微元,Ω 称为积分区域,$x_1, x_2, \cdots, x_n$ 称为积分变量,$\displaystyle\sum_{i=1}^{k} f(\xi_1^{(i)}, \xi_2^{(i)}, \cdots, \xi_n^{(i)}) \Delta V_i$ 称为积分和.

在具体计算时,也常将 $\displaystyle\int \cdots \int_{\Omega} f(x_1, x_2, \cdots, x_n) \mathrm{d}V$ 记为 $\displaystyle\int \cdots \int_{\Omega} f(x_1, x_2, \cdots, x_n) \mathrm{d}x_1 \mathrm{d}x_2 \cdots \mathrm{d}x_n$,例如,四重积分 $\displaystyle\iiiint_{\Omega} f(x_1, x_2, x_3, x_4) \mathrm{d}x_1 \mathrm{d}x_2 \mathrm{d}x_3 \mathrm{d}x_4$. 有时也将 $\displaystyle\int \cdots \int_{\Omega} f(x_1, x_2, \cdots, x_n) \mathrm{d}V$ 简记为 $\displaystyle\int_{\Omega} f(x) \mathrm{d}x$,其中 $x = (x_1, x_2, \cdots, x_n)$.

与二重、三重积分一样,若 $f(x_1, x_2, \cdots, x_n)$ 在 Ω 上连续,则 n 重积分(16.3.4)必存在.并且还可以将 n 重积分累次化,例如,当 $\Omega = [a_1, b_1; a_2, b_2; \cdots; a_n, b_n]$ 时,

$$\int \cdots \int_{\Omega} f(x_1, x_2, \cdots, x_n) \mathrm{d}x_1 \mathrm{d}x_2 \cdots \mathrm{d}x_n = \int_{a_1}^{b_1} \mathrm{d}x_1 \int_{a_2}^{b_2} \mathrm{d}x_2 \cdots \int_{a_n}^{b_n} f(x_1, x_2, \cdots, x_n) \mathrm{d}x_n,$$

又如当 $\Omega = [0, 1; 0, 1; \cdots; 0, 1]$ 时,

$$\int \cdots \int_{\Omega} x_1 x_2 \cdots x_n \mathrm{d}x_1 \mathrm{d}x_2 \cdots \mathrm{d}x_n = \int_0^1 x_1 \mathrm{d}x_1 \int_0^1 x_2 \mathrm{d}x_2 \cdots \int_0^1 x_n \mathrm{d}x_n = \left(\int_0^1 y \mathrm{d}y \right)^n = \frac{1}{2^n}.$$

一般地,当 Ω 由不等式组

$$a_1 \leqslant x_1 \leqslant b_1, \quad a_2(x_1) \leqslant x_2 \leqslant b_2(x_1), \cdots, a_n(x_1, \cdots, x_{n-1}) \leqslant x_n \leqslant b_n(x_1, \cdots, x_{n-1})$$

表示时,则有

$$\int \cdots \int_{\Omega} f(x_1, x_2, \cdots, x_n) \mathrm{d}x_1 \mathrm{d}x_2 \cdots \mathrm{d}x_n$$

$$= \int_{a_1}^{b_1} \mathrm{d}x_1 \int_{a_2(x_1)}^{b_2(x_1)} \mathrm{d}x_2 \cdots \int_{a_n(x_1, \cdots, x_{n-1})}^{b_n(x_1, \cdots, x_{n-1})} f(x_1, \cdots, x_n) \mathrm{d}x_n.$$

同时,n 重积分也有与二重、三重积分一样的积分性质及计算积分的变量替换公式,我们不再赘述,读者可与二重、三重积分对比,自行练习.

最后,给出一个六重积分的例子作为本章的结束,即计算两物体间的引力.

设物体 Ω_1 中点的坐标为 (x_1, y_1, z_1),Ω_2 中点的坐标为 (x_2, y_2, z_2),它们的密度函数分别为连续函数 $\rho_1(x_1, y_1, z_1)$ 与 $\rho_2(x_2, y_2, z_2)$,且设它们之间的引力系数为 1.用微元法求它们之间的引力.为此,在 Ω_1 中取质量微元 $\rho_1 \mathrm{d}x_1 \mathrm{d}y_1 \mathrm{d}z_1$,在 Ω_2 中取质量微元 $\rho_2 \mathrm{d}x_2 \mathrm{d}y_2 \mathrm{d}z_2$.由万有引力定律,$\Omega_1$ 的微元对 Ω_2 的微元的引力在 x 轴上的投影为

$$\frac{\rho_1 \rho_2 (x_1 - x_2) \mathrm{d}x_1 \mathrm{d}y_1 \mathrm{d}z_1 \mathrm{d}x_2 \mathrm{d}y_2 \mathrm{d}z_2}{r^3},$$

其中 $r = \sqrt{(x_1 - x_2)^2 + (y_1 - y_2)^2 + (z_1 - z_2)^2}$. 把两个物体的所有微元间的引力 F 在 x 轴上投影相加,就得到物体 Ω_1 与 Ω_2 间的引力在 x 轴上投影. 即

$$F_x = \iiint\limits_{\Omega} \iiint \frac{\rho_1(x_1,y_1,z_1)\rho_2(x_2,y_2,z_2)(x_1-x_2)}{r^3} \mathrm{d}x_1\,\mathrm{d}y_1\,\mathrm{d}z_1\,\mathrm{d}x_2\,\mathrm{d}y_2\,\mathrm{d}z_2,$$

其中

$$\Omega = \Omega_1 \times \Omega_2 = \{(x_1,y_1,z_1,x_2,y_2,z_2) \mid (x_1,y_1,z_1) \in \Omega_1, (x_2,y_2,z_2) \in \Omega_2\}$$

是 $\mathbb{R}^6$ 中的一个有界闭区域. 同理, 引力在 y 轴和 z 轴上的投影 F_y 及 F_z 也分别可由两个六重积分表示.

习 题 16

A. 二重积分

一、判断题(正确打√并给出证明, 错误打×并给出反例)

1. $\displaystyle\iint\limits_{D} f(x,y)\mathrm{d}\sigma = \lim_{\lambda \to 0} \sum_{i=1}^{n} f(\xi_i,\eta_i)\Delta\sigma_i$, 其中 $\lambda = \max\limits_{1 \leqslant i \leqslant n}\Delta\sigma_i$.   (   )

2. 若 $f(x,y)$ 在有界闭区域 D_1 及 D_2 上连续, 且 $D_1 \subset D_2$, 那么 $\displaystyle\iint\limits_{D_2} f(x,y)\mathrm{d}\sigma \geqslant \iint\limits_{D_1} f(x,y)\mathrm{d}\sigma$.

(   )

3. $\displaystyle\iint\limits_{1 \leqslant x^2+y^2 \leqslant 4} f(x,y)\mathrm{d}\sigma = \iint\limits_{x^2+y^2 \leqslant 4} f(x,y)\mathrm{d}\sigma - \iint\limits_{x^2+y^2 \leqslant 1} f(x,y)\mathrm{d}\sigma$.   (   )

4. 若 D 由 $x^2+y^2=a^2$ 所围成, 则 $\displaystyle\iint\limits_{D}(x^2+y^2)\mathrm{d}\sigma = \iint\limits_{D} a^2\mathrm{d}\sigma = \pi a^4$.   (   )

5. 设 $f(x,y)$ 是连续函数, 那么 $\displaystyle\iint\limits_{\substack{-1 \leqslant x \leqslant 1 \\ -1 \leqslant y \leqslant 1}} f(x,y)\mathrm{d}\sigma = 4\iint\limits_{\substack{0 \leqslant x \leqslant 1 \\ 0 \leqslant y \leqslant 1}} f(x,y)\mathrm{d}\sigma$.   (   )

二、填空题(将正确答案填在题中横线之上)

1. 设 $f(x)$ 是可微函数, 且 $f(0)=0$, 若 $t>0$, 则 $\displaystyle\lim_{t \to 0^+} \frac{1}{\pi t^3} \iint\limits_{x^2+y^2 \leqslant t^2} f\left(\sqrt{x^2+y^2}\right)\mathrm{d}x\mathrm{d}y =$

_____.

2. $\displaystyle\int_0^1 \mathrm{d}y \int_{\arcsin y}^{\pi-\arcsin y} x\,\mathrm{d}x =$ _____.

3. 密度是 $\rho(x,y)=x^2+y^2$ 的平面薄片 $1 \leqslant x^2+y^2 \leqslant 4, y \geqslant 0$ 的质量为_____.

4. 曲面 $z=x^2+y^2$ 与 $x^2+y^2+z^2=2$ 所围立体的体积是_____.

5. 如果 $D=[0,1]\times[0,1]$, 那么 $\displaystyle\iint\limits_{D}\max(x^2,y^2)\mathrm{d}x\mathrm{d}y =$ _____.

三、单项选择题(将正确答案的字母填入括号内)

1. 设 $f(x,y)$ 在 $D: x^2+y^2 \leqslant a^2$ 上连续, 则 $\displaystyle\lim_{a \to 0}\frac{1}{\pi a^2}\iint\limits_{D} f(x,y)\mathrm{d}\sigma($).

(A) 不一定存在;   (B) 存在且等于 $f(0,0)$;

(C) 存在且与 $f(0,0)$ 无关;   (D) 一定不存在.

2. 设 $f(x,y)$ 连续,且 $f(x,y) = xy + \iint\limits_{D} f(x,y)\mathrm{d}x\mathrm{d}y$,其中 D 由 $y=0,y=x^2,x=1$ 所围成,则 $f(x,y) = ($).

(A) xy;　　　　(B) $2xy$;　　　　(C) $xy+\dfrac{1}{8}$;　　　　(D) $xy+8$.

3. 设 D 为一平面有界闭区域,则下列命题错误的是( ).

(A) 若 $f(x,y)$ 在 D 上连续,且对 D 的任何一个子区域 D_1 都有 $\iint\limits_{D_1} f(x,y)\mathrm{d}\sigma = 0$,则 $f(x,y) \equiv 0$;

(B) 若 $f(x,y)$ 在 D 上非负,且不恒为零,$\iint\limits_{D} f(x,y)\mathrm{d}\sigma$ 存在,那么 $\iint\limits_{D} f(x,y)\mathrm{d}\sigma > 0$;

(C) 若 $f(x,y)$ 在 D 上连续且恒正,则 $\iint\limits_{D} f(x,y)\mathrm{d}\sigma > 0$;

(D) 若 $f(x,y)$ 在 D 上连续且非负,$\iint\limits_{D} f(x,y)\mathrm{d}\sigma = 0$,则 $f(x,y) \equiv 0$.

4. 已知 $f(x,y)$ 在 $x^2+y^2 \leqslant 1$ 上连续,则等式 $\iint\limits_{x^2+y^2 \leqslant 1} f(x,y)\mathrm{d}\sigma = 4 \iint\limits_{\substack{x^2+y^2 \leqslant 1 \\ x \geqslant 0, y \geqslant 0}} f(x,y)\mathrm{d}\sigma$ 成立的

一个充分条件是( ).

(A) $f(-x,y)=f(x,y),f(x,-y)=-f(x,y)$;

(B) $f(-x,y)=f(x,y),f(x,-y)=f(x,y)$;

(C) $f(-x,y)=-f(x,y),f(x,-y)=-f(x,y)$;

(D) $f(-x,y)=-f(x,y),f(x,-y)=f(x,y)$.

5. 设 D 为一平面有界闭区域,$f(x,y)$ 在 D 上连续且非负,下列结论正确的是( ).

(A) $\iint\limits_{D} f(x,y)\mathrm{d}\sigma$ 表示 D 的面积;

(B) $\iint\limits_{D} f(x,y)\mathrm{d}\sigma$ 表示以 D 为底,以曲面 $z=f(x,y)$ 为顶的曲顶柱体的体积;

(C) $\iint\limits_{D} f(x,y)\mathrm{d}\sigma$ 表示 D 的边界曲线的弧长;

(D) $\iint\limits_{D} f(x,y)\mathrm{d}\sigma$ 表示曲面 $z=f(x,y)$ 的面积,其中 $(x,y) \in D$.

四、计算题

1. 交换下列累次积分的积分次序:

(1) $\displaystyle\int_1^2 \mathrm{d}y \int_{y^2}^{y+2} f(x,y)\mathrm{d}x$;

(2) $\displaystyle\int_0^{\frac{\pi}{6}} \mathrm{d}\theta \int_0^{2\sin\theta} f(r\cos\theta,r\sin\theta)r\mathrm{d}r + \int_{\frac{\pi}{6}}^{\frac{\pi}{2}} \mathrm{d}\theta \int_0^1 f(r\cos\theta,r\sin\theta)r\mathrm{d}r$.

2. 求下列平面图形的面积:

(1) 图形由 $y-2x=0,2y-x=0,xy=2$ 所围第一象限部分;

(2) 圆 $r=a\cos\theta$ 与 $r=a\sin\theta$ 的公共部分.

3. 化下列二重积分为极坐标下的累次积分：

(1) $\int_0^a \mathrm{d}x \int_{-x}^{-a+\sqrt{a^2-x^2}} f(x,y)\mathrm{d}y$；

(2) $\int_1^2 \mathrm{d}y \int_0^{\sqrt{2y-y^2}} f(x,y)\mathrm{d}x$；

(3) $\iint\limits_{D} f(x,y)\mathrm{d}x\mathrm{d}y$，其中 $D: y = x^2, x = 1, y = 0$ 所围成.

4. 交换积分次序并计算积分值：

(1) $\int_0^1 \mathrm{d}x \int_0^{\sqrt{x}} \mathrm{e}^{-\frac{y^2}{2}} \mathrm{d}y$；

(2) $\int_1^4 \mathrm{d}y \int_{\sqrt{y}}^2 \frac{\ln x}{x^2-1} \mathrm{d}x$.

5. 计算 $\iint\limits_{D} \sqrt{x^2+y^2}\mathrm{d}x\mathrm{d}y$，其中 D 由 $x^2+y^2 = 1$ 及 $x^2+y^2 = x$ 所围成.

6. 计算 $\iint\limits_{D} |x^2+y^2-2x| \mathrm{d}x\mathrm{d}y$，其中 $D: x^2+y^2 \leqslant 4$.

7. 求旋转抛物面 $az = a^2-x^2-y^2$ 和平面 $x+y+z = a, x = 0, y = 0, z = 0$ 所围立体的体积.

8. 设 $F(x,y) = \iint\limits_{D_{xy}} f(u,v)\mathrm{d}\sigma$，其中

$$f(u,v) = \begin{cases} 6uv^2, & 0 \leqslant u \leqslant 1, 0 \leqslant v \leqslant 1, \\ 0, & \text{其他.} \end{cases}$$

而 $D_{xy} = \{(u,v) | u \geqslant 0, v \geqslant 0, u+v \leqslant x+y\}$. 当 $x>0, y>0$ 时，求 $F(x,y)$.

9. 求 $\iint\limits_{D} \mathrm{e}^{\frac{x}{y}} \mathrm{d}x\mathrm{d}y$，其中 D 由 $x = 0, y = 1, x = y^2$ 围成.

10. 求 $\iint\limits_{D} \mathrm{e}^{\frac{y-x}{y+x}} \mathrm{d}x\mathrm{d}y$，其中 D 是以 $(0,0),(1,0),(0,1)$ 为顶点的三角形.

五、证明题

1. 设 $f(x)$ 在 $[0,a]$ 上连续，证明 $2\int_0^a f(x)\mathrm{d}x \int_x^a f(y)\mathrm{d}y = \left(\int_0^a f(x)\mathrm{d}x\right)^2$.

2. 证明 $\iint\limits_{D} f(x+y)\mathrm{d}x\mathrm{d}y = \int_{-1}^1 f(u)\mathrm{d}u$，其中 $D: |x|+|y| \leqslant 1$, $f(u)$ 是连续函数.

3. 证明 $\iint\limits_{D} f(xy)\mathrm{d}x\mathrm{d}y = \ln 2 \int_1^2 f(u)\mathrm{d}u$，其中 D 由 $xy = 1, xy = 2, y = x, y = 4x$ 围成, $f(u)$ 是连续函数.

4. 证明 $\dfrac{\partial^2}{\partial x \partial y} \iint\limits_{D_{xy}} f(u,v)\mathrm{d}u\mathrm{d}v = f(x,y)$，其中 $D_{xy}: a \leqslant u \leqslant x, b \leqslant v \leqslant y$, $f(t)$ 是连续函数.

5. 如果 m,n 是正整数，且其中至少有一个是奇数，证明 $\iint\limits_{x^2+y^2 \leqslant a^2} x^m y^n \mathrm{d}x\mathrm{d}y = 0$.

B. 三重积分

一、判断题(正确打√并给出证明,错误打×并给出反例)

1. 若有界闭区域 Ω 由曲面 $r = f(\theta, \varphi)$ 围成,其中 $0 \leqslant \theta \leqslant 2\pi, 0 \leqslant \varphi \leqslant \pi$,则 Ω 的体积 $V_\Omega = \dfrac{1}{3} \displaystyle\int_0^{2\pi} \mathrm{d}\theta \int_0^\pi r^3(\theta, \varphi) \sin\varphi \mathrm{d}\varphi.$　　　　　　　　　　　　　(　)

2. 设 $f(z)$ 是连续函数,那么 $\displaystyle\iiint\limits_{x^2+y^2+z^2 \leqslant 1} f(z)\mathrm{d}V = \pi \int_{-1}^1 f(z)(1-z^2)\mathrm{d}z.$　　(　)

3. 若 $\displaystyle\iiint\limits_\Omega f(x,y,z)\mathrm{d}V = \Omega$ 的体积,则 $f(x,y,z) \equiv 1$.　　　(　)

4. 设 $\Omega: x^2 + y^2 + z^2 \leqslant R^2$,　$\Omega_1: x^2 + y^2 + z^2 \leqslant R^2, x,y,z \geqslant 0$,则 $\displaystyle\iiint\limits_\Omega x\mathrm{d}V = 8\iiint\limits_{\Omega_1} x\mathrm{d}V.$

(　)

5. 如果 Ω 由 $x^2 + y^2 + z^2 = 1$ 围成,$f(t)$ 是连续函数,那么

$$\iiint\limits_\Omega f(x^2+y^2+z^2)\mathrm{d}V = \iiint\limits_\Omega f(1)\mathrm{d}V = \frac{4}{3}\pi f(1).$$

(　)

二、填空题(将正确答案填在题中横线之上)

1. $\displaystyle\iiint\limits_{x^2+y^2+z^2 \leqslant 1} (xy^2z^2 + x^2yz^2 + x^2y^2z)\mathrm{d}V = $ _____.

2. 已知 $\Omega: 0 \leqslant r \leqslant 1, 0 \leqslant \theta \leqslant 2\pi, 0 \leqslant \varphi \leqslant \dfrac{\pi}{2}$,则 $\displaystyle\iiint\limits_\Omega (r^2\sin^2\varphi\sin^2\theta + r^2\sin^2\varphi\cos^2\theta)\mathrm{d}\theta\mathrm{d}\varphi\mathrm{d}r = $

_____.

3. $\displaystyle\iint\limits_{x^2+y^2 \leqslant 1} \mathrm{d}x\mathrm{d}y \int_0^{1-x^2-y^2} \sin(1-z)^2 \mathrm{d}z = $ _____.

4. 已知 $\displaystyle\int_0^1 (1-x)^2 f(x)\mathrm{d}x = 2$,其中 $f(x)$ 是 $[0,1]$ 上的连续函数,那么 $\displaystyle\int_0^1 \mathrm{d}y \int_0^y \mathrm{d}z \int_0^z f(x)\mathrm{d}x = $

_____.

5. 设 $f(x,y,z)$ 在 Ω 上具有三阶连续偏导数,其中 Ω 为单位正方体: $0 \leqslant x \leqslant 1, 0 \leqslant y \leqslant 1$,

$0 \leqslant z \leqslant 1$,则 $\displaystyle\iiint\limits_\Omega \dfrac{\partial^3 f(x,y,z)}{\partial x \partial y \partial z}\mathrm{d}V = $ _____.

三、单项选择题(将正确答案的字母填入括号内)

1. 设立体由 $z = x^2 + y^2$ 与 $z = 1$ 围成,体积为 V,则下列结论不正确的是(　　).

(A) $V = \displaystyle\iiint\limits_{x^2+y^2 \leqslant z \leqslant 1} \mathrm{d}x\mathrm{d}y\mathrm{d}z$;　　　　　(B) $V = \displaystyle\iint\limits_{x^2+y^2 \leqslant 1} (1-x^2-y^2)\mathrm{d}x\mathrm{d}y$;

(C) $V = \pi \displaystyle\int_0^1 z\mathrm{d}z$;　　　　　　　　　(D) $V = \displaystyle\iint\limits_{x^2+y^2 \leqslant 1} (x^2+y^2)\mathrm{d}x\mathrm{d}y$.

2. $\displaystyle\int_0^1 \mathrm{d}x \int_0^{\sqrt{1-x^2}} \mathrm{d}y \int_{\sqrt{x^2+y^2}}^{\sqrt{2-x^2-y^2}} z^2\mathrm{d}z = ($ 　 $).$

(A) $\int_0^\pi d\theta \int_0^1 r dr \int_r^{\sqrt{2-r^2}} z^2 dz$;

(B) $\int_0^{\frac{\pi}{2}} d\theta \int_0^{\sqrt{2}} r dr \int_r^{\sqrt{2-r^2}} z^2 dz$;

(C) $\int_0^{\frac{\pi}{2}} d\theta \int_0^{\frac{\pi}{4}} d\varphi \int_0^{\sqrt{2}} r^4 \cos^2\varphi \sin\varphi dr$;

(D) $\int_0^{\frac{\pi}{2}} d\theta \int_0^{\frac{\pi}{4}} d\varphi \int_0^1 r^4 \cos^2\varphi \sin\varphi dr$.

3. 若 $[0,+\infty)$ 上恒正连续函数 $f(t)$ 满足条件

$$f(t) = \frac{1}{4\pi} \iiint\limits_{x^2+y^2+z^2 \leqslant t^2} f(\sqrt{x^2+y^2+z^2}) dx dy dz,$$

那么 $\dfrac{f'(t)}{f(t)} = ($ $)$.

(A) t;   (B) t^2;   (C) t^3;   (D) t^4.

4. 已知 $\Omega: x,y,z \geqslant 0, x^2+y^2+z^2 \leqslant 1$,则积分 $\iiint\limits_{\Omega}(x+y+z)dx dy dz($ $)$.

(A) 等于 $3\iiint\limits_{\Omega} x dx dy dz$;

(B) 不等于 $3\iiint\limits_{\Omega} x dx dy dz$;

(C) 等于 $3\iiint\limits_{\Omega} x dx dy dz = 0$;

(D) 等于零.

5. 已知 $f(t)$ 是连续函数,那么 $\int_0^x dv \int_0^v du \int_0^u f(t)dt = ($ $)$.

(A) $\dfrac{1}{2}\int_0^x f(t)(x-t)^2 dt$;   (B) $\dfrac{1}{3}\int_0^x f(t)(x-t)^3 dt$;

(C) $\dfrac{1}{4}\int_0^x f(t)(x-t)^4 dt$;   (D) $\dfrac{1}{5}\int_0^x f(t)(x-t)^5 dt$.

四、计算题

1. 计算 $\iiint\limits_{\Omega} xyz dV$,其中 Ω 由平面 $x=1,y=1,z=3-x-y$ 及三个坐标面围成.

2. 计算 $\iiint\limits_{\Omega} z\sqrt{x^2+y^2} dV$,其中 Ω 由 $x^2+y^2=4,z=0,y+z=2$ 围成.

3. 计算 $\iiint\limits_{\Omega} z^2 dV$,其中 Ω 由 $x^2+y^2+z^2=R^2, x^2+y^2+z^2=2Rz$ 围成.

4. 计算 $\iiint\limits_{\Omega} |z-x^2-y^2| dV$,其中 $\Omega: 0 \leqslant z \leqslant 1, x^2+y^2 \leqslant 1$.

5. 计算 $\iiint\limits_{\Omega} y\cos(x+z)dV$,其中 Ω 由 $y=\sqrt{x},y=0,z=0,x+z=\dfrac{\pi}{2}$ 围成.

6. 若旋转抛物面 $x^2+y^2+az=4a^2$ 将球体 $x^2+y^2+z^2 \leqslant 4az$ 分成两部分,求两部分的体积之比.

7. 设圆锥面 $3(x^2+y^2)=(z-3)^2$ 的内切球面与 xOy 面相切,分别求球面、锥面以及 xOy 之间的三部分之体积.

8. 计算 $\iiint\limits_{\Omega} x^2 dV$,其中 Ω 是由 $z=ay^2,z=by^2,z=\alpha x,z=\beta x,z=h$ 围成的 $y>0$ 的部分,常数 $0<a<b,0<\alpha<\beta,h>0$.

9. 计算 $\iiint\limits_{\Omega} x dV$,其中 Ω 由 $z=xy,x+y+z=1,z=0$ 围成.

10. 计算 $\iiint\limits_{\Omega} \cos(ax+by+cz)dV$,其中 a,b,c 是不全为零的常数,$\Omega:x^2+y^2+z^2\leqslant 1$.

五、证明题

1. 证明三重积分 $\iiint\limits_{\Omega} dV = \dfrac{8}{|\Delta|}h_1h_2h_3$,其中 Ω 是由六个平面

$$\begin{cases} a_1x+b_1y+c_1z=\pm h_1, \\ a_2x+b_2y+c_2z=\pm h_2, \\ a_3x+b_3y+c_3z=\pm h_3 \end{cases}$$

围成的平行六面体,常数 $h_1,h_2,h_3>0$,并且行列式

$$\Delta = \begin{vmatrix} a_1 & b_1 & c_1 \\ a_2 & b_2 & c_2 \\ a_3 & b_3 & c_3 \end{vmatrix} \neq 0.$$

2. 证明三重积分 $\iiint\limits_{x^2+y^2+z^2} f(z)dV = \pi\displaystyle\int_{-1}^{1} f(u)(1-u^2)du$,其中 $f(u)$ 是连续函数.

3. 证明 $\iiint\limits_{V} f(ax+by+cz)dxdydz = \iiint\limits_{V'} f(ku)dudvdw$,其中 $f(t)$ 是连续函数,$k=\sqrt{a^2+b^2+c^2}$,$V:x^2+y^2+z^2\leqslant 1,V':u^2+v^2+w^2\leqslant 1$.

4. 设 $F(t) = \iiint\limits_{x^2+y^2+z^2\leqslant t^2} f\left(\sqrt{x^2+y^2+z^2}\right)dxdydz$,$f(u)$ 可导,$f(0)=0,f'(0)=1$,证明 $\lim\limits_{t\to 0}\dfrac{F(t)}{t^4}=\pi$.

5. 证明 $\displaystyle\int_0^a dx\int_0^x dy\int_0^y f(x)f(y)f(z)dz = \dfrac{1}{3!}\left(\int_0^a f(t)dt\right)^3$,其中 $f(t)$ 是连续函数.

6. 已知 $A=(a_{ij})_{3\times 3}$ 为正定矩阵. 证明椭球体 $\Omega:\displaystyle\sum_{i,j=1}^{3} a_{ij}x_ix_j \leqslant R^2$ 的体积 $V_\Omega = \dfrac{4}{3}\pi R^3 |A|^{-\frac{1}{2}}$.

7. 证明 $\iiint\limits_{x^2+y^2+z^2\leqslant 1} \tan(x+y+z)dxdydz = 0$.

8. 已知高度为 $h(t)$(t 为时间,单位为 h) 的雪堆在融化过程中,其侧面满足方程 $z=h(t)-\dfrac{2(x^2+y^2)}{h(t)}$(单位为 cm),并且其体积减少的数率与侧面积成正比(比例系数为 0.9),证明高度为 130cm 的雪堆全部融化完所需的时间恰为 100h.

部分习题参考答案

习 题 9

四、计算题

1. $\ln|x| + \arctan x + C.$

2. $\dfrac{4^x}{\ln 4} + \dfrac{2 \cdot 6^x}{\ln 6} + \dfrac{9^x}{\ln 9} + C.$

3. $-\cot x - 2x + C.$

4. $\dfrac{4}{7} x^{\frac{7}{4}} + 4x^{-\frac{1}{4}} + C.$

5. $\dfrac{1}{101}(1+x)^{101} + C.$

6. $\dfrac{1}{2}\mathrm{e}^{2x} - \mathrm{e}^x + x + C.$

7. $\ln|x| - \dfrac{1}{4x^4} + C.$

8. $2\arcsin x + C.$

9. $x - 3x^2 + \dfrac{11}{3}x^3 - \dfrac{3}{2}x^4 + C.$

10. $(\sin x + \cos x) \cdot \mathrm{sgn}(\cos x - \sin x) + C.$

11. $-2\cos\sqrt{x} + C.$

12. $\mathrm{e}^{x+\frac{1}{x}} + C.$

13. $-\ln\left|\cos\sqrt{1+x^2}\right| + C.$

14. $\arcsin\tan x + C.$

15. $(\arcsin\sqrt{x})^2 + C.$

16. $\dfrac{10^{\arcsin x}}{\ln 10} + C.$

17. $\ln|\ln\sin x| + C.$

18. $\dfrac{1}{\sqrt{2}}\arctan\left(\dfrac{x^2-1}{\sqrt{2}x}\right) + C.$

19. $\dfrac{3}{14}(1+x^2)^{\frac{7}{3}} - \dfrac{3}{8}(1+x^2)^{\frac{4}{3}} + C.$

20. $\dfrac{1}{3}\tan^3 x - \tan x + x + C.$

21. $\arctan x + \dfrac{1}{3}\arctan(x^3) + C.$

22. 若 $a=0$，原式 $=-\dfrac{1}{nx^n}+C$；若 $a\neq0$，原式 $=\dfrac{1}{a}\ln\dfrac{|x|}{\sqrt[n]{|x^n+a|}}+C$.

23. $2\arctan\sqrt{x}+C$.

24. $2\sqrt{1+\sqrt{1+x^2}}+C$.

25. $x-\ln(e^x+1)+C$.

26. $\dfrac{1}{4}\left[\ln\left(\dfrac{1+x}{1-x}\right)\right]^2+C$.

27. $\dfrac{x}{\sqrt{x^2+1}}+C$.

28. $\ln|\ln(\ln x)|+C$.

29. $\dfrac{1}{\sqrt{2}}\arcsin\left(\sqrt{\dfrac{2}{3}}\sin x\right)+C$.

30. $-\dfrac{8+30x}{375}(2-5x)^{\frac{3}{2}}+C$.

31. $x^x+C\,(x>0)$.

32. $\dfrac{1}{2}e^{x^2-2x+2}+C$.

33. $-\dfrac{1}{12}\cos6x-\dfrac{1}{8}\cos4x+C$.

34. $\ln(1+\sin x\cos x)+C$.

35. $-\dfrac{1}{2}\left(\arctan\dfrac{1}{x}\right)^2+C$.

36. $2\left(\sqrt{e^x-1}-\arctan\sqrt{e^x-1}\right)+C$.

37. $-\dfrac{2}{5}(2-x)^{\frac{5}{2}}+\dfrac{8}{3}(2-x)^{\frac{3}{2}}-8(2-x)^{\frac{1}{2}}+C$.

38. $\dfrac{3}{8}(1+x^4)^{\frac{2}{3}}-\dfrac{3}{4}(1+x^4)^{\frac{1}{3}}+\dfrac{3}{4}\ln\left[(1+x^4)^{\frac{1}{3}}+1\right]+C$.

39. $2\sqrt{x}-3\sqrt[3]{x}+6\sqrt[6]{x}-\ln\left|\sqrt[6]{x}+1\right|+C$.

40. $\dfrac{a^2}{2}\ln(x+\sqrt{a^2+x^2})+\dfrac{x}{2}\sqrt{a^2+x^2}+C$.

41. $-\dfrac{1}{4}\ln\left(\dfrac{1+x^4}{x^4}\right)+C$.

42. $a\arcsin\dfrac{x}{a}-\sqrt{a^2-x^2}+C\,(-a<x<a)$.

43. $2\sqrt{x}-2\ln(1+\sqrt{x})+C$.

44. $\dfrac{x}{x-\ln x}+C$.

45. $\dfrac{1}{2}\ln|1+\tan x|-\dfrac{1}{4}\ln\sec^2 x+\dfrac{1}{2}x+C.$

46. $\dfrac{1}{2}\arctan x+\dfrac{1}{2}\cdot\dfrac{x}{x^2+1}+C.$

47. $-\ln\left|1+\dfrac{1}{x}\right|-\dfrac{x}{1+x}+C.$

48. $-\dfrac{(1-x)^{n+1}}{n+1}+\dfrac{(1-x)^{n+2}}{n+2}+C.$

49. $\ln\left|1-\dfrac{1}{1+xe^x}\right|+C.$

50. $\ln\dfrac{\sqrt{1+x^2}-1}{|x|}+C.$

51. $3a^2\arcsin\sqrt{\dfrac{x}{2a}}-\dfrac{3a+x}{2}\cdot\sqrt{x(2a-x)}+C.$

52. $\sqrt{x^2-4x+3}+4\ln(x-2+\sqrt{x^2-4x+3})+C.$

53. $\dfrac{x}{\sqrt{1-x^2}}+C.$

54. $-x\cos x+\sin x+C.$

55. $\dfrac{e^x}{1+x}+C.$

56. $\dfrac{1}{2}x^2\arctan x-\dfrac{1}{2}x+\dfrac{1}{2}\arctan x+C.$

57. $\dfrac{1}{4}(1+x^2)^2\cdot\arctan x+\dfrac{x}{4}+\dfrac{x^3}{12}+C.$

58. $\ln x\ln\ln x-\ln x+C.$

59. 若 $a=b=0$,原式 $=x+C$;若 $a^2+b^2\neq0$,原式 $=\dfrac{e^{ax}(a\sin bx-b\cos bx)}{a^2+b^2}+C.$

60. $x\ln^2 x-2x\ln x+2x+C.$

61. $x\,\mathrm{ch}x-\mathrm{sh}x+C.$

62. $(x+1)\arctan\sqrt{x}-\sqrt{x}+C.$

63. $\sqrt{x^2+1}\ln(x+\sqrt{x^2+1})-x+C.$

64. $\dfrac{x}{2}\left[\sin(\ln x)-\cos(\ln x)\right]+C.$

65. $\dfrac{-x}{\cos x\cdot(x\sin x+\cos x)}+\tan x+C.$

66. $-\cos x\cdot\ln(\tan x)+\ln(\csc x-\cot x)+C.$

67. $\dfrac{1}{6}\sqrt{2+4x}\cdot(x-1)+C.$

68. $-\dfrac{x}{2(1+x^2)}+\dfrac{1}{2}\arctan x+C.$

69. $\dfrac{x^3}{4(1-x^2)^2}-\dfrac{3x}{8(1-x^2)}+\dfrac{3}{16}\ln\left|\dfrac{1+x}{1-x}\right|+C.$

70. $\dfrac{1}{2}e^x\left[(x^2-1)\sin x-(x-1)^2\cos x\right]+C.$

71. $\dfrac{2}{3}(\ln x-2)\sqrt{1+\ln x}+C.$

72. $x\ln\left(x+\sqrt{1+x^2}\right)-\sqrt{1+x^2}+C.$

73. $-\dfrac{1}{2}e^{-x^2}(1+x^2)+C.$

74. $\arccos x-\ln\left|x+\dfrac{\sqrt{1-x^2}}{x}\right|+C.$

75. $\dfrac{x}{2}\sqrt{x^2\pm a^2}\pm\dfrac{a^2}{2}\ln\left|x+\sqrt{x^2\pm a^2}\right|+C.$

76. $x\ln(\ln x)+C.$

77. $\dfrac{1}{2}x^2\ln\dfrac{1+x}{1-x}+x+\dfrac{1}{2}\ln\left|\dfrac{1-x}{1+x}\right|+C.$

78. $\dfrac{e^{\arctan x}}{2}\dfrac{x-1}{\sqrt{1+x^2}}+C.$

79. $(\csc x-\cot x)e^x+C.$

80. $\dfrac{1}{6}\ln\dfrac{1-\sin x\cos x}{(\sin x+\cos x)^2}+\dfrac{1}{\sqrt{3}}\arctan\dfrac{2\sin x-\cos x}{\sqrt{3}\sin x}+C.$

81. $\dfrac{1}{a^2+b^2}\left[ax+b\ln|a\cos x+b\sin x|\right]+C.$

82. $-\dfrac{2}{9}\ln|x+2|+\dfrac{2}{9}\ln|x-1|-\dfrac{1}{3(x-1)}+C.$

83. $\dfrac{1}{2}\cos^2 x-\ln(1+\cos^2 x)+C.$

84. $\sin x+\cos x+C.$

85. $\dfrac{1}{8}(2\ln x+3)^4+C.$

86. $\dfrac{1}{2(a+b)}\sin(a+b)x+\dfrac{1}{2(a-b)}\sin(a-b)x+C.$

87. $\dfrac{1}{2}(\sin x-\cos x)-\dfrac{1}{2\sqrt{2}}\ln\left|\tan\left(\dfrac{x}{2}+\dfrac{\pi}{8}\right)\right|+C.$

88. $\dfrac{1}{2}\ln(x^4+x^2+1)+\dfrac{2}{\sqrt{3}}\arctan\dfrac{2x^2+1}{\sqrt{3}}+C.$

89. $\dfrac{1}{6}\ln\dfrac{(1-\cos x)(2+\cos x)^2}{(1+\cos x)^3}+C.$

90. $-\sqrt{2}\ln\left[\dfrac{1}{\cos\left(\dfrac{\pi}{4}-\dfrac{x}{2}\right)}+\tan\left(\dfrac{\pi}{4}-\dfrac{x}{2}\right)\right]+C.$

91. $-\dfrac{1}{x}\arcsin x-\ln\left|\dfrac{1+\sqrt{1-x^2}}{x}\right|+C.$

92. $-\mathrm{e}^{-x}\arctan(\mathrm{e}^x)-x+\dfrac{1}{2}\ln(1+\mathrm{e}^{2x})+C.$

93. $\dfrac{2}{\sqrt{3}}\arctan\dfrac{1+2\mathrm{th}\dfrac{x}{2}}{\sqrt{3}}+C.$

94. $-\dfrac{4}{3}\sqrt{1-x\sqrt{x}}+C(0<x<1).$

95. $\dfrac{1}{2}x^2\ln(4+x^4)-x^2+2\arctan\left(\dfrac{x^2}{2}\right)+C.$

96. $\dfrac{1}{\sqrt{1+\cos x}}-\dfrac{1}{2\sqrt{2}}\ln\dfrac{\sqrt{2}+\sqrt{1+\cos x}}{\sqrt{2}-\sqrt{1+\cos x}}+C.$

97. $\dfrac{2}{3}\sqrt{x^3}\cdot\left(\ln^2 x-\dfrac{4}{3}\ln x+\dfrac{8}{9}\right)+C.$

98. $\ln(\mathrm{e}^x+\sqrt{\mathrm{e}^{2x}-1})+\arcsin\mathrm{e}^{-x}+C.$

99. $\dfrac{b-a}{2}(\arctan x)^2+ax\arctan x-\dfrac{a}{2}\ln(1+x^2)+C.$

100. $-\dfrac{\ln(1+x^2)}{2x^2}+\dfrac{1}{2}\ln\dfrac{x^2}{1+x^2}+C.$

习　题　10

四、计算题

1. $\mathrm{e}-1.$

2. $\dfrac{1}{6}.$

3. $\dfrac{65}{4}+\dfrac{175}{2n}+\dfrac{125}{4n^2}.$

4. $\dfrac{1}{n}\sum\limits_{i=1}^{n}\sqrt{\dfrac{i}{n}}.$

5. $\dfrac{10230}{n(2^{\frac{10}{n}}-1)}\cdot 2^{\frac{10}{n}}.$

6. $[6,51].$

7. $[\pi,2\pi].$

8. $\left[\dfrac{\pi}{9},\dfrac{2\pi}{3}\right].$

9. $[-2\mathrm{e}^2,-2\mathrm{e}^{-\frac{1}{4}}].$

10. $\displaystyle\int_0^1 x^2\,\mathrm{d}x>\int_0^1 x^3\,\mathrm{d}x.$

11. $\int_1^2 x^2 \mathrm{d}x < \int_1^2 x^3 \mathrm{d}x.$

12. $\int_1^2 \ln x \mathrm{d}x > \int_1^2 \ln^2 x \mathrm{d}x.$

13. $\int_0^1 x \mathrm{d}x > \int_0^1 \ln(1+x) \mathrm{d}x.$

14. $\int_0^1 \mathrm{e}^x \mathrm{d}x > \int_0^1 (1+x) \mathrm{d}x.$

15. 1.

16. $\dfrac{\mathrm{d}y}{\mathrm{d}x} = \dfrac{\cos^2(y-x)+2x}{\cos^2(y-x)-2y}.$

17. $F''(x)=f(x).$

18. 1.

19. 当 $x>0$ 时，$\varphi(x)$ 单调递增.

20. $\dfrac{\pi}{4}.$

21. $\dfrac{4}{\mathrm{e}}.$

22. $\dfrac{8}{3}.$

23. $\sqrt{2}-\dfrac{2}{3}\sqrt{3}.$

24. $2\sqrt{3}-2.$

25. $\dfrac{4}{3}.$

26. $\dfrac{4}{3}\ln 3.$

27. $1+2\ln 2-\ln(1+\mathrm{e}).$

28. $-2\mathrm{e}^{-1}+1.$

29. $\dfrac{1}{2}(1-\ln 2).$

30. $2-\dfrac{2}{\mathrm{e}}.$

31. $\dfrac{\sqrt{3}}{18}\pi+\ln\sqrt{3}.$

32. $\dfrac{1}{2}\ln\dfrac{1}{2}+\dfrac{3}{2}\ln\dfrac{3}{2}.$

33. $\dfrac{1}{4}+\dfrac{\pi}{8}.$

34. $\dfrac{35}{128}\pi.$

习 题 11

四、计算题

1. $21-2\ln2$.

2. 6π.

3. $3\pi a^2$.

4. $S(a)=\displaystyle\int_{-\frac{1}{2a}-a}^{a}\left(-\frac{1}{2a}(x-a)+a^2-x^2\right)\mathrm{d}x$.

5. $\dfrac{1000\sqrt{3}}{3}$.

6. $14\pi+7\pi^2$.

7. $a=1$.

8. $2\sqrt{3}-\dfrac{4}{3}$.

9. $\dfrac{3\pi a}{2}$.

10. $\dfrac{8800v}{3}$.

11. $F_x=km\rho\left(\dfrac{1}{a}-\dfrac{1}{(l^2+a^2)^{\frac{1}{2}}}\right),F_y=\dfrac{km\rho l}{a\sqrt{l^2+a^2}}$.

12. $\dfrac{4}{3}\pi r^4$（kJ）.

13. $h=\dfrac{b}{2}$.

14. $\sqrt{2}-1$.

15. $\dfrac{2}{3}va^3$.

习 题 12

四、计算题

1.（1）开区域,无界区域；

（2）闭区域,无界区域；

（3）闭区域,无界区域；

（4）开区域,无界区域；

（5）闭区域,有界区域；

（6）闭区域,无界区域.

2. (1) Ω_1 以原点 $(0,0,0)$ 为中心，2 为半径的球体，是闭区域；

(2) Ω_2 以原点 $(0,0,0)$ 为中心，a,b,c 为半轴的椭球体内部，是开区域；

(3) Ω_3 以 z 轴为中心轴，以 a 为半径，以 $2h$ 为高的圆柱体，是闭区域；

(4) Ω_4 是由定点在原点 $(0,0,0)$，以 z 轴为中心轴，开口向上的旋转抛物面 $x^2+y^2=z$ 与平面 $z=2$ 所围成的区域的内部，是开区域；

(5) Ω_5 是八个平面 $\pm x \pm y \pm z = 1$，$\mp x \pm y \pm z = 1$，$\pm x \mp y \pm z = 1$，$\pm x \pm y \mp z = 1$ 所围成，是闭区域.

3. (1) $E' = \{(x,y) \mid 0 \leqslant x^2 + y^2 \leqslant 1\}$；

(2) $E' = \{(x,y) \mid 0 \leqslant x \leqslant 1, 0 \leqslant y \leqslant 1\}$；

(3) $E' = \{(0,0)\}$；

(4) $E' = \varnothing$.

习 题 13

四、计算题

1. (1) $\{(x,y) \mid -\infty < x < +\infty, y \geqslant 0\}$；

(2) $\left\{(x,y) \,\middle|\, |x| \leqslant 1, |y| \geqslant 1\right\}$；

(3) $\{(x,y) \mid x^2 + y^2 \leqslant 1\}$；

(4) $\{(x,y) \mid x^2 + y^2 > 1\}$；

(5) $\left\{(x,y) \,\middle|\, 1 \leqslant x^2 + y^2 \leqslant 4\right\}$；

(6) $\left\{(x,y) \,\middle|\, \left(x-\dfrac{1}{2}\right)^2 + y^2 \geqslant \dfrac{1}{4} \text{ 且 } (x-1)^2 + y^2 < 1\right\}$；

(7) $\{(x,y) \mid -1 \leqslant x^2 + y \leqslant 1\}$；

(8) $\{(x,y) \mid x + y < 0\}$；

(9) $\left\{(x,y) \,\middle|\, |y| \leqslant |x|\right\}$；

(10) $\{(x,y) \mid y \geqslant 0 \text{ 且 } y \geqslant -2x \text{ 或 } y \leqslant 0 \text{ 且 } y \leqslant -2x\}$；

(11) $\{(x,y,z) \mid x^2 + y^2 - z^2 \geqslant 0\}$；

(12) $\{(x,y,z) \mid x^2 + y^2 - z^2 < -1\}$.

2. (1) $f\left(1, \dfrac{y}{x}\right) = f(x,y)$；

(2) $f(x) = \sqrt{1+x^2}$；

(3) $f(x) = x^2 - x, z = 2y + (x-y)^2$；

(4) $\dfrac{f(x+h, y) - f(x,y)}{h} = \dfrac{x^2 + y^2 + hx}{2xy(x+h)}$；

(5) $\dfrac{9}{16}$；

(6) $t^2\left(x^2+y^2-xy\tan\dfrac{x}{y}\right)$.

4. (1) $\forall\varepsilon>0,\exists B>0,\forall(x,y):x>B,y>B,$有$|f(x,y)-A|<\varepsilon$;

(2) $\forall B>0,\exists\delta>0,\forall(x,y):|x-a|<\delta,|y-b|<\delta,$且$(x,y)\neq(a,b),$有$|f(x,y)|>B$;

(3) $\forall B>0,\exists\delta>0,A>0,\forall(x,y):|x-a|<\delta,y>A,$有$f(x,y)>B$;

(4) $\forall\varepsilon>0,\exists A>0,\delta>0,\forall(x,y):x<-A,|y-b|<\delta,$有$|f(x,y)-B|<\varepsilon$.

5. (1) e;

(2) 0;

(3) 0.

6. (1) $y=\pm x$;

(2) $x=n+\dfrac{1}{2}$和$y=n+\dfrac{1}{2}$,其中 n 为整数;

(3) $x=0$ 和 $y=0$.

7. 0.

习 题 14

四、计算题

1. $\alpha=\dfrac{\pi}{6}$.

2. (1) $\dfrac{\partial u}{\partial x}=y+\dfrac{1}{y},\dfrac{\partial u}{\partial y}=x-\dfrac{x}{y^2},\dfrac{\partial^2 u}{\partial x^2}=0,\dfrac{\partial^2 u}{\partial y^2}=\dfrac{2x}{y^3},\dfrac{\partial^2 u}{\partial x\partial y}=1-\dfrac{1}{y^2}$;

(2)
$$\dfrac{\partial u}{\partial x}=-\dfrac{y}{x^2+y^2},\quad\dfrac{\partial u}{\partial y}=\dfrac{x}{x^2+y^2},$$
$$\dfrac{\partial^2 u}{\partial x^2}=\dfrac{2xy}{(x^2+y^2)^2},\quad\dfrac{\partial^2 u}{\partial y^2}=-\dfrac{2xy}{(x^2+y^2)^2},\quad\dfrac{\partial^2 u}{\partial x\partial y}=-\dfrac{x^2-y^2}{(x^2+y^2)^2}.$$

3. (1) $\mathrm{d}z\big|_{(0,0)}=0,\mathrm{d}z\big|_{(1,1)}=-4(\mathrm{d}x+\mathrm{d}y)$;

(2) $\mathrm{d}z\big|_{(1,0)}=0,\mathrm{d}z\big|_{(0,1)}=\mathrm{d}x$.

4. $\dfrac{\partial^2 u}{\partial x^2}+\dfrac{\partial^2 u}{\partial y^2}+\dfrac{\partial^2 u}{\partial z^2}=0$.

5. $f''(u)-f(u)=0$.

6. $\dfrac{\partial^2 u}{\partial x^2}=f_{11}+2f_{12}+yzf_{13}+2(f_{21}+2f_{22}+f_{23}yz)+yz(f_{31}+2f_{32}+yzf_{33})$,
$$\dfrac{\partial^2 u}{\partial x\partial z}=xyf_{13}+2xyf_{23}+(yz)^2 f_{33}.$$

7. $\dfrac{\partial u}{\partial\xi}=0$.

8. $m\cdot\dfrac{\partial z}{\partial x}+n\cdot\dfrac{\partial z}{\partial y}=-1$.

9. $\mathrm{d}z = \dfrac{z\mathrm{e}^{x^2}}{\sin z - 2\sin z^2}\mathrm{d}x + \dfrac{2y^5 z}{\sin z - 2\sin z^2}\mathrm{d}y$.

10. $\dfrac{\mathrm{d}y}{\mathrm{d}x} = \dfrac{-x(6z+1)}{2y(3z+1)}, \dfrac{\mathrm{d}z}{\mathrm{d}x} = \dfrac{x}{3z+1}$.

11. $\dfrac{\partial u}{\partial x} = -\dfrac{2v}{4uv+1}, \dfrac{\partial v}{\partial x} = \dfrac{1}{4uv+1}, \dfrac{\partial u}{\partial y} = \dfrac{1}{4uv+1}, \dfrac{\partial v}{\partial y} = \dfrac{2u}{4uv+1}$.

12. $f_{yy}(x,2x) = -\dfrac{x+x^3}{2}$.

13. $f(x) = \dfrac{\sin x}{2} + c, g(x) = \dfrac{\sin x}{2} - c, u(x,y) = \dfrac{1}{2}\big[\sin(2x+5y)+\sin(2x-5y)\big]$.

习　题　15

四、计算题

1. (1) $f(x,y) = 5 + 2(x-1)^2 - (x-1)(y+2) - (y+2)^2$;

(2) $f(x,y) = 1 + (x-1) - (y-1) - (x-1)(y-1) + (y-1)^2 + (x-1)(y-1)^2$
$\qquad - (y-1)^3 + R_3(x,y)$,

其中 $R_3(x,y) = -\dfrac{(x-1)(y-1)^3}{[1+\theta(y-1)]^4} + \dfrac{1+\theta(x-1)}{[1+\theta(y-1)]^5}(y-1)^4$;

(3) $f(x,y) = \displaystyle\sum_{p=1}^{n}(-1)^{p-1}\dfrac{(x+y)^p}{p} + (-1)^n\dfrac{(x+y)^{n+1}}{(n+1)(1+\theta x+\theta y)^{n+1}}\ (0<\theta<1)$;

(4) $f(x,y,z) = 3\big[(x-1)^2 + (y-1)^2 + (z-1)^2 - (x-1)(y-1)$
$\qquad - (y-1)(z-1) - (z-1)(x-1)\big] + (x-1)^3$
$\qquad + (y-1)^3 + (z-1)^3 - 3(x-1)(y-1)(z-1)$.

2. (1) 4个, $y=x, y=-x, y=|x|, y=-|x|$;

(2) 2个, $y=x, y=-x$;

(3) 2个, $y=x, y=|x|$;

(4) 4个, $y=x, y=-x, y=|x|, y=-|x|$;

(5) 1个, $y=x$.

5. 方向余弦为 $\left(\dfrac{2}{\sqrt{14}}, \dfrac{1}{\sqrt{14}}, -\dfrac{3}{\sqrt{14}}\right)$; 切线方程为 $\dfrac{x-1}{2} = \dfrac{y-1}{1} = \dfrac{z-1}{-3}$; 法平面方程为 $2x+y-3z=0$.

6. 切平面方程为 $x-z=0$; 法线方程为 $\dfrac{x-1}{-1} = \dfrac{y-1}{0} = \dfrac{z-1}{1}$.

7. $x+4y+6z=21$ 或 $x+2z=7$.

8. $a=-5, b=-2$.

9. $\left(\dfrac{1}{2},-1\right)$.

10. 最大值和最小值分别是矩阵 $\begin{pmatrix} A & F & E \\ F & B & D \\ E & D & C \end{pmatrix}$ 的最大特征值和最小特征值.

11. 三个正数相等,均为 $\dfrac{a}{3}$.

12. 最大值 $\dfrac{64}{27}$,最小值 -18.

13. 三段的长分别为当 $\dfrac{\sqrt{3}\pi l}{\sqrt{3}\pi+4\sqrt{3}+9}$, $\dfrac{4\sqrt{3}l}{\sqrt{3}\pi+4\sqrt{3}+9}$, $\dfrac{9l}{\sqrt{3}\pi+4\sqrt{3}+9}$; 最小值为 $\dfrac{(3\pi+12+9\sqrt{3})}{4(\sqrt{3}\pi+4\sqrt{3}+9)}l^2$.

习　题　16

A.

四、计算题

1. (1) $\displaystyle\int_1^3 \mathrm{d}x \int_1^{\sqrt{x}} f(x,y)\mathrm{d}y + \int_3^4 \mathrm{d}x \int_{x-2}^{\sqrt{x}} f(x,y)\mathrm{d}y$;

(2) $\displaystyle\int_0^1 \mathrm{d}r \int_{\arcsin\frac{r}{2}}^{\frac{\pi}{2}} f(r\cos\theta,r\sin\theta)r\mathrm{d}\theta$.

2. (1) $2\ln 2$;

(2) $\dfrac{\pi-2}{8}a^2$.

3. (1) $\displaystyle\int_{-\frac{\pi}{4}}^0 \mathrm{d}\theta \int_0^{-2a\sin\theta} f(r\cos\theta,r\sin\theta)r\mathrm{d}r$;

(2) $\displaystyle\int_0^{\pi} \mathrm{d}\theta \int_0^{2\sin\theta} f(r\cos\theta,r\sin\theta)r\mathrm{d}r$;

(3) $\displaystyle\int_0^{\frac{\pi}{4}} \mathrm{d}\theta \int_0^{\tan\theta\sec\theta} f(r\cos\theta,r\sin\theta)r\mathrm{d}r$.

4. (1) $\mathrm{e}^{-\frac{1}{2}}$;

(2) $2\ln 2-1$.

5. $\dfrac{6\pi-4}{9}$.

6. 9π.

7. $\dfrac{a^3}{2}\left(\dfrac{\pi}{4}-\dfrac{1}{3}\right)$.

8. 当 $x+y>2$ 时,$F(x,y)=6\displaystyle\int_0^1 u\mathrm{d}u \int_0^1 v^2\mathrm{d}v=1$;

当 $1 \leqslant x + y \leqslant 2$ 时,$F(x,y) = 1 - 6 \int_{x+y-1}^{1} u \mathrm{d}u \int_{x+y-u}^{1} v^2 \mathrm{d}v$;

当 $0 < x + y \leqslant 1$ 时,$F(x,y) = \dfrac{1}{10}(x+y)^5$.

9. $\dfrac{1}{2}$.

10. $\dfrac{\mathrm{e} - \mathrm{e}^{-1}}{4}$.

B.

四、计算题

1. $\dfrac{13}{36}$.

2. $\dfrac{208\pi}{15}$.

3. $\dfrac{59}{480}\pi R^5$.

4. $\dfrac{\pi}{3}$.

5. $\dfrac{\pi^2}{16} - \dfrac{1}{2}$.

6. $V_1 : V_2 = 37 : 27$.

7. $V_1 = \dfrac{\pi}{6}, V_2 = V_3 = \dfrac{3}{4}\pi$.

8. $\dfrac{2}{27}\left(\dfrac{1}{\beta^3} - \dfrac{1}{\alpha^3}\right)\left(\dfrac{1}{\sqrt{b}} - \dfrac{1}{\sqrt{a}}\right)h^4 \sqrt{h}$.

9. $2\ln 2 - \dfrac{11}{8}$.

10. $\dfrac{4\pi}{\mu}\left(\dfrac{\sin\mu}{\mu} - \cos\mu\right)$.

参 考 文 献

[1] 菲赫金哥尔茨. 微积分学教程(8 版). 1～3 卷. 杨弢亮,等译. 郭思旭校. 北京:高等教育出版社,2006

[2] 刘名生,等. 数学分析(一 ～三). 北京:科学出版社,2009

[3] 欧阳光中,等. 数学分析(上、下册). 3 版. 北京:高等教育出版社,2007

[4] 华中师范大学数学系. 数学分析(上、下册). 4 版. 北京:高等教育出版社,2010

[5] 陈纪修,等. 数学分析(上、下册). 北京:高等教育出版社,1999

[6] 刘玉琏,等. 数学分析讲义(上、下册). 5 版. 北京:高等教育出版社,2008

[7] 张筑生. 数学分析新讲. 北京:北京大学出版社,1990

[8] 常庚哲,等. 数学分析. 南京:江苏教育出版社,1998

[9] 周民强. 数学分析(1～3 册). 上海:上海科学技术出版社,2002

[10] 徐森林,等. 数学分析(1～3 册). 北京:清华大学出版社,2007

[11] 同济大学数学系. 高等数学(上、下册). 6 版. 北京:高等教育出版社,2007

[12] 贾晓峰,等. 微积分与数学模型(上、下册). 北京:高等教育出版社,1999

[13] 魏毅强,等. 微积分与数学模型教程(上、下册). 北京:高等教育出版社,2012

[14] 太原理工大学数学系. 高等数学(上、下册). 北京:兵器工业出版社,1999

[15] 张建文,等. 高等工科数学(上、中、下册). 北京:兵器工业出版社,1997

[16] 高等数学题解词典. 西安:陕西科学技术出版社,1993

![科学出版社]

教师教学服务指南

为了更好服务于广大教师的教学工作，科学出版社打造了"科学 EDU"教学服务公众号，教师可通过扫描下方二维码，享受样书、课件、会议信息等服务.

样书、电子课件仅为任课教师获得，并保证只能用于教学，不得复制传播用于商业用途. 否则，科学出版社保留诉诸法律的权利.

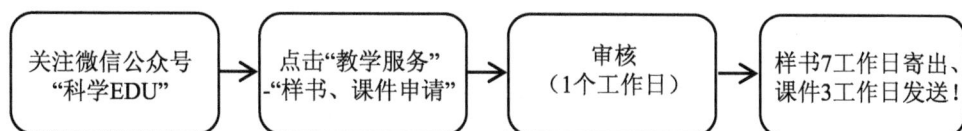

```
关注微信公众号       →  点击"教学服务"      →    审核        →  样书7工作日寄出、
"科学EDU"              -"样书、课件申请"        （1个工作日）      课件3工作日发送！
```

科学EDU

> 关注科学EDU，获取教学样书、课件资源
>
> 面向高校教师，提供优质教学、会议信息
>
> 分享行业动态，关注最新教育、科研资讯

学生学习服务指南

为了更好服务于广大学生的学习，科学出版社打造了"学子参考"公众号，学生可通过扫描下方二维码，了解海量经典教材、教辅、考研信息，轻松面对考试.

学子参考

> 面向高校学子，提供优秀教材、教辅信息
>
> 分享热点资讯，解读专业前景、学科现状
>
> 为大家提供海量学习指导，轻松面对考试

教师咨询: 010-64033787　QQ: 2405112526　yuyuanchun@mail.sciencep.com
学生咨询: 010-64014701　QQ: 2862000482　zhangjianpeng@mail.sciencep.com